음모론이란 무엇인가

Why the Rational Believe the Irrational

Conspiracy

음모론이란
무엇인가

마이클 셔머

이병철 옮김

바다출판사

팻 린스Pat Linse에게

회의주의자 협회와 잡지 〈스켑틱Skeptic〉의 공동 설립자이자 동료이며
흉허물없는 친구인 당신은, 다음과 같은 17세기 네덜란드 철학자
바루흐 스피노자의 문장을 채택하여 회의주의자 협회의 좌우명과
사명을 구현했습니다.

"나는 인간의 행동을
조롱하고
통탄하고
경멸하는 게 아니라
이해하려고 끊임없이 노력했다."

이해하는 것은 용서하지 않는 것이다. 우리는 왜 인간이 자기 자신이나 자기 분파에게 유리한 쪽의 결론으로 이끌리는지, 왜 어떤 생각이 참 또는 거짓이 되는 현실과 어떤 생각이 유희 또는 영감이 되는 신화를 구별하는지 이해할 수 있다. 그것이 좋은 것임을 인정하지 않은 채로 말이다. 그것은 좋은 게 아니다. 현실은 의도적인, 편향적인, 신화적인 추론을 적용한다고 해서 사라지지 않는다. 백신, 공공보건 조치, 기후 변화에 관한 잘못된 믿음은 수십억 명의 안녕을 위협한다. 음모론은 테러리즘, 인종 학살, 전쟁, 집단 학살을 선동한다. 진실의 기준이 부식되면 민주주의는 잠식당하고 독재를 위한 기반이 조성된다. 인간 이성의 모든 취약성에도 불구하고 미래에 대한 우리의 그림은 영원히 가짜 뉴스를 트윗하는 봇bot이 될 필요는 없다. 지식의 궤적은 길고 그 궤적은 합리성을 향해 구부러진다.

스티븐 핑커Steven Pinker, 《합리성: 그것은 무엇인가, 왜 부족해 보이는가, 왜 중요한가 Rationality: What It Is, Why It Seems Scarce, Why It Matters》, 2021.

차례

2부   어떤 음모론이 진짜인지 어떻게 결정하는가

3부   음모주의자와 대화하고
진실에 대한 신뢰 회복하기

변론

　내가 이 책에서 주로 사용하는 접근 방식은 본질상 통합적 접근 방식, 즉 '왜 사람들이 음모론을 믿는지, 어떤 음모론이 진짜인지, 음모론에 대해 어떻게 대처해야 하는지'라는 하나의 문제를 해결하고자 전문 연구자와 일반 독자 모두가 읽을 수 있는 일관된 이야기로 여러 분야의 연구를 통합하는 것이다. 이러한 접근 방식을 위한 나의 모델은 '제3의 문화'에 관한 책에서 따왔다.[1] 이는 영국의 과학자이자 소설가인 스노C. P. Snow가 과학과 인문학이라는 '두 문화' 사이의 제3의 문화(그의 유명한 1962년 논문 "두 문화The Two Cultures"에서 유래한)[2]를 요구한 데서 영감을 받아 모든 지식 영역의 아이디어를 통합하는 제3의 문화, 즉 진화 생물학자 윌슨E. O. Wilson의 저서 《통섭Consilience》에서 표현되는 지식의 통섭 또는 통일성을 추구한다.[3]

　제3의 문화라는 장르의 특성을 보여주는 다른 표본으로는 퓰리처상 수상작인 재레드 다이아몬드의 《총, 균, 쇠Guns, Germs, and Steel》가 있다. 이 책은 지난 1만 3000년 동안 왜 전 세계에서 문명이 서로 다른 속도로 발전했는가 하는 한 가지 문제를 해결하기 위해 여러 분야의 연구를 매우 독창적으로 통합한 작품이다.[4] 또 다른 하나는 진화론자인 로버트 트리버스, 윌리엄 해밀턴, 존 메이너드 스미스 등의 연구를 통합하여 전문가와 대중 모두를 위해 쓴 리처드 도킨스의 《이기적 유전자The Selfish Gene》이다.[5] 이 책은 과학의 고전일 뿐만 아니라 문학의 걸작으로 여겨질 만큼 뛰어난 스타일로 쓰였다. 세 번째는 스티븐 핑커의 《우리 본성의 선한 천사The Better Angels of Our Nature》인데 이 책 역시 단일 이론으로는 설명할 수 없는 인간과 사회의 복잡한 문제를 다루는 모델을 제시한다.[6] 핑커는 폭력의 감소를 설명하는 인과적이고 상호 작용하는 벡터로서 여섯 가지 역사적 경향, 다섯 가지 역사적 힘, 다섯 가지 내면의 악마, 네 가지 선한 천사를 자세히 설명했다. 찰스 다윈의 《종의 기원On the Origin of Species》과 마찬가지로 이 책들은 대중적인 학술서는 아니다. 그럼에도 전문 과학자와 학자에서부터 공항 서점에서 흥밋거리로 책을 구매하는 승객에 이르기까지 누구나 읽을 수 있는 독보적으로 유용한 책이다.

음모론과 사람들이 그것을 믿는 이유를 이해하려고 할 때, 거기에는 다양한 인지적, 사회적, 정치적, 경제적, 문화적, 역사적 요인이 개입하기에 어떤 설명이라도 다소 복잡하고 중층적일 것이다. 이어지는 프롤로그에서 이 책의 내용을 좀 더 세부적으로 요약하겠지만, 여기서는 내 이론 모델에서 중요한 세 가지 요인을 간단히 설명하겠다. 이 세 요인은 사람들이 음모론을 믿는 이유를 설명하며 내가 음모 효과라고 부르는 것, 즉 왜 똑똑한 사람들이 겉보기에 합리적인 이유로 뻔히 틀린 것을 믿는지를 밝히고자 한다.

대리 음모주의 Proxy conspiracism 많은 음모론은 다양한 형태의 음모론적 진실, 즉 더 심오한 신화적, 심리적, 실제 경험적 진실의 대리자이다. 따라서 특정 음모론의 세부 내용과 사실 여부는 그 안에 표현된 더 풍부한 진실보다 덜 중요하며 음모론은 종종 자기 정체성을 확인하는, 실존적이고 도덕적인 의미를 담고 있고 음모론자와 음모론에 동조하는 사람에게 영향을 미치는 권력을 포함하기도 한다.

부족 음모주의 Tribal conspiracism 많은 음모론에는 오랫동안 정치적, 종교적, 사회적, 부족적 정체성의 핵심 요소로 여겨져 온 다른 믿음, 교리, 과거의 음모론이 숨어 있다. 따라서 현재의 음모론은 대리 진실과 마찬가지로 역사에 깊이 뿌리박은 이전의 음모론을 대신하는 역할을 할 수 있다. 이를 통해 음모론끼리 교차 수분하거나 한 가지 음모론을 믿는 사람이 여러 가지 음모론을 믿게 되는 경향을 설명할 수 있다. 이러한 음모론에 대한 지지는 해당 이론을 집단 정체성의 일부로 받아들이는 부족에 대한 충성심을 나타내는 사회적 신호로 작용한다.

건설적 음모주의 Constructive conspiracism 대부분의 음모론 연구자와 논평자의 가정에 따르면 음모론은 거짓된 믿음을 나타내며 이것이 음모론이라는 용어가 경멸적인 표현이 돼버린 이유이다. 이런 인식은 실수이다. 왜냐하면 역사적으로 볼 때 음모론의 상당수가 실제 음모를 나타내기 때문이다. 따라서 만일에 대비하여 불신의 편에 서는 것보다는 믿는 편에 서는 것이 더 낫다. 특히 자신의 정체성, 생계, 심지어 목숨과 같은 많은 것이 걸려 있을 경우—음모론적 인식이 진화했던 구석기 시대의 환경이 그러했다—음모론이 진짜인데도 진짜가 아니라고 믿는(거짓 부정) 대신에 진짜가 아닌데도 진짜라고 생각하는(거짓 긍정) 것이 더 나았다. 전자일 때 당신은 죽을 수도 있지만 후자일 때는 단지 편집증에 빠질 뿐이다.

따라서 우리 진화적 조상의 합리적 음모주의와 현대 세계 사이에는 불일치가 있다. 현대 세계는 너무나 광범위하고 다양하여 진실과 거짓을 분별하는 것이 극도로 어려울 정도로 무수히 많은 음모론으로 가득하다. 이에 따라 나는 증거가 거의 또는 전혀 없고 편집증적인, 극비의 초강력 단체와 관련된 **편집증적 음모론**과, 불공정하고 부도덕하며 때로는 불법적인 이득을 얻기 위해 시스템을 조작하려는 정치적 기관 및 기업과 관련된 **현실적 음모론**을 구별한다. 역사와 시사적 사건 모두 실제 음모로 가득하기 때문에 나는 음모주의가 위험한 세상에 대한 이성적인 대응이라고 주장한다. 따라서 컴퓨터에 비유하면 음모주의는 인간 인지의 버그가 아니라 특징이다. 음모 효과에 대한 나의 정의에서 '겉보기에 합리적 이유'는 많은 것을 설명한다. 이 책에서 왜 그런지 자세히 살펴볼 것이다.

이 세 가지 주요 요인 외에도 음모론에 대한 믿음을 강화하는 데 작용하는 추가적인 여러 가지 심리적, 사회적 요인이 있다. 여기에는 **동기 부여된 추론, 인지 부조화, 목적론적 사고, 초월적 사고, 통제 소재(자신의 삶에 영향을 미치는 상황을 통제할 수 있다고 믿는 정도), 불안 감소, 확증 편향, 귀인 편향, 후판단 편향, '우리편' 편향, 복잡한 문제의 과도한 단순화, 패턴성, 행위자성** 등이 포함된다. 이러한 요인들은, 위에서 설명한 주요 요인처럼 궁극적인(더 깊은) 인과적 이유 때문에 이미 가진 음모 믿음을 강화하는 근접적인(즉각적인) 원인이라고 생각하라.

마지막으로 많은 음모론이 **진짜** 음모를 제시하기 때문에 책의 두 번째 부분은 주로 그 진위를 결정하는 데 중점을 둔다. 따라서 책의 전반부에 나오는 객관적인 학자적 목소리는 사람들이 제기하는 주장의 진위를 판단하는 일을 하는 단체(회의주의자 협회)의 수장이자 잡지(《스켑틱》)의 발행인인 나의 일상 업무와 겹칠 것이다. 즉, 나는 대부분의 음모론의 '진리치'를 판단할 수 있는 방법이 있다고 가정하고, 역사적으로나 오늘날에도 가장 널리 알려진 음모론에 대한 내 의견을 제시할 것이다. 이 책에서 나의 접근 방식은 대부분의 저술에서 그랬듯이 찰스 다윈의 접근 방식과 같다. 이 접근 방식은 다윈이 1859년에 출판한 혁명적인 책인《종의 기원》이 너무 이론적이며 "사실을 우리 앞에 놓고 그냥 놔 둬라"라고 비난한 평론가를 일러준 친구에게 보낸 편지에서 비롯되었다. 다윈은 이렇게 대답했다.

약 30년 전에 지질학자는 이론을 만들지 말고 관찰만 해야 한다는 이야기가 많았는데 누군가가 그런 식이라면 구덩이를 파서 조약돌을 세고 그 색깔이나 기술하는 것이 낫다고 말한 걸 기억하네. 모든 관찰이 어떤 쓸모가 있으려면 어떤 견해를 지지하거나 부정해야 한다는 점을 알지 못한다는 게 얼마나 이상한 일인가![7]

나는 마지막 구절을 다윈의 금언이라고 부르는데 이 금언은 반복할 가치가 있다.[8] **모든 관찰은 어떤 쓸모가 있으려면 어떤 견해를 지지하거나 부정해야 한다.**

일러두기

1. 본문의 볼드체는 원서에서 강조한 이탤릭체 부분입니다.
2. 단행본과 보고서는 《 》, 영화, 다큐멘터리, TV 프로그램, 언론, 학술지, 잡지, 기타 매체는 〈 〉, 논문은 " "로 묶었습니다.
3. 본문에 등장하는 도서, 영화, 다큐멘터리의 작품명은 가능한 한 이미 국내에 번역된 제목을 따랐습니다.

음모 효과

왜 똑똑한 사람이 겉보기에 합리적인 이유로 틀린 것을 믿는가

"우리가 왜 전쟁을 하는지 궁금한 적이 있는가? 왜 빚에서 벗어나지 못하는 것 같은가? 빈곤과 분열, 범죄가 발생하는 이유는 무엇인가? 이 모든 것에는 이유가 있다고 말한다면 어쩔 것인가? 일부러 그런 것이라고 말한다면 어쩔 것인가?"[1]

그렇다. 사려 깊은 사람이라면 누구나 그렇듯이 나도 전쟁, 빈곤, 분열, 범죄와 같은 문제를 궁금해했다. 이러한 문제를 연구하는 사회과학자, 역사가, 정책 분석가로 구성된 분과가 있다. 그들은 다중요인분석과 회귀방정식으로 정교한 모델을 구축하여 인과적 벡터 중에 어떤 것이 무력 충돌, 범죄와 폭력, 빈곤과 부채, 정치적 분열로 이어지는지 설명해 왔다. 이러한 각 문제에는 수백 개의 학술지와 수천 건의 연구를 수행하는 상당한 규모의 전문가 커뮤니티가 있으며, 이들은 사회가 기능하기 위해 반드시 해결해야 할 근본적인 질문에 답하기 위해 노력하고 있다.
하지만 음모주의자가 믿는 것처럼 이러한 문제들이 구세주가

있다면 단박에 해결 가능한 단일 요인의 결과라면 어쩔 것인가? 이것이 바로 서두에 인용한, '조 엠Joe M'이라는 별명을 가진 큐어 넌QAnon 음모주의자가 믿는 바이다. 탐사 언론인 마이크 로스차 일드Mike Rothschild는 책《폭풍이 몰려온다The Storm Is Upon Us》에서 큐 어넌을 "컬트, 대중 운동, 퍼즐, 커뮤니티, 악에 맞서 싸우는 방식, 새로운 종교, 사랑하는 사람 사이의 이간질, 국내 테러 위협, 무엇 보다도 모든 것에 대한 음모론"이라고 설명했다.[2] 소셜 미디어에 서 큐어넌 인플루언서 중 가장 많은 폴로어를 보유한 조 엠은 〈세 상을 구할 계획〉이라는 숨 막히는 동영상에서 매혹적이고 위험한 음모론을 펼쳤다. 로스차일드에 따르면, "많은 신자가 〈세상을 구 할 계획〉 동영상을 보고 큐어넌에 눈을 떴다. 조 엠은 내가 책에 서 언급한 그래스밸리 차터 스쿨 사건(큐어넌 음모론자가 그래스밸리 차터 스쿨의 모금 행사를 테러 모의와 연관지어 행사를 취소시킨 사건-옮긴 이) 배후에 있는 큐어넌 구루였으며 그 세계에서 큰 영향력을 행 사했다."[3]

2021년 1월 6일 아침, 큐어넌 추종자와 조작 선거 음모주의자 는 그들의 비공식 지도자라고 믿는 사람, 다름 아닌 당시 대통령 도널드 J. 트럼프의 말을 듣기 위해 모여들었다. 그들은 트럼프가 '더 스톰'이라는 종말론적 사건을 지휘하여 딥스테이트Deep State(대 통령이나 국가 기관 뒤에 실질적으로 통치 권력을 행사하는 그림자 정부가 있 다는 음모론-옮긴이)나 사탄적인 성매매 같은, 말로 표현할 수 없는 악에서 세상을 정화하여 유토피아를 맞이할 것이라고 생각했다.[4] 그런 비밀 지식을 소유한 기분이 어떨까? 한 큐어넌 유튜버는 이 렇게 표현했다. "나는 흥분됩니다. 행복해요! 사실을 알게 되면 두 려움이 아니라 힘이 생기는 것 같아요! 어서 정의가 실현되기를,

아이들이 구출되고 나쁜 놈들이 감옥에 갇히기를 바랍니다."[5]

이러한 열광적인 믿음의 표현은 사람들이 음모론을 믿는 이유에 대한 한 가지 설명을 제시한다. 음모론은 무수한 사회 문제에 대한 포괄적인 설명을 제공한다. 전쟁, 빈곤, 범죄와 같은 복잡한 문제를 하나의 음모 집단으로 환원하는 큐어넌의 매력은 음모주의 그 자체만큼이나 오래되었으며, 빌더버그 그룹, 외교협회, 프리메이슨, 일루미나티, 템플기사단, 신세계 질서, 시온수도회, 로스차일드 가문, 록펠러 가문, 삼극위원회, 영국 왕실, 시온 장로들의 명령을 받는 시온주의 점령 정부와 같은 추정상의 음모 집단도 마찬가지이다.

언론과 학계에서는 오랫동안 음모론을 UFO, 초능력, 광신도의 망상과 같은 비주류 믿음으로 취급해 왔다. 하지만 음모주의는 수세기 동안 사회 구조의 일부였으며, 내가 주장하듯이 위험한 연합의 형태를 띠는 외부 위협을 감지하기 위한 진화된 적응으로서 우리 본성에 내재해 있다. 2021년 1월 6일, 한 중년 남성이 노예제 폐지를 위해 싸웠던 남북전쟁에서 패배한 쪽을 의미하고 편견과 증오를 나타내는 커다란 남부연합기를 자랑스럽게 흔들며 국회의사당 원형 홀을 가로질러 가는 영상을 봤을 때, 나는 그가 무슨 생각을 하고 있었는지 궁금해하지 않을 수 없었다. 나중에 그의 신원은 케빈 시프리드Kevin Seefried로 밝혀졌다. 그는 결국 동행한 아들과 더불어 업무 방해, 제한 구역 출입, 무질서 행위와 관련된 혐의로 기소되었다. 케빈은 그 깃발이 자기 집에 자랑스럽게 걸어놓았던 것이라고 말했다.[6] 이 남성의 믿음은 무엇이 잘못되었을까? 우리는 케빈과, 그와 같은 음모를 받아들이는 수백만 명의 사람에게 어떻게 다가갈 수 있을까?

처음에 나는 스스로 보수적이며 공화당 지지자이자 법과 질서, 미국 헌법을 믿는다고 주장하는 사람들이 자신과 자신의 믿음을 대변하는 바로 그 기관에 대항하여 무기를 든다는 사실에 어안이 벙벙했다. 하지만 내가 연구해 온 믿음의 본질에 대한 특정 측면은 내가 음모 효과라고 부르는 미스터리, 즉 똑똑한 사람들이 겉보기에 합리적인 이유로 뻔하게 틀린 것을 믿는 이유를 밝혀주었다. 그렇다면 이성적인 사람이 비이성적으로 생각하고 행동하게 만드는 심리는 무엇이며, 그 이면에는 어떤 것이 있을까? 이 책의 나머지 부분에서 다룰 내용을 미리 살펴보기 위해 이러한 요인들을 좀 더 자세히 살펴보고, 큐어넌 음모론을 테스트 사례로 삼아 이질적인 요인들을 하나로 묶을 수 있는 이론적 모델을 만들어 보자.

◆◆◆

큐어넌 음모론은 'Q 클리어런스 패트리엇Q Clearance Patriot' 또는 'Q'라는 이름의 인터넷 사용자에게서 시작된 것으로 보인다. 그는 포챈 및 에이트챈 같은 인터넷 게시판에 '딥스테이트' 내부에 트럼프 행정부에 대항하는 '익명의' 소식통이 있다는, 증거 없는 이론을 게시한 바 있다. 그는 "암시와 지적은 할 수 있지만 기밀로 분류된 데이터 포인트를 너무 많이 제공할 수는 없다"라며 "이것은 부스러기일 뿐이며 여러분은 전체적이고 완전한 그림을 상상할 수도 없다"[7]라고 덧붙였다. 마이크 로스차일드는 큐어넌에 관해 다음과 같이 자세히 설명해 주었다.

"암시할 수 있다" "이것은 부스러기일 뿐이다"라는 문장은 Q와 트럼프가 정점에 있고 바로 아래에서 그 말을 '해석'하는 제자 무리가 있는, 종교 경전과도 같은 Q드롭스라는 수많은 게시글에서 인용한 것입니다. 인종차별과 음란물로 가득한 부실한 게시판을 이용하여 군 정보팀이 '유출'한 것으로 추정되는 이 메시지는 미국 정치에 깊숙이 개입한 운동의 초기 행진 명령이었습니다. 또한 이 명령은 Q가 막 기반을 잡고 초기 전도자를 끌어모으기 시작하던 시기에 작성된 것이기도 합니다.[8]

'퀸시던스Qincidences(Q로 철자가 시작됨)'라는 글자에는 17(Q는 17번째 글자), 4, 10, 20과 같은 특정 숫자가 반복되며 이는 'DJT' 또는 '도널드 J. 트럼프'에 해당한다. 음모주의자의 마음속에는 어떤 우연도 없다.

또 다른 음모론의 실마리는 2016년 '피자게이트'라는 터무니없는 '콘스피러시Qonspiracy 이론(역시 Q로 철자가 시작)'이었다.[9] 이 음모론의 유포자들은 아무런 증거도, 합리적 의심도 없이 힐러리 클린턴이 이끄는 소아성애 조직이 워싱턴 DC에 있는 코멧 핑퐁 피자집 지하에서 활동한다고 주장했다. 정말 이 말을 믿는 사람이 있을까? 한 사람, 에드거 웰치Edgar Welch는 자신의 믿음을 지키기 위해 용기를 내어 AR-15 스타일의 소총을 들고 성도착자를 처단하기 위해 피자집으로 갔다. 그는 성전을 떠나기 전 어린 두 딸을 침대에 눕히면서 "너희와 다른 아이들의 편에 서지 않을 수 없고, 너희가 악으로 타락한 세상에서 자라게 놔둘 수 없다"고 말했다.[10] 코멧 핑퐁에 지하실이 없고 더구나 그 안에서 활동하는 사탄 숭배 단체도 없다는 사실을 알게 된 웰치가 얼마나 놀랐을지 상상해 보

라. 그는 재판에서 판사에게 말했다. "저는 도움이 절실히 필요하다고 생각되는 사람들을 돕고자 워싱턴 DC에 왔습니다. 무고한 생명을 해치거나 겁을 주려는 의도는 전혀 없었지만 제 결정이 얼마나 어리석고 무모한 것이었는지 이제야 깨달았습니다." 이 사건으로 아무도 다치지 않아서 다행이다. 그러나 4명이 사망하고 많은 부상자가 발생한 미국 국회의사당 습격 사건에서 보았듯이 다른 사람들은 운이 좋지 않았다.

큐어넌 음모론은 얼마나 명백하게 틀린 것일까? 부주의한 사고와 엉뚱한 이론을 신랄하게 비판하는 것으로 유명한 물리학자 볼프강 파울리Wolfgang Pauli의 말을 빌리자면 틀렸다고 증명할 수가 없기 때문에 "틀린 것조차도 아니다"라고 할 수 있다.

여기서 드러나고 있는 것이 무엇인지 다시 한번 생각해 보라. 큐어넌 음모주의자는 힐러리 클린턴, 버락 오바마, 비욘세, 레이디 가가, 톰 행크스 등이 피자집에서 일어나는 세계적인 사탄의 섹스 컬트 및 소아성애자 조직에 연루되어 있다고 주장한다. 30년 동안 온갖 종류의 비주류 믿음과 괴상한 주장을 연구하고 폭로해 왔지만 21세기 미국의 정치 권력 중심에 그런 주변부 믿음이 자리잡을 것이라고 나는 상상도 하지 못했다. 그러나 우리는 의회뿐만 아니라 미군에서도 이런 일이 일어나는 것을 목격했다. 중진급 하원의원과 총을 든 군인 들이 2020년 대선이 조작된 사기극일 뿐만 아니라 샌디훅 초등학교 총기 난사 사건은 위장(거짓 깃발) 작전이었으며, 클린턴 부부가 존 F. 케네디 주니어를 살해했고, 9/11 테러는 조지 W. 부시 행정부의 내부 소행이었으며, 2001년 9월 11일 펜타곤이 여객기가 아닌 순항 미사일에 맞았다고 선언하는 것을 말이다.

이런 비논리적인 미친 짓거리의 배후에는 부모 집 지하실에서 전자기파를 차단해 정신 통제를 방지한다는 망상으로 은박지 모자를 쓰고 극단적인 정치 블로그를 운영하는 20대 실직자가 아니라 조지아 주민이 선출한 마조리 테일러 그린Marjorie Taylor Greene 하원의원과 같은 정치인이 있다. 음모론에 의문을 제기하는 회의주의자에 대한 그린의 다음과 같은 반응은 적나라하면서도 도전적이었다. "모든 공격, 모든 거짓말, 모든 중상모략은 전국에 걸쳐 저의 지지도를 강화합니다. 사람들이 진실을 깨달았고 거짓에 질려버렸기 때문이죠."[11] 민주당은 그린을 문책하라고 반발했고 그린의 공화당 동료들은 이를 거부했다. 그린은 감히 자신을 문책하려 했던 일부 공화당원에게 "공화당의 진짜 암은 우아하게 지는 법만 아는 나약한 당원들"이라고 방어적이면서도 전투적으로 응수했으며 덧붙여 "결코 물러나지 않을 것"이라고 했다.

그린이 결국 의회위원회에서 해임된 후 물러났다고는 하지만 그린이 2020년 대선 결과가 조작됐다고 이의를 제기하는 데 찬성표를 던진 공화당 의원 147명 중 한 명이라는 사실에는 변함이 없다. 그들은 조작된 투표 기계 때문에 공화당에서 민주당으로 표가 뒤집혔지만 거꾸로 공화당이 가져간 15석의 민주당 의석은 조작이 아니라는 큐어넌에 가까운 음모론을 믿는다.[12, 13]

2021년 1월 20일 조 바이든이 미국의 46대 대통령으로 취임하면 이러한 어리석은 음모론이 종식될 것이라고 생각한 사람들도 있었다. 그러나 겨울이 봄과 여름으로 바뀌는 동안에도 음모론에 휩싸인 헤드라인 기사는 여전히 언론에 정기적으로 등장했다. 그 사이에 가족 한 명이 큐어넌을 받아들여 가족이 분열되는 경악스러운 일도 발생했다. 예를 들어 한 여성은 9/11 음모론, "특히 9/11 테러가 조작된 사건이며 인근의 타워와 건물이 의도적으로 파괴되었다고 주장하는 동영상"으로 빠져든 음모주의 때문에 결혼 생활이 끝났다고 회상했다.[14] 그녀의 남편은 음모론을 주장하는 알렉스 존스Alex Jones의 인터넷 라디오 쇼 〈인포워즈〉를 청취하기 시작했고 토끼굴에 빠져들었다. "남편은 수많은 학교 총격 사건과 보스턴 마라톤 폭탄 테러가 위기 연출가들에 의해 조작된 것이라고 믿었습니다"라고 그녀는 회상했다. 그녀의 남편이 포챈 웹 커뮤니티에서 큐어넌을 받아들였을 때쯤 그들의 결혼 생활에는 균열이 가고 있었다. "스트레스가 너무 심해서 퇴근하고 집에 가는데 현관문을 열고 싶지 않았고 단지 쉬고 싶다는 이유로 직장에 있고 싶었어요. '그래, 난 강해. 난 이겨낼 수 있어'라고 다짐하며 집에 들어갈 수밖에 없었죠." 결국 그녀는 음모주의자 남편의 망상을 감당할 수 없었다. 그녀의 실패한 결혼 생활은 음모 효과로 인해 분열된 다른 많은 가족의 운명과 비슷하다. 파크랜드 학교 총기 난사 사건의 생존자 중에는 자신의 아버지가 큐어넌에 의해 모든 것이 사기라고 확신하여 가족이 붕괴된 사례가 있다.[15]

큐어넌 음모론은 요가, 명상, 웰빙 서클을 통해 퍼져나가 영성주의 세계에도 침투했다. 웰빙 서클에는 뉴에이지 요가 전문가, 에너지 치료사, 소리 치료사, 수정 수련자, 심령술사 등이 포함되며 이 모두는 비주류 사상에 대한 극단적인 개방성으로 인해 음모주의를 받아들일 준비가 돼 있다. 국회의사당 폭동 당시 얼굴과 몸에 페인트를 칠하고 뿔이 달린 모자를 쓴 채 15분 동안 스포트라이트를 받은(그리고 감옥에 간), 유명한 '큐어넌 샤먼' 제이크 안젤리Jake Angeli와 포니테일 머리의 전직 경찰서장 앨런 호스테터Alan Hostetter는 모두 현재 음모론을 따라 분열되고 있는 요가 및 영성 커뮤니티와 연관이 있다. 이 그룹은 또한 빌 게이츠가 치명적인 백신을 통해 전 세계의 인구 감소를 획책한다는 백신 접종 반대 음모론이나, 로스차일드 가문이 전 세계의 은행을 통제하며, 도널드 트럼프가 사탄적 소아성애자 조직을 폭로하고 체포하는 이른 바 '폭풍'이 올 것이라는 음모론을 퍼뜨리고 있다. 요가 강사 로라 슈워츠Laura Schwartz는 요가 커뮤니티의 지인 중 한 명이 인스타그램에서 코로나19 백신에 낙태된 태아의 성분이 포함되어 있다고 떠벌리는 것을 보고 이런 운동을 '우어넌Woo-Anon'이라 명명했다. "복음주의 기독교인, 요가 수행자 등 공통점이 거의 없는 사람들 사이에 우어넌이 얼마나 널리 퍼져 있는지 생각해 보면 사람들이 우어넌을 심각하게 받아들이지 않는 것 같아요. 그들은 무엇이든지 진실이라고 느끼면 진실이 되어버리는 세상을 만들고 있어요" 라고 그녀는 말했다.[16]

이것이 바로 음모 효과가 수백만 명의 사람들에게 미치는 힘이며 2021년 1월 20일 미국의 45대 대통령, 도널드 트럼프가 퇴임한 후에도 이 문제는 사라지지 않고 있다. 인지 부조화 이론에서 예측한 것처럼, 음모론을 뒷받침할 수 있는 사실이 드러나지 않았을 때 늘 그랬듯이, 진실한 신자들은 자신의 믿음을 두 배로 강화했다. 페이스북은 큐어넌 및 미국 민병대 단체와 관련된 만여 개 이상의 페이지, 그룹, 인스타그램 계정을 제한했지만, 2021년에도 여론 조사에 따르면 수천만 명의 미국인이 여전히 큐어넌과 일치하는 입장을 표명하고 있는 것으로 나타났다.[17] 예를 들어 2021년 5월 공공종교연구소의 설문 조사에 따르면 미국인의 약 15퍼센트가 "미국의 정부, 언론, 금융계가 사탄을 숭배하며, 전 세계 아동 성매매 사업을 운영하는 소아성애자 집단에 의해 통제된다"라고 생각하며 공화당원(23퍼센트)이 무소속(14퍼센트)과 민주당원(8퍼센트)보다 더 높은 비율로 동의한 것으로 나타났다.[18] 미국인 5명 중 1명(20퍼센트)은 "권력을 가진 엘리트를 휩쓸어 버리고 정의로운 지도자들을 회복시킬 폭풍이 곧 닥칠 것"이라는 진술에 동의했으며 이 역시 무소속(18퍼센트)과 민주당(14퍼센트)보다 공화당원(28퍼센트)이 더 높은 비율로 그렇게 믿는다고 답했다.

2021년 6월 22일 트럼프는 '가짜 뉴스'와 '레임스트림 미디어 Lamestream Media'[lame(설득력이 없는, 변변찮은)과 mainstream(주류, 대세)을 합성한 말로, 주류 언론을 비하하여 일컫는 신조어-옮긴이]에 대해 기괴한 폭언을 퍼부으며 "나는 엄청난 부정 선거와 그 밖의 것에도 불구하고 (현직 대통령 중 가장 많은) 7500만 표를 얻었다"라는 점을 자신의 지지층에게 상기시켰다. 그는 "2024년 또는 그 이전!"이라는 말로 마무리했는데, 이는 아마도 자신의 복귀에 따른 '폭풍'을 염두에 둔 것으로 추정된다.[19] 그 주에 플로리다주 탬파에서 열린 우익 집회에서 큐어넌 음모주의 연사들은 코로나19와 '조작된' 선거에 대한 거짓말을 반복했으며 이 집회는 마이필로우라는 기업의 CEO 마이크 린델Mike Lindell의 기조 발제로 마무리되었다. 린델은 조만간 엄청난 사건이 일어나게 될 모임을 예고했는데 그 모임에는 '사이버 가이'와 '상원의원, 주지사, 입법부 인사, 국무부 장관, 그곳에 있기를 원하는 모든 정부 관리'가 참여하며 "대법관들은 그걸 보고 이 나라가 공격을 받았다고 9 대 0으로 판결할 것이며 선거는 무효화될 것입니다. 도널드 트럼프는 올가을에 취임할 것입니다. 확실합니다!"라고 했다.[20]

다시 말하지만 이는 단순히 외로운 윙넛의 망상적인 외침이 아니다. 상당수의 사람이 큐어넌의 개별 주장을 받아들일 준비가 되어 있다. 예를 들어 한 설문 조사에서 응답자의 18퍼센트는 트럼프가 비밀리에 "정부 관리와 유명인의 대량 체포"를 준비하고 있다는 주장이 "아마도 또는 확실히 사실"이라는 데 동의했다.[21] 2021년 2월 미국기업연구소에서 실시한 또 다른 설문 조사에서는 공화당원의 약 60퍼센트가 "'딥스테이트'로 불리는 워싱턴 DC의 선출되지 않은 정부 관리 그룹이 트럼프 행정부를 약화하기 위해 노력하고 있다"라는 주장에 동의한다고 답했으며 30퍼센트는 "도널드 트럼프가 저명한 민주당원과 할리우드 엘리트들이 포함된 아동 성매매업자 그룹과 비밀리에 싸우고 있다고 믿는다"라고 답했다.[22] 2021년 여름에 미국인 3000여 명을 대상으로 우리가 실시한 자체 설문 조사에 따르면 4명 중 1명 이상이 "미국 정부의 행동은 선출직 공무원이 아니라 선출되지 않은 비밀 비즈니스 및 문화 엘리트 그룹인 딥스테이트에 의해 결정된다"라는 의견에 약간, 보통, 강하게 동의했으며 나머지 25퍼센트는 불확실하다고 답했다(이 설문 조사에 대한 자세한 내용은 종결부 참조).

트럼프 자신도 큐어넌에 관한 질문을 받으면 애매모호한 태도를 보인다. 그는 한때 음모주의자를 "우리나라를 사랑하는 사람들"이며 "나를 매우 좋아하고 감사하게 생각하는 사람들"이라고 묘사한 적이 있다. 선거 전 텔레비전으로 방영된 타운홀 인터뷰에서 트럼프는 "민주당은 사탄의 소아성애자 집단이고 당신이 구세주"라는 음모론을 비난할 것이냐는 사회자인 NBC의 사바나 거스리Savannah Guthrie의 질문을 받았다. 트럼프가 답변을 거부하자 거스리는 트럼프의 정치적 반대자가 악마를 숭배하는 아동 성추행범이 아니라는 사실을 인정하라고 요구하며 강하게 압박했다. "나는 그것을 모르고 당신도 그것을 모릅니다"라는 트럼프의 반응은 큐

어넌과 그들의 음모론적 사고방식에 불을 지폈을 뿐이다.[23]

사실 우리는 그것을 알고 있다. 트럼프도 그렇고, 어느 정도는 그의 추종자들도 마찬가지일 것이다. 만약 큐어넌/딥스테이트 음모론 신봉자 또는 더 신랄하게는 테드 크루즈, 조시 홀리, 마조리 테일러 그린과 같은 선출직 공직자(모두 조작 선거 음모론을 믿는다)와 일대일로 마주 앉아 "힐러리 클린턴과 톰 행크스가 워싱턴 DC의 피자집을 이끌고 여기에 비밀리에 아동을 인신매매하는 사탄 숭배 소아성애자들이 있다고 정말로 믿습니까?"라고 묻는다면 그 대답은 '아니오'일 것이다. 나는 '아니오'라고 대답할 것 같고 심지어 '당연히 아니죠'라고 대답할 수도 있다고 생각한다. 큐어넌 음모론을 진정으로 믿는 사람은 멍청이거나 망상에 빠진 사람이라고 비하해도 욕먹지 않을 것 같다. 전체 공화당 지지자의 3분의 1이 이런 음모론에 빠져 있을리 없다. 이는 상식과 정보 분포의 인구 통계를 무시하는 것이다. 그렇다면 도대체 무슨 일이 벌어지고 있는 걸까?

◆◆◆

나는 그러한 믿음이 특정 음모론보다는 일반적인 믿음 및 진실과 더 관련이 있다고 주장한다. 사람들이 음모론을 믿는 이유를 설명하기 위해 내가 변론에서 간략하게 설명한 세 가지 주요 요인을 상기해 보자. **대리 음모주의**(특정 음모론은 종종 다른 유형의 진실, 즉 신화적 진실, 역사적 진실, 생생한 경험적 진실에 대한 대리자 역할을 한다), **부족 음모주의**(음모론이 정치적, 종교적, 사회적, 이념적 부족 정체성의 핵심 요소로 오랫동안 믿어지고 유지되어 온 다른 믿음, 교리, 과거 음모론의 요소를 품고 있는 경우), **건설적 음모주의**(음모론이 사실일 때 사실이 아니라고 가정하는 것보다 사실이 아닐 때 사실이라고 가정하는 것이 더 낫다고 생각하는 경우)가 있다. 앞으로 이어질 장별 분석의 서곡으로 여기서는 이 세 가지에 대해 좀 더 자세히 살펴보자.

대리 음모주의

O. J. 심슨 살인 재판을 표본으로 생각해 보자. 이 사건에서 매일 같이 쏟아지는 증언에 주의를 기울인 사람이라면 누구나 O. J.가 전처 니콜 브라운 심슨Nicole Brown Simpson과 그녀의 친구 로널드 골드먼Ronald Goldman을 살해했다는 결론을 내릴 수밖에 없었다. 증거가 너무 압도적이어서 이 사건은 역사상 가장 간단하고 명백한 살인 사건 중 하나였어야 했다.[24] 하지만 배심원단은 무죄를 선고했다. 그 이유는 무엇일까? 나는 심슨의 변호팀이 경찰이 의뢰인에게 불리한 증거를 심어두었다는 설득력 있는 음모론을 제기했기 때문이라고 생각한다. 이 사건에서 경찰의 증거 조작이 입증된 적은 없지만 경찰 중 일부(또는 적어도 한 명)가 인종차별주의자일 가능성이 있으며 더 중요한 것은 지난 반세기 동안 로스앤젤레스 흑인 커뮤니티와 LA 경찰 사이에서 일어난 역사를 보면 많은 경찰이 인종차별주의자였고 일부는 실제로 흑인을 엮기 위해 증거를 심었다는 사실이 드러났다는 점이다. 이런 사고에 따라 말이다. '이 사람이 범인인 건 맞지만 법정에서 증명하지 못할 수도 있으니 만약을 대비해 그에게 불리한 증거를 심어두자. 그렇지 않으면 풀려나서 다시 범죄를 저지를 수도 있으니까.'[25]

따라서 인종차별주의 경찰이 의뢰인에게 불리한 증거를 심었다는 O. J. 심슨 변호팀의 음모론은 심슨에게 무죄를 선고할 만큼 배심원단에게 일종의 신화적이고 역사적이며 생생한 경험적 진실이었다. 언론인 샘 스미스Sam Smith는 이 재판과 음모론적 변호를 취재하면서 "이름, 시간, 장소만 빼면 모든 것이 사실"이라고 언급했다.[26] 나는 배심원단과 대부분의 아프리카계 미국인 커뮤니티가 심슨이 유죄라는 사실을 알고 있었지만 '경찰이 증거를 심었다'는 음모론이 당면한 구체적 사건보다 더 진실임을 믿었다고 생각한다. 다시 말해, 더 **근본적인** 음모론의 진실이 명백히 거짓인 **근접한** 음모론을 능가했다.

이러한 음모론을 믿는다고 말하는 사람들은 종종 각 사건의 증거를 꼼꼼하게 검토하지 않고 정부, 기업, 기관의 권력, 이 경우에는 경찰 권력과 같이 음모론이 자신과 관련된 다른 무언가를 대신하도록 한다. 아프리카계 미국인은 경찰을 신뢰하지 않는다. 백신 접종 반대자는 거대 제약 회사를 신뢰하지 않는다. 유전자 조작 반대론자들은 대기업을 신뢰하지 않는다. 반핵 운동가들은 거대 규제 기관을 신뢰하지 않는다. 존 F. 케네디 암살 음모주의자는 워런위원회 같은 거대 위원회를 신뢰하지 않는다. 9/11 테러가 미 정부의 자작극이라 믿는 9/11 트루서truther는 큰 정부를 신뢰하지 않는다. 큐어넌은 딥스테이트를 신뢰하지 않는다. 여기서 신화적 진실은 경험적 진실보다 우선하며 특정 음모론은 권력 브로커가 연관된 더 큰 음모론의 대리자 역할을 한다.

부족 음모주의

큐어넌은 한참을 거슬러 올라가는, 부족적 역사에 깊이 뿌리박은 초기 음모론의 화신이다. 2000년대 9/11 테러 이후 '내부자 소행' 음모론, 1990년대 '사탄 공황' 음모론, 1980년대 신세계 질서 음모론, 1960년대와 1970년대의 '거짓 깃발' 음모론(세계 전역에서 일어나는 테러나 총기 사건이 특정 정치적 목표를 추진하기 위해 정부나 음모 세력이 꾸민 것이라는 음모론-옮긴이), 1950년대의 바티칸 음모론, 1930년대와 1940년대의 백인 민족주의 음모론, 1920년대에 히틀러가 믿은 '뒤통수치기' 음모론(독일군은 제1차 세계대전에서 패배하지 않았으며 공산주의자, 유대인에게 뒤통수를 맞은 것이라는 음모론-옮긴이), 1900년대와 1910년대의 《시온장로의정서The Protocols of the Learned Elders of Zion》의 반유대주의 음모론 등 다양한 음모론이 있다. 심지어 수 세기 전 유대인들이 기독교 어린이를 의식적으로 살해하고 그 피를 마셨다는 '피의 명예훼손' 음모론으로까지 거슬러 올라가는데 이는 유럽 유대인들의 산발적인 대학살로 이어진 잘못된 믿음이다. 따라서 큐어넌은 대리 진실일 뿐만 아니라 과거의 두려움과 불안을 반영하는 초기 음모론을 대변하기도 한다.

큐어넌에 대한 자신의 믿음을 공개적으로 밝히는 것은 동료 부족원들에게 집단에 대한 충성심이 특정 음모론의 즉각적인 진실 또는 거짓보다 우선한다는 사회적 신호―때로는 '미덕 신호'라고 불리는―로 작용한다.[27] 큐어넌 같은 망상적 음모론이 독자를 끌어당기는 이유를 이해하도록 도와달라는 〈워싱턴 포스트〉 기자의 질문에 나는 다음과 같이 설명한 적이 있다. "그건 부족의 충성심, 즉 내가 이 미친 생각에 대한 믿음을 기꺼이 알릴 만큼 충성스럽다는 진술입니다. 그들은 자신이 대의를 위해 헌신하고 있다는 사회적 신호를 보내는 방법으로 자신의 믿음을 더 강하게 밀어붙이고 있습니다."[28]

건설적 음모주의

사람들이 음모론을 믿는 이유를 이해하는 데 중요한 세 번째 요인은 음모론 중 상당수가 사실이기 때문에 회의주의보다는 믿음의 편에 서는 것이 유리하다는 점이다. 예를 들어 율리우스 카이사르와 에이브러햄 링컨의 암살은 워터게이트 사건 및 이란-콘트라 사건과 마찬가지로 실제로 음모였다. 펜타곤 페이퍼와 위키리크스는 미국 정부가 꾸민 더 많은 음모를 폭로했으며 이 글을 읽는 지금 이 순간에도 어떤 음모 집단이 비공개로 형성되고 있는지 누가 알겠는가? 이러한 진짜 음모가 빈번하기 때문에 우리는 훨씬 더 많은 가짜 이론을 믿는 경향이 있다. 2020년 대선을 둘러싼 조작 선거 음모론은 성공하지 못했지만 미국 역사에서 선거 부정이 있었고 전 세계적으로 조작 선거는 그리 드물지 않다는 사실만 알아두면 충분하다. 러시아의 블라디미르 푸틴과 중국의 시진핑이 합법적으로 종신 재선에 성공했다고 생각하는 사람이 있을까? 아니면 모순어법적인 조선민주주의인민공화국에서 김씨 가문이 3대에 걸쳐 선거에서 승리했다고 생각할까?

건설적 음모주의는 게임 이론에서 유래한 것으로, 실제가 아닌데도 실제라고 가정하는 **1유형 오류(거짓 긍정)**를 범하는 것이 실제인데도 실제가 아니라고 가정하는 **2유형 오류(거짓 부정)**를 범하는 것보다 나은 이유를 설명한다. 과거 진화적 환경에서는 풀숲에서 부스럭거리는 소리를 들었을 때 사실은 바람 소리인데 위험한 포식자라고 가정하는 것이(1유형, 거짓 긍정 오류) 사실은 먹이를 찾는 맹수인데 바람 소리일 뿐이라고 가정하는 것(2유형, 거짓 부정 오류)보다 더 나은 선택이었다. 후자의 경우 포식자의 먹잇감이 될 수 있다. 항상 최악의 상황을 가정하는 것은 아니지만 충분한 정보가 음모를 가리키거나 신뢰할 수 있는 정보원이 음모가 있다고 주장한다면 후회하는 것보다 안전한 것이 낫다는 생각에 그 말을 믿을 가능성이 더 높다. 앞으로 몇 장에 걸쳐 건설적 음모주의의 심리(특히 부정적 편견과 '나쁜 것'이 '좋은 것'보다 더 강한 이유)를 살펴보고, 얼마나 많은 음모론이 사실로 밝혀졌는지를 따져 볼 것이다. 음모론 중 몇 가지를 자세히 살펴보면 음모가 상상 속에서 작동한다고 생각하는 것과는 대조적으로 현실 세계에서 실제로 어떻게 작동하는지 알 수 있다.

◆◆◆

이 세 가지 중요한 인과적 요인은 궁극적인(심층적인) 원인이며, 그 위에는 세 가지 요인과 얽혀 있는 수많은 근접적(즉각적인) 심리적, 사회적 힘이 있는데 이 모두는 특정 음모론에 대한 믿음을 강화한다. 여기에는 **동기 부여 추론, 인지 부조화, 목적론적 사고, 초월적 사고, 통제 소재, 불안 감소, 확증 편향, 귀인 편향, 후판단 편향, 우리편 편향, 복잡한 문제의 과도한 단순화, 패턴성, 행위자성** 등이 포함된다. 성격적 특성과 인구통계학적 요인은 이러한 더 큰 힘과 함께 작용하여 음모주의를 부추길 수 있다. 게다가 불확실성, 불안, 권력, 통제력 상실과 같은 상황과 함께 특정 변수가 음모론을 사실로 받아들이도록 더욱 부채질한다. 따라서 이 책에서 내가 접근하는 방식은 궁극적인 원인에서 근접한 원인으로, 근본적인 원인에서 즉각적인 원인으로, 일반적인 원인에서 구체적인 원인으로 이동하는 것이다. 그렇게 함으로써 나는 음모주의자가 단순히 어리석고, 교육을 받지 못했으며, 비이성적으로 음모에 신빙성을 부여한다는 통념을 일부 반박한다. 그 대신에 나는 음모론자의 음모 믿음이 더 큰 요인들을 통해 볼 때 합리적이라고 주장한다. 이런 의미에서 음모론자는 정치학자 러셀 하딘Russell Hardin이 말한 '파행적 인식론'(하딘이 모든 종류의 정치적 극단주의자, 특히 테러리스트에게 적용한 개념)을 가지고 있는 것일 수 있다.[29] 그들은 주장에 대해 추론하는 방법을 모를 뿐만 아니라 다른 사람들에게서 수집한 제한된 지식을 바탕으로 자기 강화적 믿음의 반향실에서 최악의 상황을 가정하는 진화된, 건설적 음모주의의 발견법을 사용한다. 이것이 이 책 제1부의 핵심을 이룬다.

제2부에서는 어떤 음모론이 진실일 가능성이 높은지, 거짓일 가능성이 높은지, 진실과 거짓 가능성을 추정하기에는 아직 불확실한지 판단하는 방법을 살펴볼 것이다. 음모론의 진실성을 테스트하기 위한 모델을 구축한 후 9/11 트루서, 미국 대통령 오바마가 미국에서 태어나지 않았다는 음모론을 믿는 오바마 버서birthers, 존 F. 케네디 암살 등 가장 유명한 음모론을 자세히 살펴볼 것이다. 이어서 역사 전반에 걸친 진짜 음모, 특히 20세기의 음모에 대한 개요를 살펴본 다음, 역사상 가장 치명적인 음모―세르비아 민족주의자 음모 집단에 의해 오스트리아 프란츠 페르디난트 대공이 암살되어 제1차 세계대전이 일어나고 수천만 명의 사망으로

귀결된―를 심층적으로 살펴볼 것이다.

제3부에서는 개인과 공공의 두 영역에서 음모론이 주는 실용적이고 실행 가능한 시사점을 제시한다. 가족과의 저녁 식사에서부터 공식적인 토론에 이르기까지 다양한 상황에서 합리적이고 사려 깊은 대화를 위해, 최고의 도구를 사용하여 음모론자와 대화하는 방법을 간략하게 설명한다. 예를 들어 직장 동료들이 모인 커피 타임이나 가족들이 모인 명절 저녁 식사 자리에서 누군가가 지구온난화가 중국의 사기극이라거나 샌디훅 사건은 위장 작전이었다거나 버락 오바마가 미국에서 태어나지 않았다거나 도널드 트럼프가 곧 백악관으로 돌아갈 것이라고 떠들 때 어떻게 말해야 할까? 나는 30년 동안 사람들이 왜 이상한 것을 믿는지(내 첫 번째 책이《왜 사람들은 이상한 것을 믿는가》이다) 이해하는 것뿐만 아니라 모든 분야의 신봉자들에게 회의주의의 도구와 과학자처럼 생각할 수 있는 능력을 제공하기 위해 그들과 대화하는 데 전념해 왔다.[30, 31]

마지막 장에서는 21세기에 급격히 약화된, 우리 사회에서 진실의 토대와 제도에 대한 신뢰를 회복할 방법에 대해 살펴볼 것이다. 버락 오바마 전 대통령은 2020년 11월 15일자 잡지 〈애틀랜틱〉과의 인터뷰에서 이렇게 지적했다. "우리에게 진실과 거짓을 구별할 능력이 없다면 정의상 사상의 시장은 작동하지 않습니다. 그리고 우리의 민주주의는 작동하지 않습니다. 우리는 인식론적 위기에 직면하고 있습니다."[32] 정치 격변기 시기에 정치 철학자 한나 아렌트Hannah Arendt도 1951년 저서《전체주의의 기원The Origins of Totalitarianism》에서 "전체주의 통치의 이상적인 주체는 확신에 찬 나치나 확신에 찬 공산주의자가 아니라 사실과 허구의 구별(즉 경험의 현실성)과 참과 거짓의 구별(즉 사고의 기준)이 더 이상 존재하지

않는 사람들"이라고 비슷한 지적을 한 바 있다.[33]

　오늘날의 음모주의의 문제는 우리 역사상 그 어느 때보다 시급한 문제이다. 누가 왜 음모론을 믿는지, 어떤 진화적, 심리적, 사회적, 문화적, 정치적, 경제적 조건이 음모론을 부추기는지, 음모론을 분류하고 체계화하여 서로 다른 원인을 구별할 수 있는 방법과 어떤 음모론이 진실인지 결정할 수 있는 모델이 필요하다. 이를 위해 이제 우리 모두 음모론자라고 생각하자. 이어지는 내용에서 나는 중요한 음모주의에 대한 이론을 제시함으로써, 왜 똑똑한 사람들이 겉보기에 합리적인 이유로 뻔히 틀린 것을 믿는가 하는 음모 효과를 설명할 뿐 아니라 우리를 다원적 민주주의와 하나로 묶는 신뢰의 구조에 해로운 영향을 미치는 거짓 음모론을 바로잡도록 할 것이다.

1부

왜 사람들은 음모론을 믿는가

인간은 패턴을 추구하는 동물이기 때문에 음모주의는 완고한 신념이다. 별이 가득한 하늘을 보여주면 우리는 별을 동물과 거대한 숟가락으로 배열할 것이다. 무작위적인 불행으로 가득 찬 세상을 보여주면 우리는 같은 수법으로 점을 비밀스러운 음모로 연결할 것이다. 우리 대부분은 세상 사건에 인위적인 패턴을 부여하려는 욕구를 이성적인 감각으로 억제하는데, 이것은 삶이 종종 잔인하고 불확실하다는 것을 말해준다. 또는 점성술이나 주류 종교와 같이 사회적으로 인정받는 구획화된 출구를 찾아 패턴 추구를 표현한다. 음모론은 패턴을 추구하는 우리 욕구가 이러한 억제 메커니즘을 압도할 때 뿌리를 내린다.

조너선 케이Jonathan Kay, 《9/11 트루서 사이에서: 미국의 점증하는 음모주의자 지하 세계로의 여정Among the Truthers: A Journey through America's Growing Conspiracist Underground》, 2011.

1장

음모와 음모론

사고의 차이와 작동 방식의 차이

2012년 5월 16일 수요일, 나는 BBC 다큐멘터리 제작으로 UFO, 외계인, 51구역, 정부 은폐물을 찾아 미국 남서부를 여행하는 일군의 영국인 음모론자와 함께 라스베이거스라는 네온 사막의 뜨거운 버스 안에서 몇 시간을 보냈다. 한 여성은 로스앤젤레스 I-405 고속도로에서 주황색 에너지 공이 차 주위를 맴돌다가 블랙 옵스 헬리콥터에 의해 쫓겨났다는 이야기로 나를 즐겁게 했다. 한 남성은 어느 날 저녁 영국 시골에서 자신을 따라다녔던 녹색 레이저 광선의 출처를 설명해 달라는 과제를 내게 주었다.[1]

여러 가지 음모론을 좋아하는 시청자가 많기 때문에 음모론은 텔레비전 프로듀서들이 가장 좋아하는 소재이다. 예를 들어 내가 참여한 캐나다 방송국CBC의 다큐멘터리 〈떠오르는 음모Conspiracy Rising〉에서는 UFO, 51구역, 9/11, 존 F. 케네디와 다이애나 왕세자비의 죽음에 대한 음모론을 다루면서 마치 이 모든 사건에 공통점이 있는 것처럼 표현했다. 이 영화에 등장하는 악명 높은 음모 장사꾼 알렉스 존스는 "군산복합체가 존 F. 케네디를 죽였다" "세계 정부를 세우는 민간 금융 카르텔이 있다는 것을 증명할 수 있는데 그들이 인정하기 때문이다" "9/11 테러를 어떻게 보든 이슬람 테러리스트와 관련은 없으며 납치범들은 리 하비 오즈월드Lee Harvey Oswald처럼 희생양으로 설정된 미국 정부 자산이었다"라고 주장했다.[2]

알렉스 존스는 자신의 〈인포워즈〉웹사이트에서뿐 아니라 수천만 명의 시청자를 보유한 조 로건Joe Rogan의 인기 팟캐스트에 여러 차례 출연하면서 이와 같은 음모론을 무수히 쏟아냈다.[3] 칭찬할 만한 것은 조는 나를 자신의 팟캐스트에 여러 번 출연시켜 여러 음모론에 대해 회의적인 관점을 제시하게 했다.[4] 조는 존스에게 음모론에 대한 증거를 제시해 달라고 분명하게 요청했지만 현재까지 아무런 증거도 제시하지 못했다. 존스가 샌디훅 초등학교 총기 난사 사건이 오바마 행정부가 엄격한 총기 규제법을 통과시키기 위해 벌인 위장 작전이라는 음모론을 퍼뜨린 후 그의 광적인 추종자들은 희생된 아이들의 부모들을 괴롭혔다. 그 결과 존스는 그중 한 명에게 고소당했고 이후 유튜브, 트위터, 페이스북, 스포티파이, 인스타그램, 페이팔에서 활동할 수 없게 되었다.[5] 그럼에도 존스의 음모주의는 인터넷의 어두운 영역에서 계속되고 있으며 현재 그는 아마존에서 건강 보조 식품을 판매하며 생계를 유지하고 있는 것으로 보인다.[6]

◆◆◆

2020년에 큐어넌에 대해 제기된 많은 질문 중 하나는 큐어넌은 정확히 어떤 유형의 음모론인가 하는 것이었다. 정치적 음모?

경제적 음모? 사탄 숭배? 비밀 단체? 이 질문에 답하는 것은 음모론을 분류하고 그 신봉자를 특징짓는 세계로 들어가는 문을 열어준다. 음모론을 이해하고, 설명하고, 적절한 때 거짓 음모론에 대응하기 위해서는 우리가 무슨 이야기를 하고 있는지 알 필요가 있다. 사회과학자들은 이 과정을 '조작적 정의'라고 부르는데 연구 대상을 정확하게 정의하고 이를 조작적으로 측정하는 방법을 설명함으로써 연구 대상이 무엇인지 명확하게 밝히는 것을 말한다. 먼저 **음모**와 **음모론**을 구별하는 것부터 시작해 보자.

> 음모란 두 명 이상의 사람 또는 집단이 비도덕적으로 또는 불법적으로 이득을 취하거나 다른 사람에게 해를 끼치기 위해 비밀리에 모의하거나 행동하는 것을 말한다.
> 음모론이란 음모가 실제인지 여부와 관계없이 음모에 대한 구조화된 믿음을 말한다.
> 음모론자 또는 음모주의자는 음모가 실제인지 여부와 관계없이 가능한 음모에 대한 음모론을 주장하는 사람을 말한다.

음모론에 관한 과학 문헌은 풍부하다.[7] 예를 들어 정치학자 조지프 우신스키Joseph Uscinski와 조지프 페어런트Joseph Parent는 음모가 성립하기 위해 반드시 갖춰야 할 네 가지 요소를 제안했는데 "(1) 집단 (2) 비밀리에 행동 (3) 제도를 바꾸거나 권력을 찬탈하거나 진실을 숨기거나 실리를 얻기 위해 (4) 공공선을 희생시키면서"가 그것이다.[8] 음모 연구자인 얀-빌렘 반 프로이엔Jan-Willem van Prooijen과 마르크 판 퓌흐트Mark van Vugt는 음모론에는 다섯 가지 핵심 요소가 포함되어 있다고 제안했다. (1) '사람, 사물, 사건이' 의미 있는 패턴으로 '인과적으로 상호 연결되는 방식에 대한 가정' (2) '음모자로 추정되는 사람들의 계획은 의도적이며' 따라서 행위자를 암시 (3) '함께 일하는 행위자들의 연합 또는 집단' (4) '위협의 요소' (5) '비밀의 요소'. 간단히 정리하면 패턴, 행위자, 연합, 위협, 비밀이다.[9]

음모의 정의에 어떤 요소를 포함하든 음모 자체와 음모에 관한 이론을 구별하는 것이 중요하다. 음모에 대한 나의 정의—두 명 이상의 사람, 집단이 비도덕적으로 또는 불법적으로 이득을 취하거나 다른 사람에게 해를 끼치기 위해 비밀리에 모의하거나 행동하는 것—에 따르면 위키백과 수준의 역사 이해만 보더라도 음모는 모든 수준에서, 모든 인간 공동체와 사회에서, 역사 전반에 걸쳐 흔한 일이며 건설적 음모주의(즉 음모론이 사실일 때 사실이 아니라고 가정하는 것보다 사실이 아닐 때 사실이라고 가정하는 것이 낫다)를 인간 인식의 적응적 특징으로 만들 만큼 허다하다는 것을 알 수 있다. 그러나 음모에 관한 이론, 즉 어떤 것이 진실일 가능성이 높은지, 거짓일 가능성이 높은지, 불확실한지에 관한 이론은 음모 자체와는 별개의 문제이다. 너무 많은 음모론이 존재하기 때문에 먼저 주제 유형별로 음모론을 분류할 수 있는 체계가 필요하다.

- **외계인**: UFO, 맨 인 블랙, 외계인 납치, 51구역, 로스웰, 달 착륙 사기, 화성의 얼굴, 블랙나이트 위성.
- **반유대주의**: 《시온장로의정서》, 뒤통수치기 이론, 홀로코스트 부정.
- **항공**: 미확인 공중 현상UAP, 블랙 헬리콥터(미국에 대한 군사적 장악 및 UFO와 연관된 정체불명의 헬리콥터-옮긴이), 켐트레일(비행기가 만드는 비행운이 독극물을 살포하는 것이라는 음모론-옮긴이)을 통한 정신

통제, 덴버 공항 음모, 대한항공 007편, TWA 800편, 말레이시아항공 MH370편.

- **성경**: 반그리스도, 예수의 결혼과 자녀 출산, 반가톨릭.
- **의학**: 수돗물 불소화, 예방 접종, 비밀 암 치료법, 인공 질병, 거대 제약사, 에이즈의 발명과 확산.
- **과학 및 기술**: 날씨 및 지진 제어, 지구 온난화, RFID 칩, 지구 공동설, 평평한 지구, 기술 억제, 니콜라 테슬라, 자유 에너지.
- **의문의 죽음**: 존 F. 케네디, 로버트 F. 케네디, 마틴 루터 킹 주니어, 지미 호파, 다이애나 왕세자비, 커트 코베인 등을 실제로 죽인 사람, 아멜리아 이어하트, 엘비스 프레슬리, 마릴린 먼로, 투팍 샤커, 노토리어스 B.I.G.의 의문의 죽음.
- **정부**: 거짓 깃발 작전, 진주만, 통킹만 사건, 9/11, 미국 연방재난관리청FEMA 수용소, 샌디훅 사건, 필라델피아 실험, 클린턴 부부, MK 울트라 프로젝트, 고주파 활성 오로라 연구 프로그램HAARP, 큐어넌, 조작 선거, 딥스테이트.
- **비밀 조직**: 빌더버그 그룹, 외교관계위원회, 프리메이슨, 일루미나티, 템플기사단, 국제통화기금, 세계은행, 신세계 질서, 시온 수도회, 록펠러 가문, 로스차일드 가문, 삼극위원회, 시온주의 점령 정부, 큐어넌과 딥스테이트.

큐어넌과 그에 상응하는 딥스테이트 음모론은 정부 및 비밀 조직이라는 마지막 두 가지 유형의 음모론에 확고하게 뿌리내리고 있다. 음모 연구자인 마이크 로스차일드는 "큐어넌은 확실히 마지막 두 가지 범주의 음모론에 뿌리를 두고 있어요"라고 내게 말하면서 이렇게 덧붙였다. 그것은 "다른 대부분의 음모론과도 관련이 있습니다. 반유대주의가 심하고, Q드롭스에서 성경을 자유롭게 인용하고, 비밀 기술과 질병 치료법을 숨기는 것을 이야기하며, 의심스럽거나 미해결된 사망 사건을 포함하고 있습니다. 따라서 저는 그것을 모든 것에 대한 음모론이라고 부르는데 음모 유형 간의 파급 효과는 코로나19로 더욱 악화되었습니다."[10]

이러한 모든 음모론을 이해하기 위해 연구자들은 음모론을 개념적 유형으로 분류하는 작업을 시도했다. 예를 들어 언론인 제시 워커Jesse Walker는 《편집증의 미국The United States of Paranoia》에서 '적' 음모론을 네 가지 유형으로 분류했다.[11]

1. '외부의 적'은 외부에서 공동체를 상대로 음모를 꾸미고 있다는 인물에 근거한 이론을 말한다.
2. '내부의 적'은 일반 시민과 구별할 수 없는 국가 내부에 숨은 음모자를 찾는다.
3. '위의 적'은 자신의 이익을 위해 사건을 조작하는 권력자를 의미한다.
4. '아래의 적'은 사회 질서를 뒤엎기 위해 노력하는 하층 계급을 주인공으로 한다.

정치학자 마이클 바쿤Michael Barkun은 《음모의 문화A Culture of Conspiracy》에서 음모론을 크게 세 가지 유형으로 분류했다.[12]

1. JFK 암살, 9/11, 조작된 선거에 관한 **사건 음모론**
2. 사회 통제, 정치 권력, 심지어 세계 지배에 관한 **체계적 음모론**
3. 정치인부터 외계 세력, 사탄에 이르기까지 모든 것을 통제하는

한 개인 또는 세력에 관한 **초음모 이론**

이러한 분류 체계에서 큐어넌은 '내부의 적' 음모론이자 체계적 음모론과 초음모 이론의 조합이다.

신봉자들에게 큐어넌 음모론은 정상적인 역사 및 정치 세력이 할 수 없는 것을 설명하고 그렇지 않으면 말도 안 되는 것처럼 보이는 세상을 이해할 수 있게 해준다. 이러한 이론은 또한 복잡한 세상을 선과 악의 단순한 마니교적 투쟁으로 환원하기도 한다. 음모주의자는 자신들이 속고 있는 대중('우매한 대중')이 놓친 비밀을 알고 있다고 믿음으로써 그들보다 더 높은 지위에 있다고 믿는다.

탐사 언론인 브라이언 더닝Brian Dunning은 《기밀 해제된 음모 Conspiracies Declassified》에서 50개 이상의 음모론 목록을 만들었는데, 많아 보이지만 다음 두 가지 요건을 충족해야 한다고 주장했기 때문에 그조차도 제한적인 목록이다.[13]

1. **반박 가능할 만큼 구체적이어야 한다** "제안되는 음모론이 쓸모없을 정도로 모호해서 진실이 되는 경우가 너무 빈번하다."
2. **언론이나 법 집행 기관에 의해 공개되기 전에 음모론자가 이를 알아야 한다** 더닝은 "음모론자들은 역사적 음모를 되돌아보고 그것이 사실로 입증된 음모론의 예라고 주장하는 경우가 많다"라고 말하며 음모론적 사고의 후판단 편향을 지적했는데 이에 대해서는 나중 장에서 살펴볼 것이다.

큐어넌은 계속해서 반박당했고 이를 믿는 음모주의자들은 특히 2021년 1월 6일 미국 국회의사당 건물 테러 이후 언론과 사법 기관에 의해 가장 확실하게 알려졌기 때문에 이러한 요건을 확실히 충족한다.

더닝의 50가지 음모론은 수십 년 전부터 내가 소장하고 있는, 1994년에 조너선 밴킨Jonathan Vankin과 존 웨일런John Whalen이 쓴 《역대 최대의 50가지 음모The Fifty Greatest Conspiracies of All Time》라는 책과 부분적으로 겹치는데 이후 장르가 10년마다 성장함에 따라 《역대 최대의 60가지 음모》와 《역대 최대의 80가지 음모》로 업데이트되었다.[14] 아마존에서 검색하면 이러한 책이 많이 나온다. 몇 가지만 소개하면 다음과 같다. 《역대 최대의 음모》, 《역사상 최대의 음모》, 《세계 최대의 외계인 음모론》, 《은폐에 관한 집대성》 등이 있다. 이외에도 《역대 가장 무서운 100가지 음모》, 《숨겨진 역사》, 《현대 범죄의 폭로》, 《미국 정치의 음모와 은폐》, 《음모 이론과 비밀 결사 입문》 등이 있다. 호기심 많은 10대 시절 내 책장에 꽂혀 있던 또 다른 책, 《감히 음모라고 부르지 마라》는 "다가오는 신세계 질서에서 모든 인류를 지배하려는 글로벌 내부자 네트워크의 기본 작동 방식을 이해하려는 사람을 위한 입문서"라고 광고하고 있다.[15] 어떤 키워드로 검색하느냐에 따라 목록은 계속 갱신할 수 있다.

대부분의 음모론이 마니교적 단순성과 마키아벨리즘적 도덕성을 띠고 있는 것도 음모론의 매력 중 하나이다. 역사적, 정치적, 경제적 사건을 설명하는 요소를 포함한, 인과적 변수의 매트릭스를 이해하기란 쉽지 않다. 실제로 사회과학자는 정교한 통계 기법과 컴퓨터 모델을 개발하여 인간의 행동이나 사회 현상을 설명하는 데 필요한 수많은 변수를 분석해 왔다. 심리학자 롭 브라더튼Rob Brotherton은 《의심스러운 마음: 왜 우리는 음모론을 믿는가Suspicious

Minds: Why We Believe Conspiracy Theories》에서 "음모론에 따르면 세상사는 훨씬 더 단순해 보인다"라고 설명했다.[16] "전형적인 음모론은 답이 없는 질문이며 아무것도 보이는 그대로 존재하지 않는다고 가정하고, 음모자들을 불가사의하게 유능하며 비정상적으로 사악한 존재로 묘사한다."

◆◆◆

나는 이러한 분류 체계에 또 다른 기준을 추가하고 싶다. 증거가 거의 또는 전혀 없고 편집증에 의해 주도되는 극비 단체에 관한 **편집증적 음모론**과 정상적인 정치 기관과 기업이 불공정하고 부도덕하며 때로는 불법적인 이득을 얻기 위해 시스템을 조작하려는 음모에 관한 **현실적 음모론**이 그것이다.

편집증적 음모론에는 외계인, 악의 세력, 세계 지배 계획, 인종 또는 국가에 대한 통제, 결코 실현될 수 없는 너무 많은 음모 집단과 복잡한 음모가 포함될 수 있다. 예를 들어 빌더버그, 록펠러, 로스차일드 가문이 세계 경제를 지배하는 것, 일루미나티, 딥스테이트가 선거와 권력 관계를 결정하는 것, 심지어 내부자 소행으로 간주되는 9/11 테러도 이에 해당한다. 역사학자 리처드 호프스태터Richard Hofstadter는 고전적인 글《미국 정치의 편집증적 스타일The Paranoid Style in American Politics》에서 덜 극단적이기는 하지만 편집증적 스타일의 사례들을 들었다.[17] 그는 경멸의 의미에서 저 문구를 사용했는데 왜냐하면 "편집증적 스타일은 좋은 대의보다는 나쁜 대의에 더 큰 친화력을 가지고 있기" 때문이다. 평생 진보주의자였던 호프스태터가 '편집증적 스타일'이라는 문구를 갖고서 염두에

둔 것은 배리 골드워터Barry Goldwater 류의 보수주의였다. 호프스태터가 1964년 잡지 〈하퍼스〉에 이 글을 발표했을 때 이러한 형태의 보수주의는 10년 전 우파의 극단적인 분파, 특히 조지프 매카시Joseph McCarthy 상원의원과 '인류 역사상 그 어떤 모험보다 거대한 규모의 공산주의 음모'에 대한 매카시의 믿음에서 발원한 것이었다. 그러나 호프스태터는 '현대 미국 우익'의 편집증적인 스타일뿐만 아니라 '반 프리메이슨 운동, 이민 배척주의 및 반가톨릭 운동, 미국이 노예 소유주의 음모의 손아귀에 있다고 여기는 일부 노예제 폐지론 대변인, 모르몬교에 경악한 많은 작가, 국제 은행가가 거대한 음모를 꾸민다고 쓴 일부 풋내기 작가와 포퓰리스트 작가들, 군수업체 언론의 폭로'에 대해서도 기록해 두었다.

현실적 음모론에는 권력 강화, 개인적 이익 추구, 탈세, 규제회피 활동, 우리가 매일 밤 뉴스에서 일상적으로 보는 수많은 사기 행각에 연루된 정부 기관과 기업체가 포함된다. 워터게이트는 정부에서, 폭스바겐의 배기가스 규제 위반은 산업계에서, 웰스파고Wells Fargo의 가짜 은행 계좌 개설은 기업에서, 그리고 내부자 거래와 조세 회피는 금융계에서 흔히 볼 수 있는 예시이다. 현실적 음모론은 종종 권력 또는 권력의 부재와 관련이 있다. 역사학자 프랭크 민츠Frank Mintz는 1985년 저서 《자유 로비와 미국 우파The Liberty Lobby and the American Right》에서 '인종, 음모, 문화'를 연결하여 인류 역사가 주로 힘 **있는** 사람들에 의해 주도된다고 보는, 힘 **없는** 사람들의 믿음을 설명하기 위해 '음모주의'라는 용어를 대중화시켰다.[18] 민츠는 이렇게 지적했다. "음모주의는 미국과 다른 지역의 다양한 정치 및 사회 집단의 필요에 부응한다." "음모주의는 엘리트를 식별하고, 경제 및 사회적 재앙에 대해 엘리트를 비난하며 대중의 행동으로 그들을 권력의 지위에서 몰아내면 상황이 더 나아질 것이라고 가정한다."

음모론 구조의 핵심 요소인 권력과 사람들이 그런 음모론을 믿는 이유는 정치학자 조지프 우신스키와 조지프 페어런트가(대학원 생들도 함께) 121년 동안 〈뉴욕 타임스〉에 온 10만 통이 넘는 투고 글의 내용을 음모 관련 주제로 분석한 결과 확인된 사실이다.[19] 그들은 아돌프 히틀러와 아프리카 민족회의부터 세계보건기구와 시온주의자 마을 주민에 이르기까지 3페이지 분량으로 음모 추종자를 7가지 유형으로 분류했다. 좌파, 우파, 공산주의자, 자본가, 정부, 미디어, 기타(프리메이슨, 미국의사협회, 심지어 과학자까지 포함)가 그 유형이다.

예를 들어 1890년대에 투고한 사람들은 모르몬교도가 공화당에 유리하도록 선거를 조작했으며 캐나다와 영국이 미국 영토를 되찾기 위해 음모를 꾸미고 있다는 의혹을 제기했다. 1900년대 초에 투고한 사람들은 민주주의를 훼손하는 데 있어 금전적 이해관계의 역할에 대해 우려했다(이는 현실에 근거한 고질적인 피해망상이다). 이는 20세기 내내 계속되어 음모주의가 최근의 현상이라는 신화를 불식시켰다. 사실 음모론자는 로마의 대화재로 도시 대부분이 잿더미가 된 서기 64년 이후부터 존재해 왔으며 그 사건에 대해 일부 관찰자들은 내부자의 소행, 즉 황제 네로가 (다양한) 동기를 갖고서 벌인 소행이라고 의심하기도 했다.

이 투고 글을 관통하는 공통된 주제는 권력이었다. 〈뉴욕 타임스〉 편집자에게 글을 투고한 사람들은 누군가 또는 무언가가 다른 사람을 조종하기 위해 불법적인 권력을 얻거나 사용하는 것에 대해 우려를 표명했는데 이 책의 뒷부분에서 살펴볼 수 있듯이 이

러한 우려가 항상 근거 없는 것은 아니었다.[20]

❖❖❖

과연 얼마나 많은 사람이 실제로 그런 음모론을 믿고 있을까?《음모론과 그것을 믿는 사람들Conspiracy Theories and the People Who Believe Them》에서 우신스키와 페어런트는 수많은 여론 조사와 설문 조사에서 데이터를 수집하여 충격적으로 높은 수치를 보여주었다.[21]

- 미국인의 약 3분의 1은 오바마가 외국인이라는 버서 음모론을 믿는다.
- 9/11 테러가 조지 W. 부시 행정부의 '내부자 소행'이라고 믿는 사람들도 비슷한 비율로 많다.
- 약 10퍼센트는 켐트레일 음모론이 '완전히 사실'이라고 생각하고 30퍼센트는 '어느 정도 사실'이라고 생각하는데 이는 1억 명 이상의 미국인이 정부와 항공사가 비행기에서 화학 물질을 뿌려 미국 시민을 독살하거나 약물을 투여하려는 음모를 꾸미고 있다고 믿고 있다는 것을 의미한다.
- 4퍼센트는 모습을 바꾸는 파충류가 비밀리에 세상을 지배하고 있다고 믿는다.
- 7퍼센트는 달 착륙이 조작되었다고 믿는다.
- 9퍼센트는 정부가 충치 퇴치가 아니라 시민의 삶을 통제하기 위해 수돗물에 불소를 첨가한다고 믿는다(실제로는 충치 퇴치를 위해 불소를 첨가한다).

- 21퍼센트는 1947년 외계 우주선이 뉴멕시코주 로스웰에 불시착했으며 정부가 우주선과 외계인을 51구역에 있는 비밀 창고에 숨겨두었고 우리가 외계인의 컴퓨터 기술을 역설계했다고 믿는다.
- 1963년 이후 미국인의 절반 이상은 존 F. 케네디 대통령 암살에 한 명 이상이 관여했다고 믿었으며 1970년대에는 최고 81퍼센트, 2010년대에는 최저 61퍼센트를 기록했다.

음모론은 미국과 미국의 편집증적인 정치 스타일에만 국한된 것이 아니다. 2016년 영국 시민을 대상으로 실시한 유고브YouGov 설문 조사에 따르면 다음과 같은 결과가 나왔다.[22]

51퍼센트는 민주주의 국가임에도 불구하고 '어차피 이 나라에서는 소수의 사람이 항상 모든 일을 운영할 것'이라고 생각한다.
41퍼센트는 정부가 '실제로 얼마나 많은 이민자가 이 나라에 살고 있는지에 대한 진실을 숨기고 있다'고 믿는다.
13퍼센트는 '공식적인 책임자가 누구든 간에, 비밀리에 사건을 통제하고 함께 세상을 지배하는 한 무리의 사람들이 있다'고 믿는다.
9퍼센트는 '인간이 만든 지구 온난화라는 개념은 사람들을 속이기 위해 발명된 사기'라고 믿는다.
4퍼센트는 '에이즈 바이러스는 비밀 단체나 조직에 의해 의도적으로 만들어져 전 세계에 퍼졌다'고 믿는다.
2퍼센트는 '나치 홀로코스트에 대한 공식적 설명은 거짓말'이라고 믿는다.

2016년에 내가 재직하는 채프먼대학교의 동료들과 함께 미국인이 가장 두려워하는 것이 무엇인지에 대한 연구를 실시했다. 크리스토퍼 베이더Christopher Bader가 이끄는 연구팀은 정부가 다양한 사건에 대해 정보를 은폐하고 있다고 믿는 미국인의 비율을 다음과 같이 발표했다.[23]

9/11 테러(54.3퍼센트)

JFK 암살(49.6퍼센트)

외계인과의 만남(42.6퍼센트)

지구 온난화(42.1퍼센트)

단일 세계 정부 계획(32.9퍼센트)

오바마의 출생증명서(30.2퍼센트)

에이즈 바이러스의 기원(30.2퍼센트)

미국 대법관 안토닌 스칼리아의 사망(27.8퍼센트)

달 착륙(24.2퍼센트)

5G 다코타 추락 사고(33퍼센트)

만일 여러분에게 5G 다코타 추락 사고에 대한 음모론이 낯설다면 이는 베이더와 동료들이 존재하지 않는 이 사건을 사람들이 믿는다고 말할지 알아보기 위해 지어낸 이야기이기 때문이다. 응답자의 3분의 1이 정보를 은폐하고 있다고 답했는데 이는 당국(이 경우 미국 정부)에 대한 깊고 근본적인 불신이라는 문제가 있음을 나타낸다. 아무도 들어본 적 없고 존재하지 않는 음모를 믿는다는 칸에 체크 표시를 했다는 것은 그러한 믿음이 특정 사건의 기저에 있는 더 큰 무언가를 대리한다는 점을 보여준다. 당국에 대한 불신은 그러한 중대한 이유 중 하나이다.

채프먼대학교 연구진은 또한 사람들이 믿는 음모의 수와 '내 생애에 세상이 끝장날 것'이라는 두려움 사이의 상관관계도 측정했다. 결과는 놀라웠다.

- 음모를 믿지 않는 사람 중 5.2퍼센트는 여전히 자신의 생애에 세상이 끝장날 것이라고 믿는다.
  이에 비해,
  - 1~3개의 음모를 믿는 사람들은 6.4퍼센트,
  - 4~7개의 음모를 믿는 사람들은 14.4퍼센트,
  - 8~10개의 음모를 믿는 사람들은 22.6퍼센트로 4명 중 1명꼴이다.

그 의미는 분명하다. 인과관계의 화살표가 어느 쪽을 가리키는지는 분명하지 않지만 음모를 믿는 것과 두려움 사이에는 관계가 있다. 음모론을 믿으면 두려움을 느낄 수 있지만, 두려움을 느끼는 사람이 음모론을 더 쉽게 믿을 가능성이 있다.

또한 베이더와 동료들은 사람들이 가진 음모 믿음의 수와 타인에 대한 불신 사이의 상관관계를 나타내는 두 가지 측정치, 즉 (1) 자기에게 의미 있는 타인이 자신을 기만하고 있다는 두려움 (2) 타인들이 자신에 관해 이야기하고 있다는 두려움도 발견했다.

- 음모를 믿지 않는 응답자의 경우, 이 두 가지 두려움은 각각 6.6퍼센트와 4.4퍼센트에 그쳤다.
  이에 비해,
  - 1~3개의 음모를 믿는 응답자의 경우 7.4퍼센트와 6.6퍼센트였다.
  - 4~7개의 음모를 믿는 응답자의 경우 11퍼센트와 6퍼센트였다.

- 8~10개의 음모를 믿는 응답자의 경우 17.6퍼센트와 11.3퍼센트였다.

2019년 뉴질랜드 크라이스트처치의 이슬람 사원 두 곳에서 발생한 총기 난사처럼 총기 폭력과 관련된 음모론의 수에서 입증되었듯이 음모 믿음이 현실에서 초래할 어쩌면 가장 충격적인 결과는 사람들이 음모를 더 많이 믿을수록 총기를 구매할 가능성이 높아진다는 것이다. 역시 베이더와 동료들이 발견했다.

- 음모를 믿지 않는 사람들의 7.1퍼센트는 두려움 때문에 총기를 구입했다.
  이에 비해,
  - 1~3개의 음모를 믿는 사람들의 경우 10퍼센트,
  - 4~7개의 음모를 믿는 사람들의 경우 15.7퍼센트,
  - 8~10개의 음모를 믿는 사람들의 경우 17.4퍼센트였다.

채프먼대학교 연구진은 음모를 믿을 가능성이 가장 높은 사람들을 연구하면서 음모론자는 "가까운 미래에 대해 더 비관적이고 정부를 더 두려워하며 다른 사람들을 덜 신뢰하고 두려움으로 총기 구매와 같은 행동에 나설 가능성이 더 높다"라는 결론을 내렸다.[24]

이 연구는 부분적으로 아리안 네이션스나 쿠 클럭스 클랜KKK과 같은 극단주의 단체와 알카에다, 이라크 레반트 이슬람 국가ISIS와 같은 테러 조직의 행동을 설명하는 데 도움이 된다. 이러한 집단에 속한 사람들은 두려움 때문에 음모론을 받아들일 가능성

이 높으며 예측 가능한 방식으로 음모론을 받아들인다. 아리안 네이션스와 KKK는 유대인과 다른 소수 민족이 백인을 대체하고 서구 문화를 파괴하려는 음모를 꾸미고 있다고 두려워한다. 알카에다와 ISIS의 지하디스트는 미국이 중동을 점령하고 이슬람 자체는 아니더라도 이슬람 문화를 파괴하려는 음모를 꾸미고 있다고 두려워하는데 이는 알카에다의 사상적 창시자인 압둘라 아잠Abdullah Azzam이《무슬림 땅의 방어The Defense of Muslim Lands》에서 널리 퍼뜨린 음모론이다.[25]

좌파와 우파의 정치적 극단주의는 음모론적 인식과도 관련이 있다. 네덜란드 심리학자 얀-빌렘 반 프로이엔이《음모론의 심리학The Psychology of Conspiracy Theories》에서 보고한 것처럼 "정치적 극단에 있는 사람들은 온건파보다 경제적 미래에 대해 더 불확실하다고 느꼈으며 예를 들어 자신이 늙었을 때 연금이 거의 없거나 가까운 미래에 서구 세계가 훨씬 낮은 수준의 번영으로 되돌아갈 것이라고 걱정했다."[26] 사회 화합을 위해서는 안타깝게도, 온건파에 비해 정치적 극단에 있는 사람들은 자신과 다른 집단에 속한 사람들에 대해 덜 관대하다. 좌파에게는 은행가, 백만장자, 군인 등이, 우파에게는 무슬림, 게이와 레즈비언, 과학자 등이 거기에 속한다. 또한 극단적인 사람들은 '정치적 문제에 대해 나와 다르게 생각하는 사람은 나보다 가치가 낮다'와 같은 진술에 동의할 가능성이 더 높다. 예컨대 포퓰리즘 좌파 쪽의 사회주의자와 포퓰리즘 우파 쪽의 반이민주의자 같은 좌파와 우파의 정치적 극단주의에 대한 연구에 따르면 양쪽 지지자들은 온건파보다 음모론을 믿기 쉬운 것으로 나타났다.

2015년 반 프로이엔과 그의 동료들은 네덜란드 유권자의 전국 대표 표본을 대상으로, 정치적 극단주의의 함수로서 정치적 중립부터 좌파 또는 우파에 치우친 정치적 성향에 따른 다양한 음모론에 대한 연구를 수행했다.[27] 반 프로이엔은 "자신을 극좌 또는 극우에 위치시킨 참가자는 정치적 중도에 위치시킨 참가자보다 음모론을 믿을 가능성이 평균적으로 더 높았다"라고 보고했다. 다른 연구자들도 독일의 극단주의자 사이에서 비슷한 비율의 음모론적 믿음을 발견했다. 이는 정당 선호도가 연구자들이 '음모 심리'라고 부르는 것을 어떻게 예측하는지를 보여주는데 이 심리는 '정치적 결정에 큰 영향을 미치는 비밀 조직이 있다'와 같은 음모론적 진술에 동의하는 경향으로 측정된다. 음모론에 동의할 가능성이 가장 높은 응답자는 독일 급진 사회당과 독일 반이민 정당에서 나왔다. 중도파는 음모 심리에서 가장 낮은 점수를 받았다.

2016년, 반 프로이엔과 동료들은 네덜란드에서 실시한 연구와 동일한 방식으로 미국에서 연구를 진행했으며 금융 위기에 대한 극단주의자들의 신념이 비슷하다는 사실을 발견했다.[28] 예를 들어 극좌파 성향의 사람은 2009년의 대침체가 부패한 은행가와 정치인의 음모에 의한 것이라고 믿는 데 반해, 극우파 성향의 사람은 금융 붕괴가 정부 요원들의 음모에 의한 것이라고 믿는 경향이 더 높았다. 20세기 내내 극좌 공산주의 정권과 극우 파시스트 정권 모두에서 음모론이 꽤 흔했다는 사실을 고려하면 이는 당연한 결과이다. 전체주의 정권에 의한 시민권, 시민의 자유, 자유 언론에 대한 억압은 거의 항상 이런 권리를 제거하기 위해 극단적인 조치를 취해야 한다는, 위협에 관한 음모론과 연결되어 있다.

이 책의 종결부에서 나는 음모론과 사람들이 음모론을 믿는 이유에 대한 회의주의자 연구 센터의 연구 결과를 검토하여 권력자에 대해 음모론을 품을 만한 충분한 이유가 있다는 사실을 다시 한번 강조할 것이다.

◆◆◆

이러한 연구 결과는 음모론의 다양한 특성과 그 진실성을 상기해 준다. 전체주의 정부는 권력을 유지하기 위해 시민의 권리를 억압하고, 국가에 대한 위협에 맞서기 위해 이러한 권위주의적인 조치를 시행해야 한다는, 국가에 대한 위협에 관한 음모론을 만들어낸다. 시민들은 어떤 음모론을 믿을 것인지, 즉 외국 침략자나 내부 반란군과 같이 정부가 통상적으로 대응하기 위해 마련한 실제 위협과 관련된 음모론인지, 아니면 정부가 자신의 불법적이거나 부도덕한 행동을 감추기 위해 스스로 만들어낸 음모론인지 결정해야 한다. 그것은 혼란스러울 수 있다. 음모와 음모론에 대한 탄탄한 과학이 필요한 이유가 바로 여기에 있다.

이러한 음모적 술책은 1930년대와 1940년대의 파시스트 이탈리아, 나치 독일, 소비에트 러시아, 냉전 시기 소련의 지배를 받았던 나라를 비롯해 20세기 대부분에 걸쳐 유럽 국가에서뿐만 아니라 미국에서도 펼쳐졌다. 예를 들어 우드로 윌슨 대통령과 미국 대법원은 제1차 세계대전 당시 독일계 미국인의 자유를 위협했고, 프랭클린 D. 루스벨트 대통령은 제2차 세계대전 당시 일본계 미국인을 강제 수용소에 수감했으며, 조지프 매카시 상원의원은 1950년대에 공산주의자로 여겨지는 작가들을 블랙리스트에 올렸다. 그래도 지난 반세기 동안 도덕의 궤적이 정의를 향해 많이 구부러졌다는 점에 안주하지 않도록, 다음 사실들을 상기해 보

라. 미국 정부가 의회 승인 없이(국민은 이를 잘 몰랐다) 베트남에서 어떤 일을 했는지에 대한 펜타곤 페이퍼의 폭로 내용, 조지 W. 부시 행정부와 오바마 행정부가 미국 시민들을 어떻게 감시했는지에 대한 위키리크스 문서의 폭로 내용, 부시 대통령은 아프가니스탄 전쟁의 사령관 이름도 몰랐고, 도널드 럼즈펠드 국방부 장관은 "나쁜 놈들이 누구인지 전혀 파악하지 못했다"라고 인정했으며, 그의 후임자인 로버트 게이츠Robert Gates는 "우리는 알카에다에 대해 개뿔도 몰랐다"라고 고백했다는 내용을 담고 있는, 미국 역사상 가장 긴 전쟁에 대해 폭로한 아프가니스탄 페이퍼의 내용을 상기해 보라.[29]

이후 장에서 더 자세히 살펴보겠지만, 정부 운영에 대해 건설적으로 음모론을 제기할 만한 충분한 이유가 있다. 《진짜 적들: 음모론과 미국 민주주의, 제1차 세계대전부터 9/11 테러까지Real Enemies: Conspiracy Theories and American Democracy, World War I to 9/11》에서 역사학자 캐서린 S. 옴스테드Kathryn S. Olmsted는 20세기의 수많은 음모와 음모 집단을 목록으로 정리했다.[30] 그녀는 "현대 미국 정부의 제도화된 비밀주의는 연방 정부 자체가 음모자라고 주장하는 새로운 유형의 음모론에 영감을 주었다"라고 썼다. 옴스테드는 이러한 역사 때문에 미국인들이 정부의 음모를 믿는 세 가지 이유를 설명했다. (1) 워터게이트, 터스키기 매독 실험, MK 울트라 프로젝트, 피델 카스트로 암살을 위한 미국 중앙정보국CIA과 마피아의 협력은 '냉전 시기 정부의 지나친 개입과 비밀주의'를 보여주는 사례로 꼽을 수 있다. (2) 제2차 세계대전 당시 독일인이 미국에 침투했다는 믿음과 사담 후세인이 9/11 테러를 조직하는 것을 돕고 대량 살상 무기를 보유했다는 믿음은 '오보 형태로 행해진 선전으로서 정부가 승인한 음모론'의 사례로, (3) 1918년의 선동법과 1950년대와 1960년대의 수많은 적색 공포, 특히 매카시 청문회는 '정부의 반대자에 대한 스파이 활동과 괴롭힘에 의해 조장된 불신'의 사례로 들 수 있다.

반세기가 지난 지금, 우리는 이러한 건설적 음모주의의 영향을 경험하고 있다. 다음 장에서 우리는 음모주의자의 마음 상태를 살펴봄으로써 음모론적 믿음의 심리를 더 잘 이해할 수 있게 될 것이다.

2장

음모론과 음모주의자의
간략한 역사

음모주의의 과학을 향하여

2019년 3월 15일 금요일, 총기 다섯 정을 소지한 28세의 호주 남성이 뉴질랜드 크라이스트처치에 있는 모스크 두 곳에 난입해 총기를 난사하여 50명이 사망하고 수십 명이 부상당했다. 이 사건은 뉴질랜드 역사상 최악의 총기 난사 사건이었고, 저신다 아던 Jacinda Ardern 총리는 "국가가 이전에 경험하지 못한 형태의 슬픔과 분노와 씨름하는 동안 우리는 답을 찾고 있다"라는 내용의 성명을 발표했다.[1]

범인이 2012년 프랑스 작가 르노 카뮈 Renaud Camus가 출간한 같은 제목의 책에서 영감을 받아 쓴, 74페이지 분량의 장황한 선언 문 《거대한 대체 The Great Replacement》에서 한 가지 해답을 찾을 수 있을 것이다.[2] 《거대한 대체》는 좁게는 백인 가톨릭계 프랑스인과 넓게는 백인 기독교 유럽인이 이민과 인구 증가(즉 더 높은 출산율을 뜻하는)를 통해 비유럽계, 특히 북아프리카, 사하라 이남 아프리카, 아랍 중동 출신의 혈통으로 체계적으로 대체되고 있다는 우파 음모론이다.[3]

뉴질랜드 살인범의 이름은 브렌튼 해리슨 태런트Brenton Harrison Tarrant이며 그의 선언문은 세 번 반복되는 "그것은 출산율이다"라는 첫 문장을 시작으로 이 음모론에 초점을 맞춘 백인 우월주의적 비유로 가득하다.[4] "이 글에서 여러분이 기억했으면 하는 한 가지가 있다면 출산율이 바뀌어야 한다는 것이다. 내일 당장 우리 땅에서 비유럽인을 모두 추방한다고 해도 유럽 인구는 쇠퇴와 궁극적인 죽음으로 치닫게 될 것이다." 태런트는 여성 1인당 출산율이 2.06명이라는 대체 출산율 수치를 언급하며 '어떤 서구 국가도, 어떤 백인 국가도' 이 수준에 도달하지 못하고 있다고 불평했다. 그 결과는 '백인 대량 학살'이라고 그는 결론지었다.[5]

이것은 고전적인 19세기 '피와 흙'의 낭만주의이다.[6] 태런트는 자신을 '민족주의적 에코 파시스트'로 묘사하며 "자연과 자연 질서를 보존하고 찬양하면서 우리 민족의 존립과 백인 아이들의 미래를 보장하기 위해" 이런 살인 행위를 저질렀다고 말했다. 그의 장광설은 수십 페이지에 걸쳐 계속 이어지며 매력적인 백인과 잘 무장된 민병대원의 사진 콜라주로 절정에 이른다. 이것은 2017년 8월 버지니아주 샬러츠빌에서 백인 우월주의자들이 '피와 흙', '유대인은 우리를 대체하지 못할 것이다' 등의 구호를 외쳤던 '유나이트 더 라이트Unite the Right' 집회를 연상시킨다. 전 세계 유대인의 수가 약 1500만 명에 불과하고, 유대교는 개종을 위한 선교적 노력을 기울이지 않으며, 유대인 가정의 출산율이 세계에서 가장 낮다는 점을 고려할 때 왜 유대인에 의해 '대체'될 것을 걱정할까? 대체되지 않는다. 단지 이는 유대인이 미디어, 정치, 은행 및 금융, 세계 경제를 장악하고 있다는 음모론을 반영하는 것이다.

태런트는 선언문에서 숫자 14를 언급했는데 이는 백인 우월주의자 데이비드 레인David Lane이 1984년 유대인 라디오 토크쇼 진행자 앨런 버그Alan Berg 살해 사건에 연루되어 190년 형을 선고받고 연방 교도소에 수감되어 있을 때 만든 14개 단어로 된 슬로건을 암시하는 것이었다.[7] 그 슬로건은 다음과 같다. "우리는 우리 민족의 존립과 백인 아이들을 위한 미래를 확보해야 한다."[8] 이 숫자는 14/88로 표현되기도 하는데 여기서 8은 알파벳의 여덟 번째 문자 H를, 88은 '하일 히틀러Heil Hitler의 약자인 HH를 나타낸다.[9] 레인은 음모론에 빠져 쓴, 나치 총통이 으르렁대는 아돌프 히틀러의 《나의 투쟁》에서 영감을 받았다.

> 우리가 싸우는 목적은 우리 민족과 인민의 존립 및 번식, 자녀의 부양과 피의 순수성, 조국의 자유와 독립을 수호하여 우리 민족이 우주 창조주가 부여한 사명을 완수할 수 있도록 성숙하게 하려는 것이다. 모든 생각과 사상, 모든 교리와 지식은 이러한 목적에 부합해야 한다. 그리고 모든 것은 이러한 관점에서 검토되고 그 유용성에 따라 사용되거나 거부되어야 한다.[10]

히틀러는 계속해서 자신의 적으로 유대인을 지목했는데 이는 1920년대와 1930년대 독일에서 유행했던 '뒤통수치기'라는 또 다른 음모론을 반영한 것이다. 이 이론은 독일이 제1차 세계대전에서 패한 유일한 이유가 '11월의 범죄자들(1918년 11월 11일에 휴전이 체결됨)', 즉 유대인, 마르크스주의자, 볼셰비키에게 뒤통수를 맞았기 때문이라고 주장했다.[11] 뒤통수치기 음모론은 그 자체로 세계 지배를 획책하는 유대인들의 비밀 회의록이라고 주장하는 가짜 문서인 《시온장로의정서》와 관련된 더 오래되고 더 큰 음모론의 일부이다.[12] 당시 미국의 산업가 헨리 포드를 비롯한 많은 저명 인사가 이를 믿었고 포드 본인이 《국제 유대인: 세계 최대의 문제 The International Jew: The World's Foremost Problem》라는 제목의 음모론 책자를 출판하기도 했다.[13] 그는 나중에 음모론이 가짜라는 사실을 알게 된 후 이 책의 배포를 철회했지만 반유대주의에 대한 진정한 철회를 발표한 적은 없다. 이는 아마도 반유대 음모주의의 근본적 주제를 믿었기 때문일 가능성이 높다.[14]

2019년의 이 음모론은 위에서 설명한 음모주의의 가장 중요한 두 가지 요소인 대리 음모주의와 역사적 음모주의를 활용하며 뉴질랜드에서 수십 명을 살해하는 것부터 홀로코스트에서 수백만 명을 학살하는 등 광범위한 사람들이 행동하도록 동기를 부여하는, 음모론적 믿음의 심리적 힘을 활용한다는 점에 유의하라. 왜 그런지 이해하기 위해 음모론과 음모주의자에 대한 간략한 역사부터 살펴보자.

◆◆◆

앞 장에서 음모를 두 명 이상의 사람 또는 집단이 비도덕적, 불법적으로 이득을 얻거나 타인에게 해를 끼치기 위해 비밀리에 모의, 행동하는 것으로, 음모론을 실제 여부와 관계없이 음모에 대한 구조화된 믿음으로, 음모론자 또는 음모주의자를 실제 여부와 관계없이 가능한 음모에 대한 음모론을 주장하는 사람으로 정의한 것을 상기하라. '음모론' '음모론자' '음모주의자'라는 용어는 때때로 '그건 그냥 미친 음모론이야' '그는 괴상한 음모주의자야'와 같이 특정인이나 그들의 믿음을 비하하는 경멸적인 의미를 담고 있지만 이 용어들은 폄하하는 의도를 넘어서 풍부한 역사를 지니고 있다.

역사학자 앤드루 맥켄지-맥하그Andrew McKenzie-McHarg는 1967년 CIA 긴급 문건 1035-906를 토대로 '음모론'이라는 꼬리표가 처음 사용된 시기를 추적했다. 아이러니하게도 이 단어는 존 F. 케네디 암살을 둘러싼 의심이 커지면서《워런위원회 보고서Warren Commission Report》(케네디 대통령 암살은 리 하비 오즈월드의 단독 범행이며 다른 어떤 인물이나 단체가 개입되지 않았음을 천명한 보고서. 이 보고서가 오히려 불신을 촉발했다-옮긴이)에 '음모론이라는 경멸적인 꼬리표'를 붙이기 위해 사용됐다.[15] 거기서부터 맥켄지-맥하그는 1881년 제임스 가필드James Garfield 대통령 암살 사건으로, 특히 〈이브닝 스타〉(워싱턴 DC)의 기자가 윌리엄 쿡William A. Cook 법무부 장관에게 '암살설'이 무엇인지 질문한 언론 인터뷰로 거슬러 올라갔다. 쿡은 "모든 이론은 궁극적으로 도출될 수 있는 모든 사실과 관련하여 고려하도록 일시적으로나마 수용해야 한다"라고 언급하면서 사실과 이론을 구분했다.[16] 여기서 '이론'에는 당시 가필드 대통령 암살범인 찰스 기토Charles Guiteau라는 정신적으로 불안정한 사람(9장에서 자세히 설명)이 단독으로 범행을 저지른 것이 아니라 실제로는 음모 조직의 하수인이라는 음모가 포함되며 이에 대해 '음모론'을 만들 수 있다. 예를 들어 어떤 사람들은 "기토는 '미친 사람치고는 조리가 있다'며 그는 다른 사람들의 손에 있는 도구에 불과하다"라고 추측했다.[17] 기토의 재판이 시작된 지 며칠 후 기토의 목숨을 노린 사건이 벌어지자 한 신문이 보도한 것처럼 추측이 난무했다. "기토의 죽음으로 끝장을 볼 때까지 차례로 자신의 목숨을 거는, 끔찍한 맹세에 묶인 절박한 음모자 무리가 있다는 의심이 재판 시작 이래 계속 제기됐다"[18]

정치학자 랜스 드헤이븐-스미스Lance deHaven-Smith는 "오늘날 음모 믿음에 대한 전면적 비난은 정의상 터무니없는 것"이라고 말하며 1960년대의 시대적 분위기와 《워런위원회 보고서》를 의심하는 사람들을 망신 주려는 시도를 예로 들었다.[19] 약간 과장된 표현으로, 드헤이븐-스미스는 "역사상 가장 성공적인 선전 계획 중 하나"는 다름 아닌 "사람들을 심리적으로 무너뜨리고, 관계를 파괴하고, 정부를 와해시키고, 오래된 증오를 불러일으키도록 훈련받은 CIA 기술자"에 의해 조율되었다고 주장하며 "이들의 영향력을 결코 과소평가해서는 안 된다"라고 강조했다. 그럴 수도 있겠지만 미국의 정책과 이해관계가 상충하지 않는 국가에 거주하는 경우에는 그 영향력을 과대평가해서는 안 된다. 그건 존재하지 않는 음모에 대한 거짓 긍정적 주장으로 이어질 수 있다. 이는 그 자체로 위험한데 이에 대해서는 나중에 살펴보겠다.

역사학자 카타리나 탈만Katharina Thalmann은 '1950년대 이후 음모론이라는 낙인찍기'에 관한 책을 저술했는데, 이 낙인찍기를 "우리를 어리석게 보이게 하려는 모의"라고 썼다. 또한 이 표현은 정치적 편집증이 만연했던 시기, 조지프 매카시 상원의원이 전파한 반공 음모론에 힘입어 적색 공포가 절정에 달한 이후에 〈워싱턴 포스트〉의 인기 정치 만화가 허버트 '허블록' 블록Herbert 'Herblock' Block이 그린 1955년 시사 만화에서 나온 것이다.[20] 이 만화는 저명한 반공 정보원 하비 마투소프Harvey Matusow가 실제로는 FBI의 첩자였다는 소식을 들은 하원 비미활동위원회(비미국적 활동을 조사하는 특별위원회. 주로 공산주의자를 색출했다-옮긴이)와 법무부 구성원의 모습을 묘사한다. 광대와 광대 분장을 한 반공주의자들은 "바로 그거야! 우리를 어리석게 보이게 하려는 모의가 있어!"라며 음모론을 만들어냄으로써 이 폭로를 부인한다. 탈만은 말했다. "물론이 만화는 정반대를 의미한다. 즉 반공주의자들을 어리석게 보이게 하려는 모의는 없으며, 그들이 마투소프의 증언과 반공주의 음모론을 믿은 게 어리석었다는 것이다." 탈만은 이 시사 만화가 '음모론'이라는 용어 사용의 변화를 보여준다고 봤다. "미국 역사의 많은 기간 동안 음모의 존재를 믿지 않거나 음흉한 음모에 대한 경고에 귀를 기울이지 않는 것은 어리석은 일로 여겨졌지만 1950년대 중반부터 음모론을 믿거나 퍼뜨리는 것은 점점 더 어리석고 우스꽝스러운 일로 여겨졌다."

역사에 대한 나의 독해는 탈만과 일치한다. 음모주의 믿음 심리학에 기여한다고 생각하는 세 가지 중요한 요소—대리 음모주의, 부족 음모주의, 건설적 음모주의—를 언급함으로써, 나는 음모의 실체를 인식하지 못하거나 과거에 있었던 수많은 (제2부에서 논의되는) '음흉한 음모에 대한 경고에 귀를 기울이지' 않는 우리를 어리석게 보는 생각에도 동의한다. 탈만이 결론에 말했듯이 역사는 돌고 도는 법이다. "실제로 선거 운동과 대중 연설에서 음모론이 갑자기 다시 등장하고 음모론자가 백악관으로 올라갔다는 것은 내가 이 책 전체에서 채택한 관점과는 다른, 음모론의 지위에 대한 관점을 제시한다. 음모론이 완벽하게 수용 가능한 수사학으로서 진지하고 정치적인 담론으로 되돌아온 것 같다."[21] 합리적 음모론과 편집증적 음모론으로 채워진 음모론에는 빈틈이 존재한다.

과학 작가이자 음모 연구자인 믹 웨스트Mick West는 2018년 저서 《토끼굴 탈출하기Escaping the Rabbit Hole》에서 1870년으로 거슬러 올라가 '음모론'이라는 용어의 역사를 추적했다. 그때 음모론은

"정신병원에서 형법상 정신병자를 신체적으로 학대하려는 음모에 관한 이론이다. 또 이 용어는 미국에서 남부의 연방 탈퇴에 관한 특정 이론을 설명할 때 사용되었으며 1895년 무렵 여러 책에 등장한다."[22]

웨스트에 따르면 《워런위원회 보고서》가 이 용어를 대중화하기 훨씬 전부터 '음모론은 사악한 음모로 사건을 설명하려는 근거가 거의 없는 이론을 설명하는 용어'로 사용되었다. "당시 이러한 이론의 주요 출처는 '급진적 우파', 즉 KKK단이나 존 버치 소사이어티 같은 극우 종교 및 민족주의 단체였다."[23] 1960년부터 2011년까지 신문에서 '음모론'이라는 용어의 총사용량을 집계하기 위해 신문 아카이브 데이터베이스를 검색한 결과 웨스트는 다음의 사건과 결부되어 사용량이 급증한 것을 발견했다. 1963년 JFK 암살 사건, 1972~1974년 워터게이트 사건, 1978년 하원 암살조사위원회 보고서, 1988년 이란-콘트라 스캔들, 특히 (처음에는 미친 사람으로 보이는) 음모론을 사실처럼 제시했던 1997년 영화 〈컨스피러시〉와 〈맨 인 블랙〉이 그것이다.[24] 이외에도 상상할 수 있는 거의 모든 음모론을 놓고 음모론 신봉자와 회의주의자가 팽팽한 긴장감을 형성하며 그림자에 숨어 있는, 이제는 상징적인 '담배 피우는 남자'가 등장해 큰 인기를 끌었던 TV 시리즈 〈X파일〉을 추가하고 싶다.

2000년대 들어 웨스트는 구글 트렌드 데이터를 통해 '음모론'이라는 용어의 사용이 세 차례(2009년, 2010년, 2012년) 급증한 것을 발견했는데 모두 전 레슬러이자 배우, 미네소타 주지사였던 제시 벤츄라Jesse Ventura가 지하 주차장에서 비밀 요원들을 만나 '진짜' 무슨 일이 벌어지고 있는지 조용한 목소리로 속삭이는, 거의 모든 음모론을 사실로 묘사한 인기 TV 시리즈 〈제시 벤츄라와 함께하는 음모론〉과 관련이 있는 것으로 나타났다.[25]

◆◆◆

누가 그런 음모를 믿는가? 부모님의 지하실에 사는 중년의 과체중 괴짜 백인 남성만 음모론을 믿는다는 생각은 신화이다. 정치학자 조지프 우신스키와 조지프 페어런트는 《미국 음모론American Conspiracy Theories》에서 음모론자는 "성별, 나이, 인종, 소득, 정치적 성향, 교육 수준, 직업적 지위를 가리지 않는다"라는 사실을 발견했다.[26] 정치적 성향을 살펴보자. 보수주의자가 집권하면 진보주의자가 음모론자가 될 가능성이 더 높고, 그 반대의 경우도 마찬가지이다. 어떤 특정 음모론을 믿는지도 정당 성향에 따라 다르다. 예를 들어, 유전자변형생물체GMO 음모론은 주로 좌파(농업기업 몬산토가 소규모 농가를 파괴하려는 음모를 꾸미고 있다고 비난)가 받아들이는 반면 기후 변화 음모론은 주로 우파(미국 경제를 파괴하기 위해 데이터를 조작하고 자본주의 자체를 비난하는 기후 과학자를 비난)가 지지하는 이론이다.[27]

다른 요인도 작용한다. 예를 들어 인종은 전반적인 음모주의를 예측하는 강력한 요인은 아니지만 어떤 음모론을 받아들일 가능성이 높은지를 부분적으로 결정한다. 아프리카계 미국인은 연방 정부가 흑인을 죽이기 위해 에이즈를 발명했고 CIA가 흑인들을 파멸시키려고 도심 지역에 크랙 코카인을 심었다고 믿는 경향이 더 높다. 반면에 백인 미국인은 연방 정부가 수정헌법 제2조를 폐지하고 미국을 사회주의 공동체로 전환하려는 음모를 꾸미고 있

다고 의심할 가능성이 더 높다.[28]

교육은 음모주의를 약화하는 것으로 보이며, 고등학교 졸업장이 없는 사람의 42퍼센트는 음모론적 성향을 가지는 반면 대학원 학위를 가진 사람은 22퍼센트에 머문다.[29] 그럼에도 석사나 박사 학위를 가진 미국인 5명 중 1명 이상은 음모를 믿는다는 것은 여기서 뭔가 다른 일이 일어나고 있다는 점을 말해준다.

이 '뭔가 다른 일'에는 음모론적 인식에 영향을 미치는 성격적 특성이 포함되며, 심리학자 조슈아 하트Joshua Hart와 몰리 그레이더 Molly Graether는 "뭔가 다른 일이 일어나고 있다: 음모론에 대한 믿음의 심리학적 예측변수Something's Going on Here: Psychological Predictors of Belief in Conspiracy Theories"라는 제목의 논문에서 이를 탐구했다.[30] 피험자들은 켐트레일(시민을 조종하려고 의도적으로 제트기의 비행운으로 화학 물질을 방출한다는 주장), 샌디훅 사건(미국 정부가 미국인의 총기를 완전히 압수하지는 않더라도 엄격한 총기 규제법을 통과시키려고 벌인 거짓 깃발 작전이라는 주장) 등의 다소 편집증적인 음모론에 노출되었다. 두 개의 다른 연구에서 1200명 이상의 미국 성인을 대상으로 이러한 음모에 대한 일련의 질문을 던진 후, 하트와 그레이더는 이들의 성격 특성과 인지 스타일을 측정하여 음모를 믿는 사람들은 "상대적으로 신뢰도가 낮고, 이념적으로 괴상하며, 개인의 안전에 관심이 많고, 행동에 숨은 행위자가 있다고 인식하는 경향이 있다"라는 결론을 내렸다. 음모주의자는 또한 위험한 세계 믿음(삶은 치열한 경쟁과 폭력적인 투쟁이며 다른 사람들이 끊임없이 해를 끼친다는 믿음), 행위자 탐지(사건을 통제하는 의도적 행위자가 숨어 있다는 믿음), 분열형 성격('대인관계 의심, 사회적 불안과 고립, 기이한 생각과 지각 등의 성향의 집합체')에서 더 높은 점수를 얻었다. 이러한 특성과 스타일의 조합은 사악한 요원이 통제하는 위험한 세계라는 불안을 약화하는 것으로 보인다. 하트와 그레이더가 말했듯이 "삶의 고통이 (적어도 때때로) 비밀리에 활동하는 적대적인 요원들 때문이라는 생각에서 어느 정도 위안을 얻을 수도 있는데 적어도 '이론적으로' 자신의 고통에 대한 해결책이 있기 때문이다." 흥미롭게도 하트와 그레이더는 과학적 사고와 음모적 사고 사이에 부정적 상관관계가 있다는 사실도 발견했다. 즉 자신을 과학적 세계관과 더 많이 동일시할수록 음모를 믿을 가능성이 적다는 것이다. 이는 과학적 사고는 사건 전개에서 무능함과 무작위성의 역할을 인지하고 있기 때문에 '어리석음으로 충분히 설명할 수 있는 것을 결코 악의에 원인을 돌리지 말라'는 핸론의 면도날을 확장한 것으로 생각된다.[31] 이를 음모론에 적용하면 **음모주의 원칙**이라고 할 수 있는데 무능이나 우연으로 설명할 수 있다면 절대 악의에 기인하지 말라는 것이다.

통제력 상실과 환상 패턴 감지 사이의 관계에 대한 연구에서 심리학자 제니퍼 휘트슨Jennifer Whitson과 애덤 갤린스키Adam Galinsky는 사람들이 어떻게 무작위성을 인식하는 데 어려움을 겪는지, 그 대신에 어떻게 자신이 지각하는 패턴에 행위자를 귀속하는지 탐구했다.[32] 휘트슨과 갤린스키는 피험자를 컴퓨터 화면 앞에 앉히고 일련의 이미지를 보여주며 기본 개념을 파악하도록 했다. 예를 들어 대문자 A와 소문자 a 중 하나 또는 둘 다에 색이 칠해져 있거나 밑줄이 그어져 있거나 원이나 사각형으로 둘러싸인 이미지가 표시될 수 있다. 그런 다음 피험자는 모든 대문자 A가 빨간색으로 혹은 원으로 둘러싸여 있는 것으로 기본 개념을 생성하는 과제를 받았다. 실제 기본 개념은 없었으며 컴퓨터가 무작위로 특성을 조합하여 피험자에게 '맞다' 또는 '틀리다'라고 말하도록 프로그램되어 있었다. 그 결과 자신이 자주 틀렸다는 말을 들은 피험자는 통제력이 부족하다는 느낌을 갖게 되었다. 그런 다음 피험자들에게 24장의 '눈 내리는' 사진을 보여주었는데 사진의 절반은 손, 말, 의자, 토성 같은 숨겨진 이미지가 포함되어 있었고 나머지 절반은 무작위적인 거친 점으로 구성되었다(그림 2.1). 거의 모든 피험자가 숨은 이미지를 보았지만 통제력이 부족한 그룹의 피험자는 숨은 이미지가 없는 사진에서도 이미지를 보았다.

두 번째 실험에서 휘트슨과 갤런스키는 피험자에게 상황을 완전히 통제할 수 있었거나 통제할 수 없었던 경험을 생생하게 떠올리게 했다. 그런 다음 피험자는 등장인물이 자신의 아이디어가 통과될지를 결정하는 회의가 열리기 전에 발을 동동 구르는 것 같은, 연관성 없고 미신적인 행동으로 성공 또는 실패가 결정되는 시나리오를 읽었다. 그런 다음 피험자에게 등장인물의 행동이 결과와 관련이 있다고 생각하는지 물었다. 통제력이 부족했던 경험을 떠올린 피험자는 상황을 통제했던 경험을 떠올린 피험자에 비해 서로 관련이 없는 두 사건 사이에 더 큰 연관성이 있다고 인식

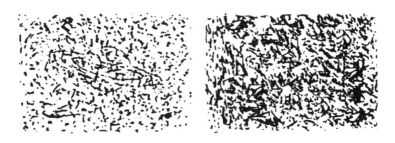

그림 2.1. 숨겨진 토성 그림이 포함된 '눈 내리는' 사진(왼쪽)과 임의의 거친 점이 포함된 '눈 내리는' 사진(오른쪽). 제니퍼 휘트슨의 허가를 받아 사용됨.

할 가능성이 더 높았다. 흥미롭게도 승진에 실패한 직원에 대한 이야기를 읽은 통제력이 낮은 피험자는 배후의 음모가 있다고 믿는 경향이 있었다.

이 결과는 화재, 홍수, 지진과 같은 자연재해가 발생한 이후, 사람들이 일자리를 잃을지도 모른다고 두려워할 때 음모적 추측이 더 고조된다는 연구를 뒷받침한다.[33] 근접성 또한 중요하다. 예를 들어 트위터 게시물의 내용을 분석한 결과 사람들은 일본 후쿠시마 원자력 발전소에 가까이 살수록 후쿠시마 원전 사고에 대해 더 많이 트윗하는 것으로 나타났다.[34]

'환상 패턴 지각(내가 패턴성이라고 부르는 것)'을 '일련의 무작위 또는 무관한 자극들 사이에서 일관되고 의미 있는 상호 관계를 식별하는 것(거짓 상관관계를 인식하고, 상상의 인물을 보고, 미신적 의식을 형성하고, 음모 믿음을 받아들이는 경향)'으로 정의할 경우, 휘트슨과 갤린스키의 다음과 같은 논제는 입증된다. "개인이 객관적으로 통제감을 얻을 수 없을 때는 지각적으로 통제감을 얻으려고 노력한다."[35] 나는 휘트슨에게 이번 연구 결과가 시사하는 바에 대해 물었다. 그녀는 "통제감은 우리의 행복에 필수적입니다. 우리는 통제하고 있다고 느낄 때 더 명확하게 생각하고 더 나은 결정을 내립니다. 통제력 결여는 매우 혐오스럽기 때문에 본능적으로 통제력을 되찾기 위한 패턴을 찾게 되는데 그 패턴이 환상일지라도 마찬가지입니다." 그런 다음 음모론과 음모론적 사고에 대한 그녀의 연구에 대해 물었다. 그녀는 "9/11을 생각해 보세요. 당시 테러 공격으로 인한 불안정한 환경이 거의 즉각적으로 숨겨진 음모론의 생성으로 이어졌지요"라고 답했다. 나는 그녀에게 9/11 테러는 알카에다 조직원 19명이 비행기를 건물에 충돌시키려는 음모였을 뿐 조지 W. 부시 행정부의 '내부자 소행'이 아니었다고 상기시켰다. 이 두 음모의 차이점은 무엇일까? 그녀는 "알카에다라는 사실을 즉시 알았음에도 불구하고 미래에 대한 끔찍한 불확실성, 통제력 상실감으로 인해 숨겨진 패턴을 찾게 되었고 9/11 트루서들은 이를 발견했다고 생각하지요"라고 대답했다.[36] 흥미로운 점은 휘트슨이 이 연구를 처음 고안한 시기가 인생에서 특히 스트레스를 많이 받고 통제 불능 상태에 빠졌을 때였다고 고백했다는 점이다.

환상의 상관관계와 환상 패턴 감지라는 더 넓은 문제에 관해 우리는 무엇을 할 수 있을까? 마지막 실험에서 휘트슨과 갤린스키는 한 그룹의 피험자에게 인생에서 가장 중요한 가치를 숙고하고 긍정하도록 요청하여 통제감을 부여했는데 이는 학습된 무력감, 부조화, 기타 혐오스러운 심리 상태를 줄인다고 입증된 기법이다(다른 그룹은 인생에서 가장 중요하지 않은 가치에 대해 숙고하게 했고 통제 그룹은 아무것도 긍정하지 않게 했다). 그런 다음 연구진은 피험자에게 이전 실험에서 사용한 것과 동일한 눈 내리는 사진을 제시했는데 자기 긍정의 기회가 없는 통제력 부족 조건의 피험자가 자기 긍정 조건의 피험자들보다 존재하지 않는 패턴을 더 많이 본다는 사실을 발견했다.[37]

휘트슨과 갤린스키의 논문이 발표된 이후 불안과 통제력 상실이 음모론적 인식에 어느 정도 영향을 미치는지에 대한 많은 논쟁이 이어졌다. 2020년 아나 스토야노프Ana Stojanov와 자민 할버슈타트Jamin Halberstadt의 통제력 상실과 음모 믿음에 대한 메타 분석에 따르면 전반적으로 작은 효과는 있었지만 통계적으로 유의미하지는 않은 것으로 나타났다. 그럼에도 이 저자들은 "일반적이거나 추상적인 주장이 아닌 특정한 음모론의 관점에서 믿음을 측정했을 때 통제력의 예측된 효과가 관찰될 가능성이 더 높았다"라고 결론지었다.[38] 따라서 내가 여기서 휘트슨과 갤린스키의 연구 결과를 해석하는 방식에서도 그 효과는 여전하다. 이 문제에 대해 음모론 연구자인 얀-빌렘 반 프로이옌에게 문의했을 때 그는 "스토야노프와 할버슈타트의 연구 결과를 더 자세히 살펴보면 그들이 실제로 특정 음모론에 대해서는 효과를 **발견하지만** 좀 더 일반적인 음모 믿음(예컨대, 세상의 사건을 음모로 돌리는 일반화된 성향인 음모적 사고방식)에 대해서는 그렇지 않다는 것을 알 수 있을 것"이라고 답했다.[39]

추가적인 연구를 통해 불안, 소외감, 거부감, 통제력 상실감이 음모주의의 요인이라는 사실이 입증되었다. 프린스턴대학교의 한 연구에 참여한 피험자들은 자신에 대한 간단한 설명을 쓴 다음, 다른 두 사람이 그 설명을 판단할 것이라는 말을 듣고 그 후 같은 소그룹에 속한 두 사람에게 글을 공유했다. 자신이 쓴 글이 거부당했다는 말을 들은 피험자는 음모와 관련된 시나리오를 더 믿는 경향이 있었다.[40] 휘트슨이 동료인 마크 랜도Mark Landau, 아론 케이Aaron Kay와 함께 진행한 또 다른 연구에서는 통제력 회복을 위한 세 가지 주요 전략인 "개인의 주체성 강화, 자신을 대신하여 행동하는 것으로 인식되는 외부 시스템을 인지, 행동과 결과 사이의 명확한 우연성 확인"을 통해 사람들이 통제력 상실을 어떻게 상쇄하는지를 고찰했으며 연구자들은 "사회적 및 물리적 환경에 대한 단순하고 명확하며 일관된 해석을 찾아내고 선호하는" 네 번째 전략을 제안했다.[41] 55개의 선행 연구를 메타 분석한 결과 "통제 감소가 비특이적 구조 긍정을 예측한다는 사실이 밝혀졌다." 이런 현란한 표현은, 사람들은 복잡하기보다는 단순하고, 숨어 있거나 모호하기보다는 명확하고 식별 가능하며, 불규칙하고 무질서하기보다는 일관되고 안정적인 물리적 및 사회적 환경을 선호한다는 뜻이다. 음모론은 현실 세계의 지저분함, 복잡성, 모호함—그리고 덧붙이자면—진짜 음모와 비교할 때 단순하고 명확하며 식별 가능하고 안정적이라는 점에서 보상 전략이다. 저자들은 "음모론은 사회적 세계에 대한 수많은 정보를 소수의 악의적인 세력의 체계적인 계략으로 요약한다"라고 지적했다.

문화적 불안감이 음모론적 사고로 이어질 수도 있다. 2018년 미국인 3000여 명을 대상으로 한 설문 조사에 따르면 미국의 가치가 약화되고 있다고 느끼는 사람들은 "많은 주요 사건의 배후에는 소수의 영향력 있는 사람들의 행동이 있다"와 같은 음모론적 진술에 동의할 가능성이 더 높다는 사실이 밝혀졌다.[42] 통제할 수 있다는 느낌은 불안을 줄여주지만 그 반대인 통제할 수 없는 상황에 대한 우려는 잘못될 수 있는 일에 대한 불안과 음모론적 피해 망상을 증가시킬 수 있다. 2015년 네덜란드에서 수행된 한 연구에서 연구자는 피험자를 (1) 무력하고 통제할 수 없다고 느끼는 그룹, (2) 강력하게 통제할 수 있다고 느끼는 그룹, (3) 아무것도 느끼지 않는 대조군의 세 그룹으로 나누었다. 그런 다음 피험자에게 프로젝트 예산에서 돈을 훔치려는 시의회의 음모에 관한 건설 프로젝트에 대한 이야기를 들려주었다. 무력하고 통제 불능하다고 느끼는 피험자는 음모론을 믿을 가능성이 더 높았다.[43]

음모론이 지닌 매력의 마지막 요소는 엔터테인먼트 가치에 있다. 이는 선과 악의 투쟁, 외국 지도자 암살, 정치 체제 전복, 사악한 제국 정복, 세계 지배에 대한 환상적인 마니교적 이야기로 독자와 시청자를 자극하는 공상과학, 판타지, 공포, 추리, 모험 소설,

영화와 다를 바 없다. 인문학자와 사회과학자들은 사람들이 겁, 불안, 무서움, 섬뜩함을 느끼기 위해 돈을 지불하는, 불안을 유발하고 긴장감을 조성하는 소설과 영화의 매력에 대한 명백한 역설을 탐구해 왔다.[44] 놀이, 스포츠, 오락이 현실 세계의 도전을 모방하여 죽음의 위험 없이 인생의 많은 도전을 정복했다는 실존적 의미를 부여하는 대리 역할을 하는 것처럼(실제 죽음과 맞서는 스포츠는 제외), 감정을 자극하는 허구의 이야기는 현실 세계의 힘과 사람들이 세상에서 행동하는 방식을 상대적으로 위험 없이 고려하고 체험할 수 있는 방법이다. "무서운 영화나 추리 소설과 마찬가지로 음모론은 일반적으로 미스터리, 의심되는 위험, 완전히 이해하지 못하는 미지의 힘을 포함하는 극적인 서사를 포함한다"라고 얀-빌렘 반 프로이엔과 그의 동료들은 썼다.[45] "아울러 이러한 특징은 음모론에 대한 학습을 매혹적이고 감정적인 경험으로 만들 수 있다." 왜냐하면 "음모론에는 잠재적인 오락적 가치가 있기 때문이며 우리는 오락적 가치를 사람들이 특정 서사를 재미있고 흥미되며 눈을 사로잡는 것으로 평가하는 정도에 따라 정의한다." 이 가설을 테스트하기 위해 연구진은 음모론적 텍스트(제프리 엡스타인 Jeffrey Epstein의 죽음)와 비음모론적 텍스트(노트르담 대성당 화재)에 피험자를 노출했는데 전자가 후자보다 더 강한 오락적 평가와 강렬한 감정을 이끌어낸다는 사실을 발견했다. 추가 연구에 따르면 음모론에 대한 설명이 더 오락적으로 제시될수록 피험자가 음모론을 믿을 가능성이 높다는 사실이 밝혀졌다. 이러한 연구 결과는 음모론자와 교류하면서 내가 겪은 경험을 확인해 준다. 음모론자는 9/11 테러, JFK 암살, 달 착륙, 진주만 사건에 대해 '진짜' 일어났다고 그들이 생각하는 일을 이야기할 때 눈에 띄게 감정적으로 몰입하여 말 그대로 눈을 크게 뜨고 동요하는 모습을 보였다. 그리고 진정한 음모를 폭로한다고 주장하는 수천 권의 책, 에세이, 문서를 읽으며, 특히 다큐멘터리 영화나 올리버 스톤의 〈JFK〉와 같은 영화를 볼 때 나는 오랜 경력 동안 비주류적이고 기이한 주장을 섭렵하면서 관여했던 다른 어떤 분야와는 달리 감정적으로 몰입하게 된다는 사실을 스스로 인정하지 않을 수 없다. 회의적일지라도 이러한 이야기를 진지하게 받아들이는 것은 재미있다!

◆◆◆

이 장의 서두로 돌아가서, 2018년 10월 27일 피츠버그의 트리오브라이프 회당에서 유대인이 세상을 지배한다는 가장 오래된 음모론과 총기로 무장한 범인이 11명의 신도를 살해해 체포된 사건처럼 사람들은 종종 자신의 믿음에 따라 행동한다. 그 믿음에 사악한 행위에 대한 음모론이 포함되어 있을 때 그 행동은 치명적인 결과를 낳을 수 있다. "난 유대인을 죽이고 싶을 뿐이다"라고 범인은 선언했다.[46] 이 음모론자는 온라인 소셜 네트워크 갭Gab에서 콘텐츠를 소비하면서 트리오브라이프 회당이 지원하는 히브리이민자지원협회HIAS에 대해 편집증적인 생각을 키우게 되었다. 그 음모론자는 Gab에서 HIAS가 중미에서 미국 남부 국경으로 북상하는 이민자 캐러밴을 지원했다는 글을 읽었다. 암살범은 대량 학살을 저지르기 직전 Gab에 "HIAS는 우리 국민을 죽이는 침략자들을 끌어들이는 것을 좋아해"라는 글을 올렸고 이렇게 덧붙였다. "우리 국민이 학살당하는 것을 보고만 있을 수 없어. 여론 따위는 엿 먹어라. 난 들어갈 거야."

이로써 우리는 이 장의 시작을 알린 뉴질랜드의 대량 학살 사건으로 돌아가게 된다. 이 두 가지 사례는 현실 세계에 부정적인 결과를 초래한 수많은 음모론 중 일부에 불과하다. 앞으로의 장에서 이러한 사례를 분석하면서, 이 책의 주제—음모론과 사람들이 음모론을 믿는 이유—야말로 설명이 필요한 가장 중요한 주제이자 해결책이 필요한 중요한 문제일 수 있다는 점이 드러날 것이다.

3장 대리 음모주의와 부족 음모주의

음모 믿음은 어떻게 진실로서 강화되는가

나는 평생 음모와 음모론을 연구해 왔다. 수돗물 불소화는 시민을 중독시키고 대기업에게 이득을 주었기 때문에 수돗물 불소화가 대중에게 저지른 가장 큰 사기라고 믿는다는 정치인을 만난적이 있다. 나는 알카에다의 공격이 조지 W. 부시 행정부의 '내부자 소행'이라고 주장하는 9/11 트루서와 맞닥뜨린 적이 있다. 어떤 사람들은 존 F. 케네디, 로버트 F. 케네디, 마틴 루터 킹 주니어, 지미 호파, 다이애나 왕세자비, 그리고 연방준비제도이사회, 신세계 질서, 삼극위원회, 외교관계위원회, 300인위원회, 템플기사단, 프리메이슨, 일루미나티, 빌더버그 그룹, 로스차일드 가문, 록펠러 가문, 그리고 비밀리에 미국을 운영하는 시오니스트 점령 정부 ZOG의 사악한 행적에 대한 이야기를 몇 시간이고 들려주었다. 세계 정복을 꿈꾸는 모든 음모주의자를 가두려면 매디슨스퀘어가든이 필요할 것이다.

이 책에서 내가 풀고자 하는 미스터리는 왜 사람들이 어느 정도 그럴듯한 음모론—부패한 정치인이나 기업이 비도덕적이거나 불법적인 이득을 취하기 위해 음모를 꾸미는 것—뿐만 아니라 정치적 또는 경제적 음모를 통한 세계 지배, 백신 접종이나 5G 인터넷 기지국을 통한 세계 인구 통제 등 증거가 거의 없는 음모론도 믿는지에 대한 것이다. 나는 특히 왜 똑똑한 사람들이 겉으로 보기에 합리적인 이유로 뻔히 틀린 것을 믿는지, 즉 음모 효과에 관심이 많다. 이 장에서 나는 그러한 명백히 거짓된 믿음이 반드시 이론의 세부 사항에서가 아니라 그것이 서 있는 더 일반적인 진실, 즉 대리 진실과 부족 진실의 측면에서 신자의 마음속에서 진실하다는 주장을 펼칠 것이다.

이 책의 후반부에서는 몇 가지 유명한 음모론, 특히 JFK 암살설, 9/11 트루서 운동, 오바마 버서 로비에 대해 다루고 반박할 것이다. 그러나 이 음모론을 믿는 사람들이 증거가 부족하거나 모순된 증거에도 불구하고 자신의 믿음을 버리지 않는다는 사실을 알고 있다. 왜냐하면 이러한 믿음은 특히 부족의 관점에서 볼 때 정부 기관, 위원회, 정치인에 대한 불신과 같이 음모주의자를 더 심하게 괴롭히는 무언가를 대리하는 것이기 때문이다.

예를 들어 많은 트럼프 지지자에게는 2016년 취임식 군중 규모부터 2020년 선거 조작 주장에 이르기까지 트럼프가 말한 문서화된 수많은 거짓말(기록에 따르면 3만 건이 넘는다)은 중요하지 않다.[1] 왜냐하면 그들에게는 트럼프가 말한 다른 유형의 진실, 즉 그가 싸울 딥스테이트에 대한 신화적 진실, 그가 맞설 극좌파에 관한 정치적 진실이 중요하기 때문이다. 또 다른 예로 9/11 트루서는 불타는 건물이 어떻게 그리고 왜 무너지는지, 강철이 녹는 온도는 얼마인지에 대한 사소한 내용을 따지는데 9/11에 정확히 무슨 일이 일어났는지 이해하려는 목적으로 이러한 세부 사항을 설명하는 것은 그들의 진정한 목적과 맞지 않는다. 정부를 신뢰할 수 없고, 정치인들은 정치적, 경제적 이익을 위해 국가를 전쟁으로 이끌 구실을 찾으며, 자유 민주주의에서 시민의 발언권이 우리가 생각하는 것보다 훨씬 적다는 것이 그들의 믿음이기 때문이다.

◆◆◆

내 책 《믿음의 탄생The Believing Brain》에서 나는 **믿음 의존적 실재론**이라고 부르는 이론을 주장했다.[2] 나는 우리의 믿음은 가족, 친구, 동료, 문화, 사회 전반에 의해 조성된 환경에서 다양한 주관적, 개인적, 정서적, 심리적 이유에서 비롯된다고 주장했다. 그런 다음 우리는 여러 가지 지적 이유, 설득력 있는 주장, 논리적 설명을 통해 믿음을 옹호하고 정당화하며 합리화한다. 믿음이 우선이고 그다음에 믿음에 대한 설명이 뒤따른다.

일단 믿음이 형성되면 뇌는 믿음을 뒷받침하는 확증적 증거를 찾기 시작하는 반면 확증적이지 않은 증거는 무시하거나 합리화하기 시작하는데 이러한 인지 과정을 **동기 부여 추론**이라고 한다. 이 과정은 자신이 옳다는 생각에서 오는 감정적 강화로 믿음을 더욱 강화한다. 우리는 종종 자신이 옳을 뿐만 아니라 도덕적으로 우월하다고 느낀다. 즉 우리는 종종 자신의 믿음에 가치 판단을 내리는 경향이 있는데 이는 진화한 부족적 성향이 같은 생각을 가진 집단 구성원과 연합을 형성하고 다른 믿음을 가진 사람들을 악마화하도록 이끌기 때문이다. 따라서 우리는 반대되는 믿음에 대해 들었을 때 자연스럽게 그것을 말도 안 되거나 악한 것으로 무시하거나 해체하려는 경향이 있다.[3]

믿음 의존적 실재론은 우리가 이 인식론적 함정에서 벗어날 수 없음을 의미한다. 그러나 우리는 실재에 대한 특정 모델이나 믿음이 우리 자신뿐만 아니라 더 중요하게는 다른 사람들의 관찰과 일치하는지 테스트하도록 설계된 과학과 합리성의 도구를 사용할 수 있다. 이 책의 핵심은 일부 음모론은 진실한 세계 모델을 나타내는 반면 다른 음모론은 거짓된 모델을 나타낸다는 것이다. 대부분의 경우 우리는 진실과 거짓을 구별할 수 있지만 그 믿음이 실제로 무엇을 나타내는지, 즉 실제 진실인지 대리 진실인지 부족의 진실인지 이해할 때만 가능하다. 심리학자 스티븐 핑커는 《합리성》에서 현실적 사고방식과 신화적 사고방식을 구별했다.[4] 그는 어떻게 '사람들이 자신의 세계를 두 개의 영역으로 나누는지'에 주목했다. "하나는 그들 주변의 물리적 사물, 그들이 직접 대면하여 거래하는 다른 사람들, 그들의 상호 작용에 대한 기억, 그리고 그들의 삶을 규제하는 규칙과 규범으로 구성된다." 핑커가 지적하기를 이 영역에서 사람들은 합리적이어야만 하기 때문에 마땅히 합리적이다. "그것이 차에 기름을 넣고, 은행에 돈을 넣고, 아이들을 입히고 먹일 유일한 방식이다. 이것을 현실적 사고방식이라고 부르자." 그러나 다른 영역은 예컨대, "먼 과거, 알 수 없는 미래, 멀리 떨어진 사람들과 장소, 먼 권력의 통로, 미시적인 것, 우주적인 것, 반사실적인 것, 형이상학적인 것"과 같이 대부분의 사람이 도달할 수 없는 영역이다. 핑커는 이렇게 설명했다.

사람들은 이 영역에서 무슨 일이 일어나는지 생각을 품을 수는 있지만 알아낼 방법이 없으며 어쨌든 그것은 그들의 삶에서 눈에 띄는 아무런 차이도 만들지 않는다. 이 영역에서 믿음은 재미있거나 영감을 주거나 도덕적으로 교화적인 서사이다. 그것이 '참'인지 '거짓'인지는 잘못된 질문이다. 이러한 믿음의 기능은 부족이나 종파를 결속하고 도덕적 목적을 부여하는 사회적 실재를 구성하는 것이다. 이것을 신화적 사고방식이라 부르자.[5]

다음은 〈스켑틱〉 편집자이자 정기 기고자인 대니얼 록스턴이 올바른 믿음, 진실, 사고방식을 식별하는 문제에 관한 토론에서 스티븐 핑커와 나에게 보낸 이메일의 내용이다.

사람들이 어떤 믿음을 긍정할 때 그 의미가 무엇인지 알기 어렵고, 그 불확실성은 주장에 따라 다릅니다. 아이슬란드 사람이 요정을 믿느냐는 설문 조사는 실제의 진지한 믿음을 극적으로 과장하고 있지만 얼마나 많은 사람이 믿는지는 아무도 모릅니다. 아이슬란드 사람은 요정에 대한 '믿음'을 눈을 깜박여 알리는 문화적 규범을 가지고 있습니다. 진지하게 믿는 사람들이 분명히 존재하지만 얼마나 많은지 알기는 어렵습니다. 평평한 지구를 믿느냐는 설문 조사도 트롤링 때문에 마찬가지로 믿는 사람이 얼마나 많은지 알기가 까다롭습니다.[6]

여기서 후자의 예는 특히 가슴 아픈데 평평한 지구라는 아이디어를 지지하는 사람은 자신의 믿음에 반하는 주장—둥글고 자전하는 지구 사진—에 반박하는 음모론자로 미항공우주국NASA이 우주 비행사를 우주로 보낸 적이 없다는 사실을 은폐하기 위해 거대한 음모로 모든 사진을 조작했다고 주장한다(이는 할리우드 영화 스튜디오에서 달 착륙이 조작되었다는 음모론과 겹치는 부분이다). 이러한 '믿음을 눈을 깜박여 알리는 것'은 여기서 어떤 종류의 진실이 표현되고 있다는 것, 즉 무한한 정부 권력에 대한 신화적 또는 정치적 진실이 표현되고 있다는 것에 대해 고개를 끄덕이는 것이다. 핑커는 "트럼프식 탈진실의 뻔뻔스러운 거짓말과 음모는 현실의 땅이 아닌 신화의 땅에서 정치적 담론을 주장하려는 시도로 볼 수 있다"라고 지적했다. "그것들은 전설, 경전, 드라마의 내용과 마찬가지로 일종의 연극이며 진실인지 거짓인지는 중요하지 않다."[7]

록스턴은 "주변부가 주류다The Fringe Is Mainstream"라는 제목의 〈스켑틱〉 기고문에서 우리가 음모의 지형도를 탐구할 때 볼 수 있는 위태로운 진실의 여러 영역에 대해 자세히 설명했다.[8] "인간은 지진, 날씨, 계절의 변화 등 우리가 통제할 수 없는 사건과 힘이 존재한다는 것을 항상 알고 있었다. 우리는 이를 신의 영역으로 직관하는 경향이 있다. 우리는 이러한 힘을 피할 수 없는 것으로 받아들이거나 신에게 간청할 수 있을 뿐이지 우리 자신의 힘으로 이러한 힘을 직접 통제할 수 있다고 생각하지는 않는다." 이는 실천적인 영역과는 대조적이다. 실천 영역에서는 "우리는 변화를 야기하도록 작용을 가한다. 우리는 지식을 찾고, 미스터리를 풀고, 조치를 강구하고, 위협에 대응하고, 해결책을 설계할 수 있다." 록스턴의 세 번째 영역은 "평범한 것을 넘어서지만 반드시 도달할 수 없는 것은 아닌 영역이다. 이것은 '과학적 회의주의'의 전통에 따라 '회의주의자'가 다루는 주제이다. 하지만 우리에게는 이 영역을 포괄하는 좋은 용어가 없다."

이 세 번째 영역은 흔히 '주변부'라고 부르는데 여기에는 빅풋이나 초능력 같은 것이 해당된다. 이 둘은 엄밀히 말해 같지 않다. 캐나다 내륙이나 히말라야 산맥에서 이족 보행 영장류가 돌아다니는 모습을 발견한다고 해서 생물학이 뒤집히지는 않겠지만 초

능력의 발견은, 지금까지 발견되지 않은 자연력(아마도 그게 사실이라면 발견되었을 가능성이 아주 높을 것이다)을 필요로 할 것이기에 물리학의 한 측면을 뒤엎을 수 있다는 점에서 그렇다. 록스턴은 "이〈X파일〉같은 영역에는 '이것임'이라는 공통점이 있지만, 그것이 무엇인지 정확히 특정하기는 어렵다"라면서 계속해서 "느슨한 대비로 합리주의 영역과 그것의 기이한 거울상을 구별하는" 목록을 제공했다. 우리는 이러한 더 큰 틀에서 음모론을 분류할 수 있다.

평범한 / 비범한
세속적 / 신비주의적
지식 / 직관
과학 / 사이비 과학
자연의 / 마법의
설명된 / 불가사의한
보이는 / 숨은
역사 / 음모

대부분의 과학자와 합리주의자는 합리주의적/현실[실재]적 사고방식을 핑커가 '보편적 실재론'이라고 부르는 세계관을 향한 최선의 접근 방식으로 장려하지만—나도 이에 동의하고 경력 내내 촉구해 왔다—인류 역사의 방대한 기간 동안 신화적 주장과 현실, 객관적 진실과 주관적 진실, 경험적 진실과 신화적 진실 사이의 차이를 판단할 수 있는 도구가 없었다. 따라서 우리의 기본 입장은 우리가 선호하는 것, 즉 주관적인 내적 진실을 강화하는 것은 무엇이든 믿는 것이다. 이것이 바로 믿음 의존적 실재론 모델이 예측하는 바이다. 따라서 우리가 진실이라고 믿고 싶은 것에 대한 동기 부여 추론에서 우리 모두가 빠지기 쉬운 많은 인지적 편향―확증 편향, 후판단 편향, 우리편 편향, 현상 유지 편향 등―은, 과학자처럼 추론하기보다는 의뢰인(이 비유에서는 우리의 믿음)을 변호하는 변호사처럼 추론한다는 것을 의미한다. 과학자는 우리가 참이고 실재이기를 **원하는** 것과 무관하게 무엇이 **실제로** 참이고 실재인지 파악하려고 한다.

◆◆◆

1954년 12월, 심리학자 레온 페스팅거Leon Festinger는 "클라리온 행성이 도시에 전하는 예언: 홍수를 피하라"라는 신문 헤드라인을 발견했다. 이 기사는 시카고의 가정주부 마리온 키치Marion Keech가 클라리온 행성에서 온 외계인에게 그해 12월 21일 새벽, 세계가 대홍수로 멸망할 것이라는 메시지를 받았다는 내용을 담고 있다. 12월 20일 저녁, 키치와 추종자들은 자정에 모여 수호자들을 태운 모선이 제시간에 도착하여 자신들을 안전하게 데려다 줄 것이라고 확신하며 기다렸다.

페스팅거는 이를 두 가지 상반된 생각을 동시에 품을 때 발생하는 정신적 긴장 현상을 연구할 수 있는 기회로 여겼다.[9] 키치 부인의 추종자 상당수는 직장을 그만두고 배우자를 떠나며 재산을 기부하는 등 UFO 음모에 강하게 헌신했기 때문에 페스팅거는 예언이 실패했을 때 추종자들이 실수를 인정할 가능성이 **가장 낮고**(실수를 인정하면 불안감이 커지기 때문에) 그 대신에 긍정적인 결과를 합리화할 것으로 예측했다. 실제로 그렇게 되었다.

자정이 다가오자 키치 일행은 흥분으로 안절부절못했다. 일원들은 외계인의 지시에 따라(물론 마리온에 의해 전해진) 우주선 작동에 방해가 될 수 있다고 생각되는 금속성 물건과 기타 물체를 모두 피했다. 12월 21일 한 일원의 시계에 오전 12시 5분이 표시되었을 때 다른 일원이 실제로는 오후 11시 55분이라고 말하자 긴장한 눈빛과 불안한 몸부림이 약해졌다. 오전 12시 10분, 더 늦게 가던 시계는 마침내 자정에 다다랐고 일행은 불안한 마음으로 구출을 기다렸다. 시간이 지나갈수록 키치 부인의 일행은 더욱 불안해졌다. 새벽 4시에 키치 부인은 절망에 빠져 울었지만 새벽 4시 45분에 클라리온의 수호자에게서 키치 부인 그룹의 꿋꿋한 노력과 변함없는 헌신 덕분에 지구를 구하게 될 것이라는 또 다른 메시지를 받았다고 주장하며 정신을 차렸다. "21일 새벽이 되자 그룹의 일원들이 자신들의 믿음을 세상에 설득하기 위해 미친 듯이 노력하면서 그룹의 불안한 모습은 사라졌다"라고 페스팅거는 이야기했다. "이후 며칠 동안 그들은 하나가 실현되기를 바라는 마음으로 예측에 예측을 거듭함으로써 그들을 괴롭히는 부조화를 없애려는 일련의 필사적인 시도를 했으며 수호자의 지침을 찾으려는 헛된 일을 했다."

이후 몇 달 동안 마리온 키치와 가장 헌신적인 추종자들은 확고한 믿음으로 예언이 실제로 정반대의 결과로 실현되었다는 사실에 주목하면서 추종자를 모집하는 노력을 배가시켰다. 페스팅거는 인지된 결과를 유리한 결과로 재구성함으로써 키치 신도들이 경험한 부조화는 감소했고, 다른 사람들을 대의명분으로 설득하고 전환함으로써 강화되었다고 결론지었다. 페스팅거는 이러한 심리적 과정을 인지 부조화라고 부르며 다음과 같이 설명했다.

한 개인이 온 마음을 다해 무언가를 믿고 있다고 가정하자. 더 나아가 그 믿음에 대한 확신이 있고 그 믿음 때문에 돌이킬 수 없는 행동을 취했다고 가정하자. 마지막으로 그 믿음이 틀렸다는 명백하고 부인할 수 없는 증거를 제시받는다고 가정해 보자. 그러면 어떤 일이 일어날까? 그 사람은 흔들리지 않을 뿐만 아니라 그 어느 때보다 자기 믿음의 진실에 대해 더욱 확신하는 모습을 자주 보일 것이다. 실제로 그는 다른 사람들을 설득하고 자신의 견해로 전환하는 데 새로운 열정을 보일 수도 있다.[10]

종말 음모는 현실과 대조하여 확인할 수 있는 구체적인 종말 예측을 할 때 인지 부조화에 특히 취약하다. 일반적으로 신자들은 날짜를 잘못 계산했다, 날짜는 구체적인 예언이 아니라 느슨한 예측이었다, 날짜는 예언이 아니라 경고였다, 신이 마음을 바꿨다, 예측은 신도들의 믿음을 시험한 것일 뿐이었다, 예언은 예상대로는 아니라도 물리적으로 성취되었다, 예언은 영적으로 성취되었다 등의 합리화를 통해 기대에 어긋난 사건을 왜곡한다.[11]

페스팅거의 연구 결과는 《예언이 실패할 때When Prophecy Fails》라는 적절한 제목의 책으로 출간되었으며 이 책은 믿음의 힘에 관한 심리학 문헌의 고전이 되었다. 이 책은 인지 부조화라는 새로운 이론적 구성을 도입했다.[12] 인지 부조화는 사건의 규모, 중요도와 그 원인이라고 주장하는 것 사이에 불균형이나 불일치가 있을 때도 발생한다. 이를 **비례성 문제**라고 부른다. 비교를 위해 홀로코스트를 그 반대의 예로 들어보자. 홀로코스트는 역사상 가장 사악한 정권에 의해 자행된 최악의 반인류 범죄 중 하나이다. 이는 **인지적 조화**, 즉 두 가지 아이디어—이 경우 원인과 결과—사이의 균형을 만들어낸다. 반면 리 하비 오즈월드라는 단독 암살범에 의한 존 F. 케네디 암살은 균형이 맞지 않는다. 잘생기고 논리정연한 자유 세계의 지도자이자 지구상에서 가장 강력한 인물이 리 하비 오즈월드 같은 외톨이에 의해 제거되었다고? 불가능해! 이러한 불균형은 인지 부조화를 초래한다. 음모주의자는 인지적 조화를 이루기 위해 FBI, CIA, KGB, 쿠바, 마피아, 군산복합체, 심지어 린든 존슨 부통령과 같은 추가적 원인을 투입하여 인지적 비례의 균형을 맞추고자 한다.

　다이애나 왕세자비의 사망을 예로 들어보자. 지구상에서 가장 유명하고 화려한 사람인 왕세자비의 사망 원인은 음주 운전, 과속, 안전 벨트 미착용이 복합적으로 작용한 것이었다.[13] 이는 원인과 결과 사이의 균형이 부족한 것처럼 느껴진다. 매년 수만 명의 사람이 이와 같은 원인으로 사망하지만 그들은 평범한 사람이다.[14] 다이애나 왕세자비는 비범했으니 사망 원인도 그에 비례하여 비범해야 한다. 이러한 불일치는 인지 부조화를 일으킨다. 음모주의자는 인지적 조화를 이루기 위해 자동차 운전자, 경호원, 사고 당시 충돌한 의문의 흰색 피아트 우노 자동차 운전자, MI6 정보국, 심지어 왕실(카밀라 파커-볼즈와 결혼하기 위해 그녀가 비켜주기를 원했던 찰스 왕세자부터 다이애나가 예수와 막달라 마리아의 직계 후손이라는 사실이 드러날 것을 두려워한 왕실까지)을 추가로 투입하여 인지적 비율을 균등하게 조정한다.[15]

　마지막으로 9/11 테러는 원인과 결과 사이의 불균형에 대한 인지 부조화의 극치를 보여주었다. 9/11 트루서는 "박스 커터칼을 든 19명이 미국을 그렇게 쉽게 물리칠 수 있었다는 말입니까?"라고 으르렁거린다. 비율상의 조화를 이루려면 조지 W. 부시 행정부가 수천 명은 아니더라도 수백 명의 비밀 요원이 은밀하게 미국을 공격하도록 음모를 꾸민 거짓 깃발 작전을 조율하듯이 인지적 규모의 균형을 맞추는 다른 힘들이 틀림없이 작용했을 것이다.

♦♦♦

인지 부조화와 비례성 문제 외에도 내가 수년간 음모론을 다루면서 발견한 또 다른 현상은 하나의 음모론을 믿는 사람은 똑같이 비현실적이고 때로는 모순되는 다른 많은 음모론에도 신빙성을 부여하는 경향이 있다는 것이다. 달 착륙이 가짜라고 믿는 사람은 달의 뒷면에서 외계인의 구조물이 발견되었다는 사실도 받아들일 가능성이 높다. 또는 존 F. 케네디가 음모에 의해 암살되었다고 확신하는 사람은 암살자 집단이 로버트 F. 케네디, 마틴 루터 킹 주니어, 다이애나 왕세자비도 살해했다고 믿을 가능성이 더 높다.

심리학자 마이클 우드Michael Wood, 카렌 더글러스Karen Douglas, 로비 서튼Robbie Sutton은 "죽었다 살아나다: 모순된 음모론에 대한 믿음Dead and Alive: Beliefs in Contradictory Conspiracy Theories"이라는 제목의 논문에서 이러한 음모론적 사고에 일관성 있는 이유가 있다고 설명한다.[16] 저자들은 "하나의 거대하고 사악한 음모가 거의 완벽한 비밀 속에서 성공적으로 실행될 수 있다고 믿는다는 것은 그러한 음모가 얼마든지 가능하다는 것을 암시한다"라는 말로 논문을 시작했다. 이러한 신비주의적 패러다임이 자리 잡으면 음모는 "특정 사건에 대한 기본 설명, 즉 단선적 믿음 체계로 알려진 상호 지지적인 네트워크에 믿음들이 모이는 단일하고 폐쇄적인 세계관"이 될 수 있다.

이 단선적, 단일적, 모든 것을 포괄하는 믿음 체계는 이 심리학자들이 연구에서 여러 음모론 사이에서 발견한 중요한 상관관계를 설명한다. 예를 들어 "다이애나의 죽음에 MI6라는 불량한 조직의 책임이 있다는 믿음은 HIV가 실험실에서 만들어졌다는 이론, 달 착륙이 사기라는 이론, 정부가 외계인의 존재를 은폐하고 있다는 이론에 대한 믿음과 상관관계가 있었다." 이러한 효과는 음모가 서로 모순되는 경우에도 계속된다. 또 다른 예로 다이애나가 자신의 죽음을 위조했다고 믿는다고 답한 피험자는 다이애나가 살해당했다고 믿는다고 답할 가능성도 높았다. 오사마 빈 라덴도 마찬가지였는데 미국 특수부대가 파키스탄에 있는 그의 은신처를 공격했을 때 이미 죽었다고 믿었던 사람들은 그가 어딘가에 아직 살아있다고 믿을 가능성이 더 높았다. 어떻게 한 사람이 두 가지 생각을 동시에 가질 수 있는지 처음에는 당혹스럽게 보이지만 이는 대리 음모주의가 작동하는 것으로, 두 가지 모순된 음모론(살아있음과 죽음)이 사회 제도와 정부 당국에 대한 깊은 불신을 대신하는 것이다. 연구자들이 지적했듯이, 국소적 모순을 압도하는 '전반적 정합성'이라는 고차원적인 프로세스가 작동하고 있다. "상당수의 음모론을 믿는 사람은 자연스럽게 당국을 근본적으로 기만적인 존재로 보고 그러한 믿음에 비추면 새로운 음모론이 더 그럴듯하게 보일 것이다." 따라서 "공식 발표에 대한 음모 옹호자의 불신이 너무 강하기 때문에 모순에도 불구하고 많은 대안 이론이 동시에 지지될 수 있다." 예를 들어 "다이애나 왕세자비나 오사마 빈 라덴과 같은 사망 관련 음모론의 중심에 있는 인물이 아직 살아있다고 믿을수록, 그 사망 방식이 공권력에 의한 기만과 관련되는 한 같은 인물이 살해당했다고 믿는 경향이 더 강해진다."

후속 연구에서 로비 서튼과 카렌 더글라스는 음모론에 대한 많은 믿음이 "유사한 성격 변수, 자아에 대한 믿음, 세계에 대한 믿음과 연관되어 있다"라고 지적하면서 단일한 변인―단선적 사고와 같은―으로 모든 음모론적 인지를 설명할 수 없다고 경고했다.[17] 연구진은 음모론 사이의, 혹은 심지어 모순된 교리(다이애나 왕세자비가 살해당했다는 주장과 자신의 죽음을 위조했다는 주장)를 가진 단일 음모론 내에서의 믿음의 상관관계를 "별개의 심리적 변수들이 아니라 하나의 근본적 변수의 다른 측면들로 보는 것이 가장 좋을 수 있다"라고 언급했다. '음모론의 심리학'에 관한 또 다른 연구에서 서튼, 더글러스와 알렉산드라 시초카Aleksandra Cichocka는 음모론적 믿음이 주로 세 가지 동기, 즉 (1) 인식론적(자신의 환경을 이해하려는) 동기 (2) 실존적(안전하고 자신의 환경을 통제하려는) 동기 (3) 사회적(자신과 사회 집단에 대한 긍정적인 이미지를 유지하려는) 동기에 의해 주도된다는 사실을 밝혀냈다.[18]

인식론적 동기는 '세계에 대한 안정적이고 정확하며 내부적으로 일관된 이해'를 만들어내는 인과적 설명을 찾는 것과 관련이 있다. 즉 음모론은 세계에 대한 설명으로서, 이치에 맞고 비교적 단순하며 언뜻 보기에는 혼란스럽고 무작위적이며 설명할 수 없는 것처럼 보이는 세상의 많은 일을 설명해 준다. 예를 들어 경제는 수요와 공급 법칙, 시장의 힘, 금리 변동, 세금 정책, 경기 순환, 호황과 불황, 하강과 상승, 강세장과 약세장 등이 복잡하게 얽혀 있는 것이 아니다. 그 대신에 일루미나티, 빌더버그 그룹, 외교관계위원회, 삼극위원회, 록펠러와 로스차일드 가문 같은, 경제적 결과를 결정하는, 1퍼센트라 부르는 소수 권력자의 음모의 산물이다.

실존적 동기는 '사람들이 자신의 환경에서 안전과 안정을 느끼고 환경에 대한 통제력을 발휘하고자 하는 욕구를 충족하는' 인과적 설명을 찾는 것을 포함한다. 따라서 정치는 선거 운동, 예비선거, 총선, 선거인단, 선거구를 유리하게 조작하는 게리맨더링, 로비, 투표 등의 지저분한 과정이 아니다. 이 모든 것은 담배를 피우고, 밀실 거래를 하고, 기업 이익에 매수되는 수상한 인물들과 선거 결과를 결정하는 세력들로 구성된 비밀 조직에 의해 운영된다.

사회적 동기는 '소속감을 느끼고 자신과 집단에 대한 긍정적인 이미지를 유지하려는 욕구'와 관련이 있다. 우리가 속한 집단 안에서 우리는 세상이 실제로 어떻게 돌아가는지를 그 모든 혼란과 우연 속에서 볼 수 있지만 다른 집단, 특히 우리를 해치려 한다고 두려워하는 집단은 비도덕적, 불법적으로 권력을 얻기 위한 비밀스러운 임무에 따라 잘 조직된 집단이다. 이것은 음모주의의 특히 끔찍한 측면 중 하나로, 선하고 천사의 편에 서 있는 우리 집단과는 대조적으로 다른 집단을 악하고 역사의 잘못된 편에 서 있는 것으로 악마화하는 것이다.

전반적 정합성이라는 개념과 관련된 개념으로는 심리학자 파스칼 바그너-에거Pascal Wagner-Egger와 동료 연구자들이 창조론과 음모론을 모두 설명하기 위해 쓴 논문에서 "자연 사건과 실체에 목적과 최종 원인을 부여하는 것"으로 정의한 **목적론적 사고**가 있다.[19] 그들은 음모론을 "사회 역사적 사건을 비밀스럽고 악의적인 음모로 설명하려는 경향성"이라고 정의했다. 이렇게 생각하면 된다. 창조론자들은 복잡하고 지저분한 생명체의 세계가 태초에 단 한 명의 창조자와 창조 사건으로 설명될 수 있으며 우연 없이 이 최종 목적, 즉 생명의 목적에 의해 모든 것이 설명될 수 있다고 믿는다. 이와 유사하게 음모론자는 복잡하고 지저분한 정치, 경제,

문화의 세계가 모두 우연 없이 모든 것을 역사의 마지막 종말에 귀속하는 하나의 음모와 음모적 사건으로 설명될 수 있다고 믿는다. 심리학자들은 '음모론'을 "사회 역사적 사건을 대상으로 하는 일종의 창조론적 믿음(예컨대 특정 사건이 전능한 행위자에 의해 의도적으로 만들어졌다는 것)"이라고 결론지었다. 달리 말해 '모든 일에는 이유가 있다'거나 '그럴 운명이었다'는 말은 이러한 목적론적 사고 때문에 창조론적 인식과 음모론적 인식 모두에 영향을 미친다.

모든 일에는 이유가 **있기** 마련이며 과학은 바로 그 이유, 즉 인과관계를 규명하려는 노력이다. 아원자 수준의 일부 양자 효과를 제외하면 모든 결과에는 원인이 있으며 우리는 자연 법칙과 물리적, 생물학적, 심리적, 사회적 등 모든 분석 수준에서 작동하는 원리를 이해함으로써 그 원인을 이해하고자 한다. 이를 위해 나는 모든 것이 서로 연결되어 있고 모든 사건은 초자연적이거나 음모적인 수준에서 작동하는 이유 때문에 발생한다고 믿는 **초월주의자**와 자연적 사건의 자연적 원인을 찾는 **경험주의자**를 구분한다. 경험주의자는 무작위성과 우연성이 우리 세계의 인과적 그물망과 상호 작용하며 믿음은 각 개별 주장에 대한 증거에 의존해야 한다고 생각한다. 초월주의자는 우연의 역할을 무시하고 모든 음모의 가닥을 하나의 의미의 태피스트리로 엮어낸다. 나는 확실히 경험주의자이지만 음모론적 사고에 있어 문제는 초월주의는 직관적이지만 경험주의는 그렇지 않다는 것이다.

이러한 해석은 인지 과학자 스테판 레반도프스키Stephan Lewandowsky와 동료들이 "NASA가 달 착륙을 위조했으므로 (기후) 과학은 사기다NASA Fakes the Moon Landing-therefore (Climate) Science Is a Hoax"라는 논문에서 수행한 연구를 통해 강화된다.[20] 저자들은 말했다.

"사람들은 이 나쁜 놈들이 없다면 모든 것이 괜찮을 것이라고 안심할 수 있는 반면에 음모론을 믿지 않는다면 끔찍한 일이 무작위로 일어난다고 말해야 한다." 음모론적 사고방식에 따르면 역사는 철학자 임마누엘 칸트가 시적으로 표현한 것처럼 인류라는 뒤틀린 목재가 만들어낸 결과물이 아니며 원인들의 매트릭스에서 작동하는 사회적, 경제적, 정치적 힘의 복잡한 집합체에 의해 흔들리는 불규칙적이고 우연적인 경로도 아니다. 그 대신에 역사는 비밀스러운 계획에 의해 미리 결정되며 그 시간적 전개는 처음부터 정해져 있다. 따라서 우리 모두는 시간의 시작부터 끝까지 흐르는 거대한 흐름의 표면에 떠다니는 부유물에 불과하다.

◆◆◆

일단 음모론이 자리를 잡으면 이를 뒷받침하는 증거를 쉽게 찾을 수 있다. 이 단계에는 앞서 언급한 인지 과정의 또 다른 과정인 **확증 편향**이 포함된다. 확증 편향은 이미 존재하는 믿음을 뒷받침하는 증거를 구하고 찾으려는 경향으로 확증적이지 않은 증거는 무시하거나 재해석한다. 이는 동기 부여 추론이라는 포괄적인 현상에 속한다. 그 의미는 자명하며 실험적 사례도 많다. 심리학자 보니 셔먼Bonnie Sherman과 지바 쿤다Ziva Kunda의 연구에서는 피험자 그룹에게 자신이 깊이 믿고 있는 믿음과 모순되는 증거를 믿음을 뒷받침하는 증거와 함께 제시했다.[21] 그 결과 피험자는 확증적 증거의 타당성은 인정했지만 부정적 증거의 가치에 대해서는 회의적인 반응을 보였다. 심리학자 디아나 쿤Deanna Kuhn의 연구에 따르면 어린이와 청소년은 자신이 선호하는 이론과 일치하지 않는 증거에 노출되었을 때 모순되는 증거를 알아차리지 못하거나 증거의 존재를 인정하더라도 선입견에 유리하도록 재해석하는 경향이 있었다.[22] 관련 연구에서 쿤은 피험자에게 실제 살인 재판의 오디오 녹음을 들려준 결과 대부분의 피험자가 증거를 먼저 평가한 후 결론을 내리는 대신에 무슨 일이 있었는지 마음속으로 이야기를 만들어 유죄 또는 무죄를 결정한 다음 증거를 보고서 자신의 이야기에 가장 가까운 것을 골라내는 현상을 발견했다.[23]

음모주의 확증 편향은 다양한 형태로 나타난다. 프리메이슨, 일루미나티, 빌더버그 그룹에서부터 블랙 헬리콥터와 신세계 질서에 이르기까지 모든 것을 다룬《컬트, 음모, 비밀 결사Cults, Conspiracies, and Secret Societies》에서 아서 골드왜그Arthur Goldwag가 잘 지적한 것처럼 중대한 사건 뒤에 숨겨진 음모를 찾는 데 집중하면 일상적인 사건도 중요하게 여겨질 수 있다. 그는 존 F. 케네디 대통령 암살을 대표적인 예로 들었다.

중요한 일이 발생하면 그 사건에 이르기까지의 모든 것도 중요하게 느껴진다. 아주 사소한 디테일도 의미 있게 빛나 보인다. 1963년 11월 22일에 촬영된 딜리 플라자 영상은 지금 우리가 알고 있는 것(그리고 아직 알지 못하는 것이 얼마나 많은지)을 고려할 때 총이 발사되기 직전 풀로 덮인 언덕에 있던 구경꾼들의 묘하게 기대에 찬 표정('그들은 무슨 생각을 하고 있을까?')부터 배경의 그림자('저기 육교에서 번쩍이는 것이 햇빛에 반짝이는 총신이었을까?')까지 수수께끼와 아이러니로 가득 찬 것처럼 느껴진다. 시각적 질감의 모든 이상한 산출물, 임의의 덩어리까지 의심스러워 보인다. 저 남자는 왜 화창한 날에 우산을 들고 있을까? 바부시카를 입은 여자는 누구일까? 밝은 빨간색 드레스를 입은 여자는 누구일까?[24]

음모 인지에서 작용하는 또 다른 인지 편향은 **후판단 편향**, 즉 현재 지식에 맞게 과거를 재구성하려는 경향이다.[25] 어떤 사건이 발생하면 우리는 그 사건이 어떻게 일어났는지, 왜 다른 방식이 아닌 그런 식으로 일어나야 했는지, 왜 그런 일이 일어날 것을 미리 알았어야 했는지 되돌아보고 재구성한다. 이러한 월요일 아침 쿼터백, 즉 뒷북치기는 일요일 풋볼 경기 후에만 나타나는 것이 아니라 모든 사람이 어떻게 그리고 왜 그런 일이 일어났는지, 왜 전문가와 리더들이 그런 일이 일어날 것을 예상하지 못했는지 의심하는 대형 재난이 발생한 후에 더욱 심각하게 드러난다. 우주왕복선 챌린저호가 발사 도중 폭발한 후 전문가와 정치인들은 NASA 엔지니어들이 고체 로켓 부스터 조인트의 O링이 영하의 온도에서 파손되어 대규모 폭발로 이어질 수 있다는 것을 알았어야 한다고 말했지만 몇 달 후 조사가 진행될 때까지 그 결론은 이해되지 않았다.[26] 이는 발사 중 날개 앞부분에 부딪힌 작은 절연체 조각이 재진입 시의 우주왕복선을 파괴하는 결과를 낳은 우주왕복선 컬럼비아호 사고 이후에도 나타난 후판단 편향이다.[27] 이처럼 가능성이 매우 낮고 예측할 수 없는 사건은 (사건이) **발생한 후에는** 가능성이 높아질 뿐만 아니라 거의 확실해진다. 두 차례의 우주왕복선 사고의 원인을 규명하는 임무를 맡은 NASA 조사위원회 위원들이 손을 부들부들 떨면서 손가락질한 것은 후판단 편향의 사례 연구였다. 이전에 그러한 확신이 실제로 존재했다면 다른 조치가 취해졌을 것이다.

후판단 편향은 음모론이 잘 생성되는 전쟁 시기에도 분명하게 드러난다. 1941년 12월 7일 일본이 진주만을 공격한 직후 음모론자는 1941년 10월 미국 정보 기관이 감청한 이른바 폭탄 음모 메시지 때문에 프랭클린 D. 루스벨트 대통령이 진주만 공격이 임박했음을 알았을 것이라는 주장을 펼쳤다.[28] 이 메시지에는 하와이의 한 일본 요원이 일본의 상관에게서 진주만 해군 기지 안팎에서 군함의 움직임을 감시하라는 지시를 받았다는 내용이 담겨 있었다. 그것은 미국의 실책을 의미하는 것으로 들리며 12월 7일 이전에 미국 정보 기관이 감청하여 해독한, 하와이를 공격 대상으로 지목한 메시지가 8건이나 있었다. 어떻게 우리 지도자들이 이를 예상하지 못했을까? 그들은 반드시 예상했을 것이고 따라서 그들은 사악하고 마키아벨리적인 이유로 그런 일이 일어나도록 내버려 두었다.

음모론계에서는 이를 미홉made it happen on purpose, MIHOP(고의로 일어나게 만듦)과는 대조적으로 리홉let it happen on purpose, LIHOP(고의로 일어나게 놓아둠)이라고 한다.[29] 후판단 편향이 본격적으로 작동하면서 음모주의자는 루스벨트 대통령이 일부러 그런 일이 일어나도록 놓아두었다는 설부터 일부러 그런 일이 일어나도록 만들었다고 생각하는 설까지 다양한 이론을 만들어냈다. 그러나 1941년 12월 7일 이전, 그리고 당시 전문가들(우리의 후판단에서 아무 이득도 얻지 못하는)이 이용할 수 있었던 모든 정보를 종합해 볼 때 그해 5월부터 12월까지 필리핀에 대한 공격을 나타내는 일본 선박의 움직임에 관한 감청된 메시지는 58건 이상이었고 21건은 파나마 공격과 관련된 메시지, 7건은 동남아시아와 네덜란드 동인도 제도에서의 공격과 관련된 메시지였으며, 심지어 미국 서부 해안과 관련된 메시지 7건도 감청되었다. 감청된 메시지가 너무 많아서 일본

측에서 우리가 암호를 해독하고 메일을 읽고 있다는 사실을 눈치 챌 수도 있다는 보안상의 우려 때문에 육군 정보국은 백악관에 메모 보내기를 중단했다. 로버타 월스테터Roberta Wohlstetter는 《진주만: 경고와 결단Pearl Harbor: Warning and Decision》이라는 책에서 이렇게 지적했다.

메시지들은 일본의 공격 계획에 대한 명백한 징후로 볼 수 있는 언급으로 가득하다. 마법의 메시지 '동풍비'는 가장 유명한 메시지이다. 그러나 사실 호놀룰루라는 제한된 지역에서 신호 상황은 놀라울 정도로 복잡하며, 워싱턴의 더 큰 기관들로 이동함에 따라 대량의 신호는 점점 더 밀도가 높아지고 모호한 부분이 많아진다. 진주만 공격을 알리는 신호에는 두 곳 모두에서 항상 경쟁하거나 모순되는 신호들, 이 특정 재난을 예측하는 데 쓸모없는 모든 종류의 정보가 수반되었다. 우리는 이러한 경쟁하는 신호를 '노이즈'라고 부른다. 기습의 사실을 이해하려면 사건 발생 후 공격을 예고하는 것으로 분명히 보이는 신호들뿐 아니라 노이즈의 특성도 조사할 필요가 있다.[30]

조지 W. 부시 대통령도 9/11 테러 이후 2001년 8월 6일자 "빈라덴, 미국을 공격하기로 결심하다"라는 제목의 메모가 공개되었을 때 같은 유형의 음모론적 후판단 편향에 시달렸다.[31] 이 메모를 후판단의 관점에서 읽으면 비행기 납치, 세계무역센터 폭파, 워싱턴 DC 및 로스앤젤레스 국제공항 공격에 대한 언급으로 섬뜩한 느낌을 받는다.[32] 음모주의자의 유일한 의문은 부시 대통령이 고의로 그런 일이 일어나도록 놓아두었느냐(리홉), 아니면 고의로 그런 일이 일어나도록 만들었느냐(미흡)였다. 그러나 9/11 테러 이전의 사고방식으로 이 메시지를 읽고, 알카에다—수십 개국에서 활동하며 수많은 미국 대사관, 군사 기지, 해군 함정 등을 표적으로 삼는 국제 조직—의 출입과 잠재적 표적을 추적하는 수백 개의 정보 메모의 맥락에서 보면 그러한 공격이 일어난다면 언제, 어디서 일어날지 전혀 명확하지 않다.[33] 알카에다나 ISIS 또는 새로운 테러 조직이 다시 공격할 것이라는 사실은 거의 확실하게 알고 있지만 그들이 언제 어디서 어떻게 공격할지 파악할 수 있는 정보가 부족하여 지난번 공격에 대한 방어에 그치는 오늘날의 맥락에서 후판단 편향에 대해 생각해 보라.

◆◆◆

앞서 음모론적 사고에서 권력의 역할에 대해 언급했는데 권력이 없는 사람은 권력을 가진 사람이 권력을 얻기 위해 음모를 꾸몄다고 믿는 경향이 있다. 자신이 권력을 가지고 있다고 느끼거나 권력이 없다고 느끼는 것은 **통제 소재**라는 심리적 현상과 관련이 있다. **내적** 통제 소재에서 높은 점수를 받은 사람은 자신이 일을 만들고 상황을 통제할 수 있다고 믿는 경향이 있는 반면에 **외적** 통제 소재에서 높은 점수를 받은 사람은 상황이 자신의 통제 범위를 벗어나기 때문에 일이 그냥 자신에게 일어날 뿐이라고 생각하는 경향이 있다.[34] 내적 통제 소재가 높으면 개인적 판단에 더 자신감을 갖고 외부 기관이나 정보원에 대해 더 회의적이며 음모론을 믿을 가능성이 낮다. 외적 통제 소재가 높은 사람은 자신에게 일어나는 일이나 다른 사람이 자신에게 하는 일을 지나치게 강조하기 때문에 음모론을 믿는 경향이 있다.[35] 이 효과에 대해 내가 가장 좋아하는 말은 그래픽노블《왓치맨Watchmen》과《브이 포 벤데타V for Vendetta》의 저자 앨런 무어Alan Moore가 음모의 세계에 대해 직접 조사한 후 한 것이다.

음모론에 대해 내가 배운 가장 중요한 점은 음모론자는 음모를 믿는 것이 더 위안이 되기 때문에 음모론을 믿는다는 것이다. 세상의 진실은 세상이 실제로 혼란스럽다는 것이다. 진실은 유대인 은행 음모나 회색 외계인, 다른 차원에서 온 12피트짜리 파충류가 세상을 지배하고 있는 것이 아니다. 진실은 훨씬 더 무섭다. 아무도 통제할 수 없다. 세상에는 방향타가 없다.[36]

통제 소재는 음모론적 인식에서도 작용한다. 앞서 만난 심리학자 마이클 우드와 카렌 더글라스는 한 가지 유형의 음모를 믿는 사람들은 서로 모순되는 경우에도 다른 음모 이론을 믿을 가능성이 높다는 사실을 발견하고 이렇게 지적했다. "철저한 회의주의자는 음모론자를 편집증과 천성적으로 의심이 많은 사람으로 본다. 마찬가지로 음모론을 믿는 사람은 음모론 회의론자를 순진하고 속기 쉬운 사람이라고 생각하기 쉽다. 근본적인 귀인 오류 때문에 그들의 마음속에는 이런 종류의 설명이 가장 먼저 떠오른다."[37]

◆◆◆

음모주의에서 이러한 인지적 편향은 성격 심리학으로 이어져 음모론을 믿을 가능성이 높은 사람과 그렇지 않은 사람을 평가하는 데 있어 개인차를 찾게 된다. 초기 연구에 따르면 음모 신봉자는 음모 회의론자보다 타인을 덜 신뢰하며, 전자의 불신은 정부와 언론뿐 아니라 친구, 이웃, 직장 동료까지 포괄하는 것으로 나타났다. 그러나 인과관계의 화살표가 어느 방향을 가리키는지는 불분명하다. 불신하는 사람이 음모론에 끌리는 것일까, 음모를 믿는 것이 사람들을 불신하게 만드는 것일까, 불신과 음모주의를 모두 유발하는 제3의 요인이 있는 것일까? 우리는 알지 못한다. 첫 번째 가능성, 즉 불신하는 사람들이 자신의 개인적인 편집증과 일치하는 음모론을 스스로 선택하는 것이 아닐까 생각되지만 더 많은 연구가 필요하다.

이 장에서 논의된 많은 연구에 이러한 요건이 적용된다. 연구자들이 찾은 음모 인지의 이러한 요건과 추가적인 인지적, 태도적, 사회적, 정치적, 기타 요인은 서로 모순되기도 한다. 어떤 요인들이 가장 강력하고 어느 정도까지 상호 작용하는지 항상 명확하지는 않다. 아담 엔더스Adam Enders와 스티븐 스몰페이지Steven Smallpage는 "음모론자는 누구인가?Who Are Conspiracy Theorists?"라는 제목의 논문에서 이렇게 결론지었다. "음모론을 설명하는 데 사용되는 음모 믿음의 심리적 선행 요인은 특정 음모론의 중심이 되는 자극이나 사건에 따라 상당히 달라진다. 따라서 설문 조사에서 한 가지 유형의 음모론을 불균형적으로 선호하면 다른 연구 전반에 걸쳐 해석되지 않는 음모론자에 대한 추론으로 귀결될 수 있다." 그들은 이렇게 덧붙였다. "아직 음모론자가 누구인지 완전히 파악할 수는 없지만 음모론적 사고, 초자연적 신념, 정치적 성향은 다른 태도, 성향, 지향성보다 특정 음모 믿음을 더 잘 예측할 수 있다."[38]

회의론의 대상에 따라 다를 수 있지만 사람마다 회의적인 정도에는 개인차가 있다. 9/11 회의론자—알카에다가 공격을 기획했다는 정부의 설명을 의심하는 사람—가 있고, 나도 그중 하나인 9/11 회의론자에 대한 회의론자—(정부의 설명과 상관없이) 9/11 트루서의 대안적 설명을 의심하는 사람—가 있다. 우드와 더글라스는 9/11에 대한 온라인 논쟁을 분석한 결과 "음모론을 옹호하는 사람은 자신의 주장('이것이 9/11이 음모라는 증거이다')보다 주류 설명에 반대하는 주장('공식적인 설명에 따르면 불가능하다')을 더 자주 했다. 9/11에 대한 주류 설명에 찬성하는 사람들은 그 반대의 주장을 했다"라는 사실을 발견했다.[39]

따라서 주류 권위에 대한 의혹 또는 불신으로서의 회의론은 대부분의 대중적인 음모 이론에서 찾을 수 있으며 이것은 양날의 검이다. 암살자들의 음모로 JFK가 살해되었고 달 착륙이 조작되었으며 켐트레일은 사악한 이유로 대기에 뿌려지는 유독 증기라고 믿는다면, 수돗물 불소화가 시민을 해치려는 정부의 음모이며 9/11은 조지 W. 부시 행정부의 내부자 소행이라고 믿을 가능성이 더 높다. 다시 말하지만 대리 음모주의와 부족 음모주의의 더 깊은 요소가 작용하고 있다.

그러나 회의론적 장부의 부정적인 측면을 보면, 음모론 회의론자들은 유형 II 오류—거짓 부정—를 범하고, 냉전 시대 미국 시민을 대상으로 정신 지배 및 세뇌 실험을 수행한 MK 울트라 프로젝트 같은 진짜 음모를 놓칠 가능성이 더 크다. 이 사건은 에롤 모리스Errol Morris가 넷플릭스 다큐멘터리 시리즈 〈웜우드Wormwood〉로 제작했고 여기서 피터 사스가드Peter Sarsgaard는 프랭크 올슨 박사Dr. Frank Olson 역할로 출연했는데, 생물학전 과학자이자 CIA 요원이었던 프랭크 올슨은 CIA 감독관에게서 LSD를 투약받은 직후 10층 호텔 창문에서 뛰어내려 자살했다.[40] 이에 대해서는 9장에서 진짜 음모를 다루면서 더 자세히 논의하겠다.

심리학자 롭 브라더튼은 대부분의 음모론을 매력적으로 만드는 것은 단순성이라고 본다.[41] "전형적인 음모론은 답이 없는 질문이다"라고 그는 썼다. 사회적, 정치적, 경제적 사건을 설명하는 요인이 되는 인과적 변수의 매트릭스를 이해하기란 쉽지 않다. 실제로 사회과학자는 정교한 통계 기법과 컴퓨터 모델을 개발하여 인간의 행동이나 사회 현상을 설명하는 데 필요한 수많은 변수를 분리해 냈다. 하지만 이는 시간과 훈련이 필요하며 자연스럽게 마음에 떠오르지 않는다. 그 대신에 브라더튼이 지적했듯이 음모론은 "보이는 그대로인 것은 아무것도 없다고 가정하고 음모자를 초자연적으로 유능하며 비정상적으로 사악한 존재로 묘사한다."

그러나 이러한 단순한 음모에 대한 믿음의 효과는 사람들의 행동을 변화시킨다. 이는 1995년 스탠퍼드대학교의 심리학자 리사 버틀러Lisa Butler와 동료들이 JFK 암살 음모론의 대부분을 하나의 극적인 이야기 전개로 담아낸 올리버 스톤의 1991년 영화 〈JFK〉를 본 사람들을 대상으로 한 연구에서 입증되었다.[42] 이 영화를 본 사람은 보지 않은 사람에 비해 정치 캠페인에 기부하거나 자원봉사를 하거나 다가오는 선거에서 투표할 가능성이 더 낮다고 답했다. 브라더튼은 "단순히 영화를 보는 것만으로도 시청자의 시민참여 의식이 일시적으로나마 약화되었다"라고 말했다.[43] 이러한 음모론의 효과는 다른 음모론에서도 발견되었다. 기후 변화 음모론에 노출된 실험 참가자는 탄소 발자국을 줄이려고 노력할 가능성이 낮다고 답했다. 예방 접종이 정부나 의료 기관(또는 둘 다)의 음모라고 믿는 사람들은 예방 접종을 받을 가능성이 낮다고 답했다. 또한 HIV가 지역사회에 대한 정부의 음모라는 음모론을 믿는 아프리카계 미국인은 성병 예방을 위해 피임 기구를 사용할 가능성이 낮다고 답했다.[44]

마지막으로 부족 음모주의의 핵심은 인지 심리학자 키스 스타노비치가 그의 책《우리편 편향The Bias that Divides Us》에서 말한 **우리편 편향**이 근본적인 동기이다.[45] 스타노비치는 문화적 분열의 현대적 재앙이 된 이러한 인지적 성향을 다음과 같이 설명했다.

> 우리편 편향은 다양한 판단 영역에서 발생한다. 모든 인구 통계학적 집단의 사람들에게서 나타나며 전문적 추론가, 고학력자, 고도의 지능을 가진 사람들에게서도 나타난다. 인지 심리학, 정치학, 행동 경제학, 법학, 인지 신경과학, 비형식 추리 문헌 등 다양한 분야의 연구에서 이러한 편향이 입증되었다. 우리편 편향은 정보 처리의 모든 단계에서 발생하는 것으로 밝혀졌다. 즉 편향된 증거 검색, 편향된 증거 평가, 편향된 증거 동화, 편향된 결과 기억, 편향된 증거 생성 등의 경향을 보인다는 연구 결과가 있다.[46]

우리는 자신의 의견에 동의하지 않는 사람들을 비합리적이거나 무식하거나 무지한 사람으로 규정하는 경향이 있지만 스타노비치가 전문적 추론가, 고학력자, 고지능자를 편견에 취약한 집단으로 묶은 것에 주목한다. 나는 더 나아가 내 책《왜 사람들은 이상한 것을 믿는가》에서 그랬던 것처럼 이 문제는 특히 고학력자나 지능이 높은 사람들 사이에서 더 널리 퍼져 있으며 이들은 비합리적인 이유로 자신이 가진 믿음을 합리화하고 정당화하는 데 훨씬 더 능숙하다는 점을 지적하고 싶다.[47] 스타노비치에 따르면 다음과 같은 경우 당신은 우리편 편향에 빠지기 쉬울 수 있다. 어떤 사람이 당신이 속한 집단을 지지할 때 그의 행동을 더 호의적으로 평가하고, 논리적 결론이 당신의 강한 믿음을 지지할 때 논리적 규칙을 더 잘 적용하며, 당신의 입장을 뒷받침할 가능성이 높은 정보원을 검색하거나 선택하고, 도덕적 행동의 비용을 덜 강조하고, 위험과 보상에 대한 인식을 당신의 개인적 선호 방향으로 왜곡하고, 도덕적 원칙을 선택적으로 사용하며, 자신이 지지하는 정당에 유리한 사실을 선택적으로 학습하고, 원치 않는 사회적 변화를 초래하는 증거에 저항하고, 자신이 선호하는 집단에 유리한 사실을 해석하고, 증거의 과학적 지위에 대해 선택적으로 의문을 제기하는 경우이다.[48]

◆◆◆

믿음은 사람들이 믿음에 따라 행동하기 때문에 중요하며 음모론에 대한 믿음은 국가적 차원과 개인적 차원 모두에서 매우 중요하다. 다음 장에서 우리는 음모론이 왜 그렇게 부정적인 감정을 불러일으키는지 살펴볼 것이다.

건설적 음모주의

편집증, 비관주의, 음모 인식의 진화적 기원

2016년과 2020년 대선 이후 봇이 운영하는 가짜 계정으로 소셜 미디어를 조작하는 것에서부터 러시아 요원과 도널드 트럼프 대통령의 가족, 측근 간의 밀실 거래까지 러시아가 미국 정치에 개입했다는 음모론이 많이 제기되었다. 그것은 2016년 힐러리 클린턴의 당선을 확신했던 민주당이, 선거 과정이 이미 트럼프에게 불리하게 조작되었다는 트럼프의 우려에 맞서 선거를 옹호하기 위해 유포했던 음모론이다. 트럼프가 승리한 후 민주당은 결국 선거가 조작되었다고 판단했지만 러시아 개입 문제에 대한 뮬러 Mueller 특검의 수사 결과는 예상대로 나오지 않았다.[1]

공화당이 음모의 고리에서 벗어났다는 것은 아니다. 2016년 선거 운동 기간에 공화당은 다음과 같은 날조된 이야기를 꾸며냈다.[2]

- 힐러리 클린턴은 뇌전증을 앓거나 심장에 문제가 있다. 선거 유세 연설 후 차에 올라타다가 비틀거리는 영상에서 알 수 있다.
- 2016년 대선에 대한 뮬러 특검의 수사는 조작되었다(결과가 공화

4장 건설적 음모주의   107

당에 유리하게 나오기 전에는 그랬지만 유리한 결과가 나온 후에는 공정하고 균형 잡힌 수사였다).

- 오바마 대통령은 선거 운동 기간에 트럼프 타워를 도청했다.
- 힐러리와 FBI는 트럼프의 선거 운동에 반대하는 음모를 꾸몄다.
- 딥스테이트는 힐러리가 기밀 이메일을 잘못 처리한 혐의로 인한 기소를 피할 수 있도록 준비했다('힐러리를 감옥으로!'라는 구호에도 불구하고).
- 최고의 음모자 트럼프는 지구 온난화 사기를 일으킨 중국인을 비난했으며 그전에는 전임 대통령인 버락 '후세인' 오바마 - 중간 이름을 강조 - 가 외국에서 태어났다고 수년 동안 비난했다.

음모자들은 심지어 편을 바꿀 수도 있다. 민주당은 제임스 코미James Comey FBI 국장이 힐러리 클린턴의 이메일에 대한 수사를 하겠다고 발표하자 민주당은 그가 러시아와 공모하여 2016년 대선에서 힐러리에 불리한 영향을 미쳤다고 비난했다. 그러나 대선 후 트럼프가 코미 국장을 해고하자 민주당은 코미에게 면죄부를 주고 트럼프의 사위인 재레드 쿠슈너Jared Kushner를 오늘의 음모자로 지목했다.[3]

이러한 정치적 음모론에 따라 시계를 설정할 수 있다. 2016년 과 2020년 대선이 논쟁적이고 분열적인 선거였다고 생각한다면 장기 기억을 되살려야 한다. 앨 고어가 플로리다 투표 용지에 매달린 펀치 천공 부스러기인 차드 너비만큼의 차이로 조지 W. 부시에게 패했던 2000년 대선을 떠올려 보라. 민주당 음모주의자는 국민의 거의 절반이 선거가 조작되었다고 믿는다는 여론 조사 결과를 갖고서 맹공격했다.[4] 또는 부시가 재선에 성공하여 민주당이 핵심 지역인 오하이오주에서 선거를 도둑맞았다는 음모론을 만들어냈지만 조사 결과 거짓으로 판명된 2004년 선거를 상기해 보라.[5]

오바마 대통령 시절인 2008년부터 2016년까지 진보주의자가 백악관을 점령했을 때 민주당 음모주의자는 잠잠했던 반면 공화당 음모주의자는 다음과 같은 믿음을 가지고 음모 측정기의 수치를 올렸다.[6]

- 오바마가 연루된 지역사회 활동가 그룹 에이콘Acorn은 불법 유권자 등록 관행에 관여했다(이에 대한 증거는 없음에도).
- 오바마케어에는 건강보험개혁법에 따라 누가 살고 죽을지를 결정하는 죽음위원회, 이른바 '데스 패널'이 포함되어 있다.
- 오바마는 1억 명의 무슬림을 미국으로 데려오고 있다.
- 오바마는 무슬림 형제단의 영향을 받거나 통제를 받았다.
- 오바마는 대통령 집무실을 중동 스타일로 개조했다.
- 오바마는 사우디 왕자로부터 자금을 지원받았다.
- 하와이에서 태어났다는 오바마의 출생증명서는 가짜이며 실제로는 케냐에서 태어났다.

두 번째 임기가 끝날 무렵 오바마는 민주당에 대한 이러한 음모론을 일상적으로 조장하는 〈폭스 뉴스〉만 본다면 자신에게 투표하지 않을 것이라고 스스로 인정했다.[7]

이러한 모든 음모론에서 공통점을 발견할 수 있는데 바로 음모론에는 부정적인 감정을 유발하는 성질이 있다는 점이다. 즉 사람들은 세상을 더 좋거나 안전한 곳으로 만들기 위한 음모가 진행되고 있다고 믿는 경우는 거의 없다. 음모론은 거의 항상 사악한 세력이 나쁜 일을 꾸민다는 내용을 담고 있다. 이 책에 적용한 음모론의 정의는 바로 이러한 것이며, 대부분의 사람이 음모에 대해 생각하는 것과 같다. 음모론자들이 사악한 음모를 밝혀내고 폭로함으로써 세상에 긍정적인 서비스를 제공한다고 믿는, 부정적 시각의 반대편에도 여전히 부정적인 위협이 존재하며 이에 대응해야 한다. 음모 연구자인 얀-빌렘 반 프로이옌은 큐어넌을 표본으로 인용하며 이렇게 지적했다.[8] "많은 음모론은 실제로 '선한' 음모와 '악한' 음모 사이의 숨겨진 투쟁을 가정한다." "큐어넌 음모론은 민주당 엘리트들의 사악하고 사탄적인 '딥스테이트'에 관한 것이면서 트럼프 행정부가 이 딥스테이트와 비밀리에 전쟁을 벌이고 있다는 설이기도 하다. 따라서 여기에는 그 서사의 일부로서 사악한 음모에 맞서 싸워 세상을 더 나은 곳으로 만들려는 은밀하고 '선한' 음모가 있다."

이 장에서는 음모론이 부정적인 방향으로 기울어져 있다는 관찰에서 시작하여 음모론적 사고에 대한 더 깊은 심리적 이유를 살펴보고자 한다. 이러한 비관론에는 진화론적으로 타당한 이유가 있다.

◆◆◆

매년 여름 파푸아뉴기니에서 원주민들과 함께 보내는 퓰리처상 수상 작가인 친구이자 동료인 재레드 다이아몬드는 그가 말하는 '건설적 편집증' 또는 '위험도는 낮지만 자주 마주치는 위험 요인에 주의를 기울이는 것의 중요성'을 확인했다.[9] 어느 날 밤, 현지 동료들과 열대 우림에 나갔을 때 다이아몬드는 큰 나무 아래에 텐트를 치자고 제안했다. "놀랍게도 뉴기니 친구들은 단호하게 거절했다. 나무가 죽어서 우리 몸 위로 쓰러질 수 있다면서." 처음에 다이아몬드는 친구들이 지나치게 편집증적이라고 생각했다. 그러나 몇 년이 지나 그는 몇 가지 간단한 계산을 통해 다른 의견을 갖게 되었다. "뉴기니 숲에서 야영을 할 때마다 밤마다 나무가 쓰러지는 소리가 들렸다는 사실을 깨달았다. 빈도/위험도 계산을 해보니 그들의 걱정을 이해할 수 있었다." 나무가 쓰러질 확률이 1000분의 1에 불과한데도 매일 밤 나무 밑에서 잠을 잔다면 '몇 년 안에 죽을 수 있다'는 것이다. 다이아몬드의 '건설적 편집증'은 음모론에 적용할 수 있는 통찰력이다. 만일을 대비해 음모론이 사실이라고 가정하는 경향을 **건설적 음모주의**라고 부르자.

심리학자 스티븐 핑커는 인류학적인 예를 들어 건설적 음모주의가 인간 본성에 굳어질 수 있는 진화론적인 이유가 있다는 점을 지적하기도 했다.[10] "음모론이 번성하는 이유는 사람들이 항상 진짜 음모에 취약하기 때문이다. 수렵 채집하는 사람들은 아무리 조심해도 지나치지 않다. 부족 사이에서 가장 치명적인 형태의 전쟁은 전면전이 아니라 은밀한 매복과 새벽 습격이다." 아마존의 야노마뫼족은 이를 **노모호리**라고 부르는데, 인류학자 나폴레옹 샤농 Napoleon Chagnon은 한 부족이 다른 부족을 잔치에 초대해 가장 취약한 순간에 기습하는 이 행위를 '비열한 속임수'라고 번역한 바 있다. 다음은 샤농이 한 선교사로부터 수집한 노모호리에 대한 이야기이다.

한 부족의 우두머리가 멀리 떨어진 부족의 여성들을 납치하기 위해 기습조를 조직해 갔다. 침입자들은 그곳 부족원들에게 외지인이 마체테와 냄비를 주었는데 외지인이 말하기를 정령에게 기도했더니 그 응답으로 받았다고 하더라고 말했다. 그런 다음 침입자들은 부족원들에게 기도하는 법을 가르쳐 주겠다고 했다. 남자들이 무릎을 꿇고 고개를 숙이자 침입자들은 마체테로 그들을 공격하여 죽였다. 그러고는 여자들을 붙잡아 달아났다.[11]

인류학자 케네스 굿Kenneth Good은 야노마뫼족에 대한 민족지 《마음속으로Into the Heart》에서 구석기 시대 조상과 유사하게 자기 집단과 타집단의 구성원에 대해 건설적 음모주의를 품어야 했을 선사 시대 사람의 삶이 어땠는지 이야기했다. 1990년대 인간 본성의 특성을 둘러싼 '인류학 전쟁'을 주제로 나와 했던 인터뷰 기사에서 굿은 이렇게 설명했다.

야노마뫼의 땅에서 신뢰는 도덕적 원칙은커녕 어떤 종류의 기준으로도 고려되지 않습니다. 이곳에서는 모든 사람이 자기 자신을 위해 살아갑니다. 도둑질, 강간, 심지어 살인까지도 어떤 도덕적 사안이 되지 않습니다. 그들은 적절하거나 부적절한 사회적 행동의 관점에서 생각하지 않습니다. 이곳에서는 모두가 자신이 할 수 있는 일을 하고 모두가 자신의 권리를 지킵니다. 한 남자가 일어나서 자기 구역의 밭에서 과일을 훔친 사람에게 소리를 지르며 꾸짖으면, 그 사람도 똑같은 행동을 할 것입니다. 나도 나를 보호하고 당신도 당신을 보호합니다. 당신이 뭔가를 시도하면 내가 당신을 붙잡고, 내가 당신을 막을 것입니다.[12]

야노마뫼족에서 절도를 비롯한 많은 반사회적 행동은 그 사람을 멀리하는 사회적 제약, 폭력 및 보복에 대한 두려움 심기 같은 개인적 제약을 통해 최소한으로 관리된다. 이러한 맥락에서 건설적 음모주의는 게임 이론적 논리에 의해 뒷받침되는 합리적인 전략으로 등장한다. 핑커는 그것을 이렇게 설명했다.

이러한 은밀한 속임수에 대한 유일한 안전 장치는 선제적으로 기선을 제압하는 것뿐이다. 이는 일련의 복잡한 추측으로, 명백한 사실을 액면 그대로 받아들이기를 거부하는 것으로 이어질 수 있다. 신호 탐지 측면에서 보면 진짜 음모를 놓치는 데 드는 비용은 의심되는 음모에 대한 거짓 경보의 비용보다 더 높다. 따라서 총을 꺼리는 쪽보다는 방아쇠를 당기는 쪽에 무게를 두어 미약한 증거에도 음모의 가능성을 포착할 수 있도록 적응해야 한다.[13]

인류학자 로렌스 킬리Lawrence Keeley는 수렵 채집 무리의 분쟁과 폭력에 대한 광범위한 연구를 통해 우리 조상들에게 연합 음모가 얼마나 흔하고 위험한 일이었는지를 보여주었다. "가장 원초적인 형태의 전쟁은 소수의 인원이 적의 영토에 들키지 않고 들어가서 의심하지 않는 고립된 개인을 매복하여 살해하고 난 다음, 사상자를 내지 않고 신속하게 철수하는 (일종의) 습격이다."[14] 이는 음모이므로 배후에 숨은, 뒤통수를 치는 음모자에 대한 음모론을 믿는 성향에는 진화론적 근거가 있다.

이는 패턴 인식, 행위자 탐지, 위협 관리, 동맹 탐지 등 음모 믿음의 근간이 되는 **근접**(즉각적) 메커니즘과 **궁극적**(진화적) 메커니즘을 대조적으로 분석한 음모론 연구자 얀-빌렘 반 프로이엔과 마르크 판 퓌흐트의 연구 결과이기도 하다. 궁극적 메커니즘이란 예를 들어, "적대적 연합, 즉 실제로 존재했던 음모가 불행, 죽음, 생식력 상실의 빈번한 원인이었던 조상 인류 환경에서 형성된 음모를 감지하는, 기능적으로 통합된 정신 시스템"과 같은 것이다.[15]

문제는 구석기 시대 환경에서는 생존에 적합했지만 현대 환경에서는 반드시 기능적이지 않은, 형질 간의 진화적 불일치가 자주 있다는 것이다. 고대 수렵 채집 환경에서는 건설적 음모를 믿는 것이 유익했지만 오늘날 워싱턴 DC에서는 그렇지 않을 수 있다. 특히 피자 가게에 난입하거나 미국 국회의사당을 습격하는 것처럼 음모론적 믿음에 따라 행동할 때 말이다.

◆◆◆

일어날 수 있는 나쁜 일에 대한 이러한 편집증은 음모 믿음의 더 깊은 심리적 이유, 즉 심리학자 로이 바우마이스터Roy Baumeister 와 동료들의 논문 "나쁜 것이 좋은 것보다 강하다Bad Is Stronger Than Good"에 나온 **부정성 편향**을 드러낸다.[16] 행동 경제학자는 투자자가 위험을 회피하는 경향을 연구하며 손실 회피라는 현상을 발견했는데 손실은 이익보다 두 배나 더 아프게 느껴진다는 것이다.[17] 사람들이 투자에서 도박을 하도록 하려면 잠재적 보상이 잠재적 손실의 두 배가 되어야 한다. 이러한 현상은 비단 금융 분야에서만 발생하는 것은 아니다. 테니스 슈퍼스타 지미 코너스Jimmy Connors 는 "나는 이기는 것을 좋아하는 것보다 지는 것을 더 싫어한다"라고 말한 적이 있다.[18] 사이클링 챔피언 랜스 암스트롱Lance Armstrong 도 영화 제작자 알렉스 기브니Alex Gibney에게 승리의 긍정적인 보상에 끌리기보다는 암이라는 질병과 다른 사이클 선수에게 패배하지 않으려는 동기가 더 강했던 이유를 설명하면서 똑같은 말을 했다. "저는 이기는 것을 좋아하지만 무엇보다도 진다는 생각을 견딜 수 없습니다. 저에게 패배는 곧 죽음을 의미하니까요."[19]

비관주의와 부정적 편견은 삶 어디에나 존재한다. 심리학자는 칭찬과 긍정적인 피드백이 주는 기쁨보다 비판과 부정적인 피드백이 주는 상처가 더 강하다는 점을 일관되게 찾아냈다.[20] 돈과 친구를 잃는 것은 이러한 목표를 얻는 것보다 사람들에게 더 큰 영향을 미쳤다.[21] 나쁜 인상과 부정적인 고정관념은 긍정적인 인상보다 더 빨리 형성되고 변화에 더 강하게 저항한다.[22] 일기의 감정적 내용에 대한 연구에 따르면 나쁜 사건은 좋은 기분과 나쁜 기분 모두에 부정적인 영향을 미치는 반면 좋은 사건은 좋은 기분에만 영향을 미치는 것으로 나타났다.[23] 일상의 나쁜 사건도 좋은 사건보다 더 큰 영향을 미친다. 예를 들어 좋은 하루를 보냈다고 해서 다음 날에도 반드시 좋은 기분이 드는 것은 아니지만 나쁜 하루는 그 결과가 다음 날까지 이어지는 경우가 많다.[24] 트라우마 사건은 좋은 일이 일어났을 때보다 기분과 기억에 더 오래 흔적을 남긴다. 성추행 같은 어린 시절의 충격적인 사건은 수년간의 긍정적인 경험을 지울 수 있다.[25] 도덕적으로 나쁜 행동은 도덕적으로 좋은 행동보다 타인의 도덕적 평가에서 훨씬 더 큰 비중을 차지한다.[26] 1만 7000개가 넘는 심리학 연구 논문을 분석한 결과, 69퍼센트가 부정적인 문제를 다룬 반면에 긍정적인 문제를 다룬 논문은 31퍼센트에 불과했다.[27] 이는 아마도 나쁜 일이 좋은 일보다 인간의 사고와 행동에 더 큰 영향을 미치기 때문에 부정적인 삶의 사건에 대한 연구가 자금을 지원받아 발표될 가능성이 더 높기 때문일 것이다.

바우마이스터와 동료들은 수백 건의 연구를 다룬 긴 리뷰 논문에서 삶의 모든 영역에서 악이 선보다 강하다는 사실을 일관되게 발견했을 뿐만 아니라, 선이 악을 능가하는 반대의 사례를 단 한 건도 찾아내지 못했는데, 이는 노력이 부족해서가 아니었다.[28] "우리는 몇 가지 상반되는 패턴을 찾아내어 악이 강할 때와 선이 강할 때를 구별하는 정교하고 복잡하며 미묘한 이론을 개발할 수 있기를 바랐다"라고 그들은 말했지만 항상 나쁜 것이 승리했다. "이는 인지 및 동기 모두에서 발견되고, 정신 내적 과정과 대인 관계적 과정 모두에서 발견되며, 미래에 대한 결정 및 과거의 기억과 제한적으로 연관되어 있으며, 동물 학습, 복잡한 인간 정보 처리 및 정서적 반응에서도 발견된다."

심리학자 폴 로진Paul Rozin과 에드워드 로이즈먼Edward Royzman은 최초로 이런 효과를 **부정성 편향**이라고 불렀다. "부정적인 사건은 긍정적인 사건보다 더 두드러지고 강하며, 조합에서 지배적이며, 일반적으로 효과적"이다.[29] 비관론이 낙관론을 이기는 수많은 사례에서 로진과 로이즈먼은 부정적인 사건은 긍정적인 사건보다 그 원인을 더 쉽게 찾도록 만든다는 점에 주목했다. 예를 들어 전쟁에 관한 책과 기사는 끝없이 쏟아져 나오는 반면 평화 관련 문헌은 매우 빈약하다. 누구나 '왜 전쟁이 일어나는가?'라고 묻는다. '왜 평화가 있는가?'라고 묻는 사람은 거의 없다. 게다가 부정적인 자극은 긍정적인 자극보다 더 많은 주의를 끈다. 쥐는 긍정적인 맛보다 부정적인 맛에 더 강하게 반응한다. 미각 회피 실험에서 해로운 음식이나 음료에 한 번만 노출되어도 그 음식을 지속적으로 피하는 반응이 나타났다. 그러나 좋은 맛의 음식이나 음료에 대해서는 이런 반응이 나타나지 않았다.[30] 확실히 육체적 쾌감을 묘사하는 단어(강렬한, 맛있는, 절묘한, 손에 땀을 쥐게 하는, 호화로운, 달콤한 등)보다 신체적 고통의 특성(극심한, 격렬한, 둔한, 날카로운, 쓰라린, 타는 듯한, 베는, 꼬집는, 후비는, 찢어지는, 당기는, 찌릿한, 쑤시는, 찌르는 듯한, 욱신거리는, 귀를 찢는, 질질 끄는, 퍼져 나가는 등)을 묘사하는 단어가 더 많다.[31]

그뿐만 아니라 긍정적인 감정보다 부정적인 감정에 대한 인지적 범주와 설명 용어가 더 많다.[32] 1875년 톨스토이가 "행복한 가정은 모두 비슷하고, 불행한 가정은 제각각 불행하다"라는, 안나 카레니나 원칙으로 승화시킨 유명한 명언처럼 말이다.[33] 또한 선이 악을 정화하기보다는 악이 선을 더 많이 오염시킨다. 러시아 속담에 "한 숟가락의 타르는 한 통의 꿀을 망칠 수 있지만 한 숟가락의 꿀은 한 통의 타르에다 아무 일도 일으키지 않는다"라는 말이 있다. 인도에서는 상위 카스트의 구성원이 하위 카스트의 구성원이 준비한 음식을 먹으면 오염되었다고 생각하지만 하위 카스트의 구성원이 상위 카스트의 구성원이 준비한 음식을 먹는다고 해서 순수함 정도의 지위가 동등하게 상승하지는 않는다.[34] 이러한 효과와 관련하여 부정성 편향의 진화적 요소는 혐오감이라는 감정에서 볼 수 있는데, 혐오감은 그러한 자극이 독(음식물)이나 질병(대변, 구토물 및 기타 체액 유출물)을 통해 사람을 죽일 수 있다는 단서이기 때문에 유기체를 유해한 자극에서 멀리하도록 진화한 것이다. 이것이 긍정적인 사건보다 부정적인 사건이 왜 더 전염성이 강한지 설명해 준다. 세균은 전염병의 기본 생물학적 모델이며 여기에는 그 반대인 긍정적인 모델이 없다.[35]

좋은 일과 나쁜 일 사이의 이러한 인지적 비대칭에는 그럴 만한 이유가 있다. 진보는 대부분 점진적이고 작은 단계로 이루어지는 반면 퇴보는 한 번의 큰 재난으로 쉽게 일어날 수 있다. 복잡한 기계나 신체는 모든 부품이 일관되게 작동해야 계속 돌아가지만 한 부품이나 시스템이 고장 나면 나머지 모든 부품에 치명적인 영향을 미친다. 이는 기계나 유기체의 종말을 의미할 수 있다. 신체 전체의 안정성이 유지되어야 하므로 신체를 운영하는 뇌는 유기체를 끝낼 수 있는 위협에 가장 많은 주의를 기울여야 한다. 그리고 인생에는 성공하는 방법보다 실패하는 방법이 더 많다. 성공하는 것은 어렵고 성공으로 가는 길은 좁지만 실패는 쉽고 성공에서 벗어나는 길은 많다.

◆◆◆

부정성 편향 배후의 논리를 이해하기 위해 진화된 심리를 좀 더 깊이 파헤쳐 보자. 스티븐 핑커는 과거 진화 과정에서 위협에 과잉 반응하는 데 드는 적합도 비용이 과소 반응하는 데 드는 적합도 비용보다 적은, 보상 비대칭이 있기 때문에 우리는 과잉 반응하는 오류를 범한다고, 즉 최악의 상황을 가정한다고 주장했다.[36] 왜 그럴까? 진화적으로 과거에는 세상이 더 위험했기 때문에 위험을 회피하고 위협에 매우 민감하게 반응하는 것이 이득이었기 때문이다. 상황이 좋아도 상황을 조금 더 개선하려고 도박을 하는 것은 상황이 더 나빠질 위험을 감수할 만한 가치가 있다고 인식되지 않았다.

핑커는 우리의 진화한 건설적 편집증에 대한 책임을 열역학 제2법칙, 즉 엔트로피의 탓으로 돌렸다. 엔트로피는 (에너지를 흡수하지 않는) 닫힌 시스템은 질서에서 무질서로, 조직에서 무조직으로,

구조화된 것에서 구조화되지 않은 것으로, 따뜻한 곳에서 차가운 곳으로 이동한다는 기본적인 물리 법칙이다. 전자레인지로 차가운 음식을 데우는 것 같이 외부 에너지원이 있는 개방형 시스템에서는 엔트로피가 일시적으로 역전될 수 있지만 고립된 시스템은 엔트로피가 증가함에 따라 붕괴한다. (태양 같은) 외부 에너지원이 없으면 에너지가 소멸되고, 시스템이 다운되고, 따뜻한 것이 차갑게 변하고, 금속이 녹슬고, 나무가 썩고, 잡초가 정원을 뒤덮고, 침실이 어수선해지고, 사회, 정치, 경제 시스템은 무너지고 만다. 우리가 사는 세상, 특히 조상에게서 물려받은 인지와 감정이 진화한 세상에서는 엔트로피에 따라 일이 잘 풀리는 것보다 나빠지는 경우가 더 많기 때문에 현대의 심리학은 오늘날보다 진화적 과거에, 더 위험했던 세상에 맞춰져 있다. 따라서 내가 삶의 의미와 목적에 관한 에세이에서 결론을 내린 것처럼 열역학 제2법칙은 삶의 제1법칙이기도 하다.[37] 아무것도 하지 않으면 엔트로피는 더 큰 무질서와 죽음을 향해 우리를 밀어붙인다. 생명의 기본 목적은 생존과 번영을 위해 에너지를 소비하며 조정 가능한 것을 함으로써 엔트로피에 대항하는 것이다.

엔트로피에 대한 완벽한 예를 보여주는 설명은 차 범퍼에 붙이는 스티커 문구 '개 같은 일은 일어나기 마련이다'에서 찾을 수 있다. 이처럼 사고, 전염병, 기근, 질병과 같은 소위 불행에는 신, 악마, 마녀, 악을 꾀하는 음모자 등 의도적인 배후가 없다. 그저 엔트로피가 그 과정을 밟을 뿐이다. 우리는 무작위적인 사건에서 의미 있는 패턴과 의도적인 주체를 찾는 경향이 있기 때문에 삶의 많은 결과를 음모 탓으로 돌린다. 그리고 나쁜 것이 좋은 것보다 더 강한 부정성 편향 때문에 부정적인 음모론에 대한 믿음은 우리 인식의 버그가 아니라 특징이다.

•••

이와 관련하여 음모 사고로 이어지는 우리 인식의 두 가지 주요 측면은 앞서 간략하게 언급했던 것, 즉 패턴성과 대리성이다. 건설적 음모주의 배후의 논리를 더 잘 이해하기 위해 이 두 가지로 돌아가서 좀 더 자세히 살펴보려 한다.

패턴성이란 의미 있는 잡음과 의미 없는 잡음 모두에서 의미 있는 패턴을 찾아내는 경향임을 상기하라.[38] 우리의 사고에서 이 특징이 진화한 이유를 설명하기 위해 사고 실험을 해보자. 우리가 300만 년 전 아프리카 평원에서 포식자에게 매우 취약한, 두뇌가 작은 이족보행 영장류로 살았다고 상상해 보라. 풀숲에서 바스락거리는 소리가 들린다. 바람 소리일까 아니면 위험한 포식자 소리일까? 풀숲에서 바스락거리는 소리가 위험한 포식자라고 가정했지만 알고 보니 바람 소리였다면 **유형 I 오류**, 즉 진짜가 아닌 것을 진짜라고 믿는 **거짓 긍정**을 범한 것이다. A(풀숲의 바스락거리는 소리)를 B(위험한 포식자)와 연결했지만 이 경우 A는 B와 연결되지 않는다. 아무런 해가 발생하지 않는다. 바스락거리는 소리에서 멀어지고 더 경계하고 조심하게 된다.

그러나 풀숲의 바스락거리는 소리가 바람 소리라고 가정했는데 그것이 위험한 포식자로 밝혀진다면 인지에서 **유형 II 오류**, 또는 진짜인 것을 진짜가 아니라고 믿는 **거짓 부정**을 범한 것이다. A(풀숲의 바스락거리는 소리)와 B(위험한 포식자)를 연결하지 않아 이 경우 A는 B와 연결되어 있어 해를 입을 가능성이 있으며 포식자의 다음 먹이가 될 수 있다. 문제는 유형 I 오류와 유형 II 오류의 차이를 평가하는 것이 매우 어렵다는 점이다. 특히 조상 대대로 살아 온 환경에서 생사를 결정해야 하는 순간에는 더욱 그렇다. 따라서 기본 입장은 모든 패턴이 진짜라고 가정하는 것, 즉 풀숲의 바스락거리는 소리가 바람이 아니라 위험한 포식자가 만든 것이라고 가정하는 것이다. 우리는 그러한 패턴을 가장 성공적으로 찾아낸 사람들의 후손이다.

나는 이를 건설적 음모주의라고 부르며 내 해석은 반 프로이옌과 판 퓌흐트가 '적응적 음모주의'라고 부른 것에 의해 뒷받침된다. 거기서 "음모론은 조상 인류가 사회 세계를 더 잘 탐색하고 환경의 임박한 위험을 예측하고 극복하는 데 도움이 되었다."[39] 이들은 위협을 연합 폭력, 즉 '집단 내부와 집단 사이에서 실제 공모자들이 저지르는 폭력'이라고 부르며 인간의 심리가 생존을 위한 적응으로 이에 주의를 기울이도록 진화했을 것이라고 지적했다. 유형 I 오류와 유형 II 오류의 상대적 위험과 최악의 상황을 가정하는 쪽—이 경우 음모론이 사실이라고 가정하는 쪽—의 오류에 대한 위의 분석과 유사하게, 연구진은 진화 심리학에서 유래한 오류 관리 이론을 적용했다. 이 이론은 마티 하셀턴Martie Haselton과 데이비드 버스David Buss가 성행위와 선호도에 있어 남성과 여성의 엄청난 차이를 설명하기 위해 처음 개발한 이론으로, 여성은 (임신에서 신체적 폭력에 이르기까지) 잃을 것이 훨씬 많기 때문에 성관계에 있어 남성보다 훨씬 더 신중하고 까다롭게 행동하게 된다는 것을 설명한다.[40] 따라서 반 프로이옌과 반 퓌히트는 "오류 관리 이론에 따르면 음모를 과소 인식하면 진짜 음모의 위험성이 증가하는 만큼 비용이 더 많이 들고 과대 인식하면 비용이 덜 든다고 예측할

수 있다"라고 결론지었다.[41]

음모 탐지 능력이 진화했다는 증거는 복잡성, 보편성, 영역 특이성, 상호 작용성, 효율성, 기능성 등 모든 심리적 적응에 필요한 요건을 충족했다는 데서 찾을 수 있다.[42] 음모론은 패턴 및 행위자 탐지, 동맹 탐지, 위협 관리 같은 복잡한 소인을 포함하고, 보편적이며 인간의 삶과 사고 영역에 특화되어 있고, 다른 인지 영역과 상호 작용하며, 탐지 단서를 빠르고 효율적으로 촉발한다. 또한 음모론은 '사람들이 의심되는 음모를 피하거나(공포와 회피) 적극적으로 맞서기 위해 고안된 감정과 행동(분노와 공격성)을 보이도록 유도'한다는 점에서 기능성을 가지고 있다. 반 프로이엔과 반 퓌히트는 이러한 모든 영역이 음모주의에 의해 활용된다는 상당한 증거를 제시했다.[43] 따라서 건설적 음모주의는 진화된 적응일 가능성이 높다.

통속적으로 말하자면 우리는 위험한 세상에 살며 건설적 음모주의를 기본 태도로 여길 수 있다. 위험이 없는 것으로 판명되면 해를 입지 않은 것에 더해 약간의 편집증 정도로 많은 에너지를 소비하지 않아도 된다. 위험이 있는 것으로 밝혀지면 건설적 편집증을 갖는 것은 보상을 받는다. 다시 말해 **최악의 상황을 가정해 보라!** 이 모델에서 건설적 음모주의는 일종의 패턴으로 우리 조상들이 긍정적인 면보다 부정적인 면에 더 집중함으로써 이득을 얻었던 세상에 대한 믿음이다. 따라서 이 모델은 나쁜 것이 좋은 것보다 더 강한 세계관에 대한 진화론적 설명을 제공한다. 특히 누군가 또는 무언가가 나를 해치려고 음모를 꾸미고 있을 경우, 존재하지 않는 음모를 찾는 것은 음모가 있을 때 음모를 찾지 않는 것보다 비용이 적게 드는 오류이다.

그러므로 건설적 음모주의는—패턴성의 형태로—뇌에 깊은 진화적 기반을 가지고 있지만 그 외에도 더 많은 것이 있다. 음모론은 보통 사악한 일을 하기 위해 음모를 꾸미는 다른 사람들을 포함하기 때문에—패턴에 의미, 의도, 행위자를 불어넣는 경향인—행위자성 개념을 설명 모델에 추가할 필요가 있다. 행위자성은 패턴성과 직접적으로 관련이 있는데 우리가 발견한 패턴에 의도적인 행위자를 심어주는 경향이 있기 때문이다. 아프리카 평원에 사는 인류의 조상이 풀숲에서 소리를 들었을 때 그 소리가 위험한 포식자를 나타내는 것인지 아니면 그냥 바람인지에 대한 사고 실험으로 돌아가서, 바람과 위험한 포식자의 차이점은 무엇일까? '바람'은 무생물적인 힘인 반면 '위험한 포식자'는 의도적인 행위자, 즉 나를 다음 먹잇감으로 삼으려는 누군가 또는 무언가를 나타낸다. 즉 우리는 우리가 발견한 패턴에 행위자와 의도를 부여하고 이러한 요소가 때로는 보이지 않게 위에서 아래로 세상을 지배한다고 믿을 때가 있다. 영혼, 정령, 유령, 신, 악마, 천사, 외계인, 지적인 설계자, 정부 및 기업의 음모자, 힘과 고의적인 의도를 가진 보이지 않는 모든 종류의 행위자가 우리 세계에 출몰하고 우리 삶을 통제한다고 믿는다. 예를 들어 어두운 방에서 빛을 반사하는 점이 움직이는 것을 보는 피험자는 특히 점이 두 다리와 두 팔 모양을 하고 있다면 그 점이 사람이나 의도적인 행위자를 나타낸다고 추론한다.[44] 아이들은 태양이 생각을 하며 자신을 따라다닌다고 믿는다. 태양 그림을 그려달라는 요청을 받으면 종종 웃는 얼굴을 추가하여 태양에 행위자성을 부여한다.[45] 영국 브리스톨대학교의 피터 브루거Peter Brugger와 크리스틴 모어Christine Mohr가 실시한 실험에 참여한 피험자는—학습 및 패턴 찾기에 대한 보상과 강화에 관여하는 뇌의 화학적 전달 물질인—도파민을 투여받은 경우, 우연에서 의미를 발견하고 아무 의미도 없는 곳에서 의미와 패턴을 찾아낼 가능성이 더 높았다.[46] 또 다른 연구에서 브루거와 모어는 유령, 신, 정령, 음모를 믿는다고 자처하는 20명과 그러한 주장에 회의적이라고 자처하는 20명을 비교했다.[47] 연구진은 모든 피실험자에게 사람의 얼굴로 구성된 일련의 슬라이드를 보여줬는데 그중 일부는 정상적인 얼굴이었고 또 일부는 다른 얼굴의 눈이나 귀, 코로 바꾸는 등 얼굴의 부분이 뒤섞여 있었다. 또 다른 실험에서는 실제 단어와 뒤섞인 단어가 화면에 번쩍였다. 일반적으로 과학자는 신자가 회의주의자보다 뒤섞인 얼굴을 진짜 얼굴로 잘못 평가하고 뒤섞인 단어를 정상으로 읽을 가능성이 훨씬 더 높다는 것을 발견했다.

의미 있는 잡음과 무의미한 잡음 모두에서 계시적 패턴을 발견하려는 인간의 성향과 결합하여, 패턴성과 행위자성은 음모 효과(똑똑한 사람들이 겉으로 보기에 합리적인 이유로 뻔하게 잘못된 것을 믿는 이유)와 함께 음모적 인식(사람들이 음모를 믿는 이유)의 기초를 형성한다. 음모론에는 당연히 숨겨진 배후의 행위자, 우리가 딥스테이트, 로스차일드 가문, 록펠러 가문, 일루미나티의 음악에 맞춰 춤을 출 때 정치와 경제를 조종하는 꼭두각시 주인이 등장한다. 심리학자 조슈아 하트와 몰리 그레이더는 (2장에서 논의한) 음모 성격 유형에 대한 연구에서 다음의 사실을 발견했다. 음모론을 믿을 가능성이 높은 사람들은 "컴퓨터 화면에서 움직이는 삼각형 모양 같은, 인간이 아닌 물체가 마치 생각과 목표를 가지고 있는 것처럼 의도적으로 행동한다고 말할 가능성이 더 높았다. 즉 다른 사람이 보지 못한 곳에서 의미와 동기를 추론해 낸다."[48] 이것이 바로 패턴성과 행위자성이 작동하는 방식이다.

마지막으로 음모론 신봉자는 얼마나 편집증적일까? 이 질문은 롤랜드 임호프Roland Imhoff와 피아 램버티Pia Lamberty가 '편집증과 음모론 믿음 사이의 연결과 단절에 대한 더 세분화된 이해'를 위해 던진 질문이다. 이 연구자들은 한 건의 메타 분석과 두 건의 상관관계 연구를 조사하여 둘 사이의 연관성을 추정하고 다음과 같은 결론에 도달했다.

둘 다 타인의 불길한 의도를 가정하지만 음모론에 대한 믿음은 편집증(모든 사람)보다 타인이 누구인지(권력 집단)에 대해 더 구체적이다. 반대로 편집증은 음모론(사회 전체)보다 부정적인 의도의 대상이 누구(자기 자신)인지에 대해 더 제한적이었다. 이러한 점과 음모 믿음이 (편집증 같은) 개인 (간의) 통제 및 신뢰가 아니라 정치적 통제 및 신뢰와 뚜렷한 연관성을 보인다는 점을 고려할 때, 우리는 음모 믿음이 정치적 태도를 반영하는 반면 편집증은 자기 관련 믿음이라는 점에서 두 가지를 서로 다른(비록 상관관계는 있지만) 구성으로 취급할 것을 제안한다.[49]

편집증과 건설적 음모주의는 정확히 같은 의미는 아니다. 그렇지 않다면 우리는 그냥 한 가지 용어를 사용할 수 있다. 하지만 음모주의자의 마음속에는 두 가지의 영향력이 겹쳐 있으며 이는 부인할 수 없는 사실이며 때로는 치명적일 수도 있다.

◆◆◆

건설적 음모주의와 유형 II 오류─거짓 부정 또는 음모를 인식하지 못하는—를 결합하면 풀숲의 바스락거리는 소리를 위험한 포식자로 인식하지 못하는 포식 동물처럼 치명적인 결과를 초래할 수 있다. 역사 속 사례는 풍부하다.

1. **욤 키푸르 전쟁** 1973년 10월 6일, 이집트와 시리아가 이끄는 아랍 국가 연합이 유대교에서 가장 성스러운 날인 욤 키푸르(속죄일)에 이스라엘을 기습 공격하여 수에즈 운하를 건너 시나이 반도로 거의 아무런 저항도 받지 않고 진격했다. 이스라엘이 방어 대응에 나서 공격을 격퇴하는 데 며칠이 걸렸지만 잠재적 적의 음모를 알아차리지 못했기 때문에 이스라엘은 이제 국가 존립을 뒤흔드는 잠재적 위협에 대해 극도로 경계하게 되었다.[50] 이것이 바로 건설적인 음모주의다.

2. **바르바로사 작전** 1941년 6월 22일 일요일, 소련을 기습 침공한 나치의 암호명이다. 평소 편집증적인 소련의 독재자 이오시프 스탈린은 사방에 음모가 도사리고 있다고 생각했다. 하지만 나치 독일과 소련 간의 평화를 보장하는 몰로토프-리벤트로프 조약의 파트너인 아돌프 히틀러가 소련 국경 근처에 수십만 명의 병력과 장비를 모으고 있고 영국 최고사령부가 이 사실을 스탈린에게 알렸음에도 불구하고 자신을 배신할 것이라고 인식할 만큼 건설적인 편집증은 아니었다.[51] 스탈린은 충분히 건설적으로 음모적이지 못했다.

3. **Z 작전 또는 하와이 작전** 1941년 12월 7일 진주만에 대한 일본의 기습 공격으로 미국은 허를 찔렸다. 일본군의 행동을 보면 미국과의 전쟁이 임박했음이 충분히 명백했지만 이미 일본은 중국과 전쟁 중이었고 미국과의 외교 관계가 단절된 상태였기 때문에 미

국 지도자들은 전쟁이 미국에서 수천 마일이나 가까운 하와이에서가 아니라 극동 지역에서 일어나리라고 믿었다. 후판단 편향이 본격적으로 작동하면서 많은 음모론자는 프랭클린 D. 루스벨트 대통령이 공격이 일어날 것을 예상하지 못했을 거라고 믿을 수 없었기 때문에 그가 공격에 가담했거나 공격이 일어나도록 내버려 두었다고 주장했다. 더 심각한 문제는 단순히 루스벨트가 충분히 건설적으로 편집증적이지 않았다는 점이다.[52]

이러한 사례는 군사 역사에서 나온 것이지만 세상은 국가뿐만 아니라 개인에게도 위험한 곳이기 때문에 건설적 음모주의가 종종 필요하다는 더 깊은 원칙에서 벗어나서는 안 된다. 음모에 대한 정의(두 명 이상의 사람, 집단이 비도덕적이거나 불법적으로 이득을 얻거나 타인에게 해를 끼치기 위해 비밀리에 모의하거나 행동하는 것)를 적용해보면 얼핏 보기만 해도 음모가 역사의 흐름에 극적으로 영향을 미쳤으며 현대 사회에서도 여전히 작동하고 있음을 알 수 있다. 이 분야의 몇 가지 사례만으로도 요점을 설명하기에 충분하며 이 중 일부는 책의 후반부에서 더 자세히 다룰 것이다.

- 율리우스 카이사르는 기원전 44년 3월 15일 로마 원로원 의원들의 음모에 의해 칼에 찔려 죽었다.
- 1605년의 화약 음모 사건은 잉글랜드의 가톨릭 신자들이 제임스 1세 국왕을 암살하기 위해 의회 개회식에서 하원을 폭파하려던 사건이다. 이 음모는 며칠 전에 발각되어 무산되었고 음모자들은 체포되어 재판에서 유죄 판결을 받고 처형되었다.
- 1776년, 일군의 엘리트 군인들이 조지 워싱턴의 경호원으로 배

치되었는데 이들 중 일부는 국왕파였던 뉴욕 주지사와 뉴욕 시장의 명령에 따라 미래의 미국 초대 대통령을 암살할 음모를 꾸미고 있었다. 이들의 계획은 비밀을 유지하지 못한 음모자들의 무능함으로 인해 실패로 돌아갔다.

- 에이브러햄 링컨은 남북전쟁의 결과에 분노한 남부 백인들의 음모에 의해 암살되었는데 남북전쟁 자체가 미국 역사상 가장 큰 음모라고 할 수 있으며, 불법적으로 미합중국에서 탈퇴하려는 남부 패거리에 의해 선동된 것이었다.

- 제1차 세계대전은 '검은 손'이라 불리는 세르비아 분리주의 비밀 결사가 오스트리아의 프란츠 페르디난트 대공 암살을 공모한 후 발발했고 이는 8월의 총포에서 분출된 군비 경쟁과 수백만 명의 죽음을 초래한 분쟁의 시작으로 이어졌다.

- 1950년대, 음모론에 사로잡힌 조지프 매카시 상원의원은 지금은 악명 높은 의회 청문회에서 그의 확신에 따르면 미국을 파괴하려는 공산주의자들의 음모를 밝혀내기 위해 마녀사냥에 나섰다.

- 1960년대 케네디 행정부에서 작성된 문서인 노스우드 작전은 쿠바에 대한 군사 개입을 정당화하기 위해 수행할 수 있는―그 자체가 일종의 음모인―여러 가지 위장 작전을 제안한 문서이다. 여기에는 관타나모만 미군 기지에 대한 가짜 공격, 가짜 러시아 미그기를 사용하여 실제 미국 민간 여객기를 교란하는 것, 미국 선박에 대한 공격을 쿠바인이 한 것처럼 위장하는 것, '마이애미에서 공산주의 쿠바 테러 캠페인'을 전개하는 것 등의 아이디어가 포함되었다. 이러한 말도 안 되는 아이디어 중 어느 것도 실행되지는 않았지만 케네디 행정부의 고위 인사들이―단지 아무 말이나 막 하는 회의였다고 해도―이러한 아이디어를 고려했다는

사실은 정부의 고위 인사들도 자신의 목적을 달성하기 위해 다른 사람들에 대해 얼마나 기꺼이 음모를 꾸미는지 보여준다.

- 1970년대에 워터게이트 사건은 멍청이들의 음모로서 두각을 나타내며 펜타곤 페이퍼는 케네디, 존슨, 닉슨 행정부가 의회 승인 은커녕 의회 몰래 베트남 전쟁을 확대하기 위해 얼마나 많은 음모를 꾸몄는지를 드러냈다. 케네디는 피델 카스트로 암살을 모의했고, 존슨은 취임 후 이 사실을 은폐하려 했으며, 닉슨은 대통령 권력에 대한 독특한 견해를 드러내는 대통령 집무실에서의 대화를 비밀리에 녹음했다는 사실을 이제 우리는 알고 있다. 나중에 데이비드 프로스트와의 인터뷰에서 그는 이 견해를 이렇게 요약한 바 있다. "글쎄요, 대통령이 그렇게 한다면 그것은 불법이 아니라는 뜻입니다."[53]

- 1980년대 이란-콘트라 인질 무기 거래 스캔들은 제1차 세계대전 이후 음모주의자가 우려했던 것, 즉 과거 수세기 동안 흔했던 쿠데타를 통한 정부 기관 탈취가 아닌 합법적으로 선출된 음모자들의 권력 찬탈을 구체화한 음모였다.

- 1990년대 아이다호주 루비 리지의 랜디 위버Randy Weaver와 그의 가족, 텍사스주 와코의 데이비드 코레쉬David Koresh와 다윗교 지부에 대한 정부의 과잉 진압으로 음모를 꾸미는 민병대 운동이 부상했고, 이는 티모시 맥베이Timothy McVeigh의 오클라호마시티 연방 건물 폭탄 테러로 절정을 이뤘다.

- 2000년대 조지 W. 부시 행정부는 이라크가 대량살상무기WMD를 개발하고 있다는 음모론을 만들어 이라크 침공의 명분으로 삼았지만 사찰단이 WMD를 발견하지 못하면서 거짓임이 드러났다. 위키리크스는 9/11 테러 직후 미국 국가안보국과 기타 정부 기

관이 미국인과 외국 지도자들을 감시하기 위해 얼마나 많은 음모를 꾸몄는지를 폭로했다.

조지 오웰은 제2차 세계대전 직후의 논평에서 우리에게 이렇게 경고했다. "코앞에 있는 것을 보려면 끊임없는 투쟁이 필요하다. 요점은 우리 모두는 사실이 아닌 것을 알면서도 믿을 수 있으며 마침내 틀렸다는 것이 증명되면 우리가 옳았다는 것을 보여주기 위해 뻔뻔스럽게 사실을 왜곡할 수 있다는 것이다. 지적으로 말해 이 과정은 무한정 지속될 수 있다. 조만간에 거짓된 믿음이 전쟁터에서 확고한 현실과 부딪히는 것이 유일한 견제이다."[54] 다시 한번 현실은 녹록하지 않다.

5 장   **음모주의의 사례 연구**

주권 시민 음모론

2021년 7월 3일, 미국인은 한 무리의 중무장한 남성들이 밤새 도로변에서 대치하다 매사추세츠 경찰에 무사히 체포되었다는 기괴한 이야기를 들으며 잠에서 깨어났다.[1] 새벽 1시 30분, 보스턴 북쪽 95번 주간 고속도로의 길가에서 경찰이 이들을 발견했고 운전자들은 메인주의 '훈련' 캠프로 가는 길이라고 말하며 차량에 탑승하고 있었다. 그들이 훈련하려는 것이 무엇이든 간에 분명히 총기와 관련된 훈련이었던 것 같다. 주 경찰이 AR-15 소총 세 자루, 권총 두 자루, 볼트 액션 소총 한 자루, 산탄총, 단경 소총, 다량의 탄약, 대용량 탄창, 방탄복 등 불법 소지품을 압수했기 때문이다. 미국 시민이라면 불법이지만 이 특수한 집단의 구성원—라이즈오브더무어스Rise of the Moors라고 불리는 흑인 분리주의자—은 자신들에게는 불법이 아니라고 주장했다. 당신은 이렇게 물을 수 있다. 그렇다면 그들은 어느 나라의 시민이었을까? 어느 나라의 시민도 아니다. 이 단체의 웹사이트에 따르면 이 단체는 "우리는 미국 시민이 아니기 때문에 미국 정부가 아닌 우리 자신의 법에 따라 평등한 정의를 추구한다"라고 말한다. 따라서 "우리는 미국 정부에 납세 의무가 없다."[2]

이 이야기를 보면서 나는 대학 학부생 때 처음 접했던 주권 시민 음모론이 곧바로 떠올랐다. 나는 룸메이트와 세금 세미나를 들은 적이 있는데 거기서 의회가 소득세를 부과할 수 있는 권한을 부여한 수정헌법 제16조가 법적으로 비준되지 않았기 때문에 세금을 낼 필요가 없다는 말을 들었다. 거기서는 또 국세청에 대한 길고 자세한 역사를 설명한 후 세금 신고를 하지 말라는 조언과 함께 국세청 직원이 찾아오면 어떻게 행동하고 말해야 하는지에 대한 지침도 들었다. 이는 정부 기관이 시민 모르게 불법적으로 시민에게 이익을 얻는다는 일종의 음모론이었다. 세미나실에 앉아 있는 동안 내게는 그 번드르르한 발표가 내적으로 일관성 있고 논리적으로 그럴듯해 보였다. 하지만 나중에 곰곰이 생각해 보니 사실이라면 아무도 소득세를 내지 않을 것이기 때문에 그럴 리가 없을 것 같았다. 안타깝게도 내 룸메이트는 그 말대로 해서 몇 년 동안 세금을 내지 않았고 결국 국세청에 발각되어 처벌을 받았다.

나는 2013년 8월 오리건주 포틀랜드 법원에 사람들이 심리적으로 왜 그런 사기에 빠지는지를 설명하는 전문가 증인으로 출석했을 때 이 사건을 생각했다. 그 소송은 미국 대 마일스 J. 줄리슨 Miles J. Julison 소송이었고 2007년 금융 위기로 큰 손실을 본 한 부동산업자가 연루되어 있었다.[3] 그해 그는 세금 신고서에 '기타 소득'으로 58만 3151달러를 국세청IRS에 신고하면서 전액을 소득세로 원천징수 당했다고 주장했다. 줄리슨은 이자 소득과 관련된 세금 신고서인 IRS 1099-OID 양식을 8개 제출하면서 41만 1773달러의 환급을 요청했다. IRS에 따르면 OID, 즉 최초 발행 할인은 "이자의 한 형태이다. 이는 만기 시 채무 상품의 명시된 상환 가격이 발행 가격을 초과하는 금액이다." 1099-OID는 구매 시 할인된 채권 및 어음과 같은 채무 상품에 적용되며 세금은 상품의 실제 가치와 할인된 구매 가격의 차액이다. 1099-OID 사기는 과세 대상 소득을 줄이려고 허위 원천 징수 정보가 포함된 1099-OID 양식을 제출하는 것이다. 놀랍게도 국세청은 줄리슨에게 41만 1773 달러의 수표를 보냈고 그는 이 수표를 주택 대출금과 신용카드 대금을 갚고 메르세데스 벤츠와 보트를 구입하는 데 사용했다. 성공에 고무된 줄리슨은 다음 해에 230만 달러의 이자 소득을 신고하고 150만 달러의 환급을 요구했다. 하지만 이번에는 환급 수표 대신 국세청의 조사를 받았고 결국 법정에 서서 유죄 판결을 받고 감옥에 갇혔다.

이 특별한 세금 사기는 음모적인 성향을 가진 세금 저항자, 특히 스스로 주권 시민이라고 부르는 사람들 사이에서 인기가 있다. 이들은 미국 정부가 사실은 국제통화기금과 영국 은행이 소유한 기업이며 미국에서 태어난 모든 어린이마다 100만 달러가 든 비밀 계좌가 있어 이를 통해 글로벌 금융 시스템의 노예가 되게 만든다고 주장한다.[4] 주권 시민은 이 돈이 그들에게 '환급'되어야 한다고 생각하며 1099-OID는 그들이 사용하는 많은 도구 중 하나이다. 주권 시민은 자신들이 신에게 권리를 부여받은 '자연 시민'이기 때문에 연방 관할권에서 면제된다고 믿는다. 나머지 우리 보잘것없는 사람들은 수정헌법 14조에 의해 해방되었지만 권리가 더 적은 노예인 '수정헌법 14조 시민'이다. 따라서 주권 시민은 자신들이 연방 관할권의 대상이라고 여기지 않으며 정부 화폐(그런 극우 집단에서는 금이 인기 있음)를 인정하지 않고 과세가 불법이라고 주장한다. 그들은 연방법을 믿지 않으며 일부는 법 집행 기관을 비롯한 침입자가 자신에게 '전쟁 행위'를 저지르고 있다고 말하는 '주권 영토' 표지판을 자신의 소유지에 게시하기도 한다. FBI는 이들을 국내 테러 위협 분자로 분류하고 있으며, 남부 빈곤 법률 센터는 약 10만 명의 '극렬 주권 신봉자'가 있는 것으로 추산한다.[5]

자칭 주권 시민인 마일스 J. 줄리슨은 법원의 재판권을 인정하지 않았고 자신을 변호하기를 거부했다. 게다가 아내와 두 자녀가 있고, 그에게 불리한 압도적인 증거가 있으니 형량을 줄이기 위해 유죄를 인정하는 게 좋겠다고 조언한 국선 변호사—나를 이 사건에 소개한 변호사—와의 협력도 거부했다. 법정 기록에 나와 있고 법정에서 줄리슨이 반복해서 말하는 것을 들은 대로 그는 다음과 같은 다양한 의견을 제시했다.

공식적으로 말씀드리지만 저는 몸소in propria persona 이 자리에 왔습니다. 저는 그리스도 예수의 피조물인 마일즈 조지프Miles Joseph입니다. 본인은 UCC 1-308, 독립선언서, 눈크 프로 툰크nunc pro tunc, 프라이테레아 프레테레아praeterea pretera, 그리고 국가 없이도 침해할 수 없고 양도할 수 없는 모든 권리를 보유합니다. 나의 사법권은 관습법, UCC 1-103과 일치합니다. 본인은 위증죄(28 U.S.C. 7146, 1항)에 해당하지 않으므로 이 법원의 모든 증언을 정당하게 거부합니다. 저의 침묵이 어떠한 계약도 배제하지 않습니다.[6]

UCC는 상거래를 규율하고 미국 상법을 모든 주에서 표준화하기 위해 1952년 법으로 제정된 통일 상법전이다. 줄리슨은 이 언어와 규정을 마치 부적처럼 반복해서 외웠다. 순서에 맞게 반복하면 자신을 자유롭게 해주는 마법의 물건처럼 말이다. 법정 밖에서 점심시간을 보내는 동안 줄리슨이 우연히 내 옆을 지나가길래 나는 그에게 주권 시민의 주장을 정말 믿는지 아니면 돈만 노린 것인지 물어봤다. 나는 증언을 마치고 집에 가는 길이었으므로 내게는 정직하게 말해도 됐다. 그는 다음과 같이 단호하게 대답할 만큼 자신의 믿음에 대해 분명한 태도를 보였다. "미국은 델라웨어주에 있는 법인입니다. 나는 미국의 웹사이트에서 바로 등록 서류를 인쇄했습니다. 어떤 것이든 논쟁하기 전에 관할권이 확립되어야 합니다." 그래서 나는 법정에서 그가 주권 시민인 척하는 사기꾼이 아니라 진정한 음모주의자라고 생각한다는 내 증언을 언급하며 "당신이 진정한 신자라는 저의 설명이 사실입니까?"라고 물었다. 줄리슨은 "나는 어린 양의 피를 믿습니다"라고 성경적으로 대답했다.

◆◆◆

주권 시민은 더 크고 오래된 음모론의 최근 사례에 불과하다. 과거에 포세 코미타투스Posse Comitatus('국가의 힘'이라는 뜻의 라틴어)라고 불법 행위를 진압하거나 영토, 국가를 방어하기 위해 법 집행 기관이 관습법적으로 동원하는 민병대에서 이름을 딴 미국 우파 포퓰리즘 운동이 있었다(멕시코 무법자를 사냥하기 위해 총을 든 시민들로 구성된 '민병대posse'를 모집하는 서부 영화 〈황야의 7인The Magnificent Seven〉에서 볼 수 있듯이).[7] 1878년 의회에서 통과되고 러더퍼드 헤이즈Rutherford B. Hayes 대통령이 서명한 포세 코미타투스 법은 연방 정부가 국내법을 집행하기 위해 연방군을 고용할 수 있는 권한을 제한하는 것이지만 음모주의자 사이에서는 범법자를 추적하기 위해 거친 서부에서 시민이 자발적으로 민병대를 결성하는 것과 연관되어 있다.[8] 1960년대에 이르러 이러한 형태의 자조적 정의는 스스로 포세 코미타투스라고 부르며 생존주의를 실천하기 위해 숲으로 떠난 시민 집단[오늘날의 "프레퍼(preppers, 위기나 재난 등에 대비하는 사람을 뜻함-옮긴이)"]으로 변모했다. 이는 1990년대 미국의 루비 리지와 웨이코 지역에서 정부의 과잉 대응에 반발한 민병대 운동이 부상하는 데 영감을 주었다. 이 모든 것이 무엇으로 이어졌는지 이제 이해가 가는가.

포세 코미타투스 음모론은 **국가**가 아닌 **카운티**가 합법적인 최고 수준의 정부이며 **카운티 보안관**이 최고위급 법 집행 요원이라고 주장한다. 따라서 이 음모론을 믿는 이들은 모든 채무를 거부하고 연방 및 주 세금을 납부하지 않을 뿐만 아니라 정부에서 발급한 운전면허증을 거부하고 가짜 법률 및 금융 문서를 발급하며 금본위제, 연방준비제도, 국제 은행가와 관련된 정교한 음모론을 만들어낸다. 포세 코미타투스는 백인 우월주의 기독교 정체성 운동과도 연관 있는데 그들의 사명은 포세 코미타투스의 주요 창립자인 윌리엄 포터 게일William Potter Gale이 행한 라디오 설교에서 잘 포착된다. 그는 이렇게 선언했다. "이 나라와 정부는 기독교인인 백인 남성과 백인 여성에 의해 설립되었습니다. 그들은 광야를 가로질러 싸워 위대한 국가를 건설했습니다. 우리 조상이 받드는 신의 이름으로 이 나라는 백인의 땅, 백인의 정부로 남을 것입니다."[9]

이러한 음모론과 유사 음모론의 결과로 주권 시민, 포세 코미타투스, 기독교 정체성 운동의 신자는 연방 및 주 법 집행을 합법적인 것으로 인정하지 않는다. 2010년 5월 20일 아칸소주 웨스트 멤피스에서, 일상적인 차량 검문을 위해 두 명의 주 경찰관이 차를 길 한쪽으로 세우게 하자 주권 시민 음모론자 제리 케인 Jerry Kane이 폭력 사태를 벌인 것은 믿음이 행동을 이끄는 방식과 거짓 음모론을 믿는 것의 위험성을 보여주는 예이다. 케인이 경찰과 주먹다짐을 벌일 때 케인의 16세 아들이 아버지의 AK-47 소총을 들고 차에서 뛰어내려 두 경찰을 쏴 죽였다. 이후 아버지와 아들은 추적하던 경찰에게 쫓겨 월마트 주차장에서 궁지에 몰렸고, 그곳에서 경찰에 의해 사살되었다.[10] (망상임에도) 자신의 믿음을 위해 이토록 무모할 수 있는가! 음모론의 토끼굴을 더 깊이 파고 들어가면 일부 음모주의자는 연방 정부 건물을 유대인 '적 정부'의 기지로 간주하며 때로는 시오니스트 점령 정부ZOG로 표현하기도 한다. 따라서 기독교 정체성 운동의 신자인 테리 니콜스 Terry Nichols가 티모시 맥베이로 하여금 1995년 오클라호마시티의 알프레드 P. 머라 연방 빌딩을 폭파하는 것을 방조한 사건은 놀라운 일이 아니다. 음모주의는 기발한 것을 훨씬 뛰어넘어 치명적일 수 있다.

어떻게 그런 음모론을 믿게 되는가? 나는 오리건주에서 벌어진 주권 시민 음모론과 유사한, 하와이의 또 다른 법정 소송에서 이 질문에 답하려고 했다. 이 재판은 소득세 납부가 의무가 아니라 자발적이라고 주장하는 사기 사건과 관련이 있었다. 이 사건에서 내가 검토한 수십 개의 문서와 동영상 강의 중 하나는 세무 컨설턴트가 고객에게 이렇게 말한 것이었다. "미국 개인 소득세 신고서 양식 1040을 제출하는 것은 전적으로 자발적입니다. 국세법에는 개인이 소득세를 납부해야 한다는 구체적이고 명백한 규정이 없기 때문에 민간 부문에서 일하는 사람은 소득세를 신고하거나 납부할 의무가 없습니다."[11]

이 음모론을 믿은 하와이의 한 시민은 수년 동안 소득세를 납부하지 않아 452만 7614달러의 세금 체납액이 쌓였다. 이 사건은 결국 법정 밖에서 국세청과의 합의로 해결되었고 국세청은 이자와 벌금을 더한 금액을 받은 것으로 추정된다(하와이로 향하는 비행기에 탑승하려던 찰나에 합의가 이루어졌기 때문에 오지 말라는 연락을 받았는데 이런 경우는 종종 있는 일이다). 참고로 소득세 납부는 자발적으로 하는 것이 **아니다**. 이 사건에서 나는 변호인에게 어떻게 그리고 왜 음모론을 믿게 되는지를 정확하게 설명하는, 10가지 구성 요소로 된 믿음에 대한 보고서를 작성하라는 과제를 받았다. 음모주의의 심리에 대한 개괄적인 설명으로, 다음은 그 10가지 구성 요소이다.[12]

1. **뇌는 믿음 엔진이다** 인간은 숙련된 패턴 찾기 동물로 진화했지만 이전 장에서 살펴본 것처럼 두 가지 유형의 사고 오류, 즉 유형 I 오류(거짓을 믿는 오류)와 유형 II 오류(진실을 거부하는 오류)가 남아 있다. 어떤 경우에는 이 두 가지 오류 중 어느 것도 우리를 자동으로 죽게 만들지 않으므로 우리는 이 오류를 안고 살아갈 수 있다.[13] 믿음 엔진은 우리가 생존할 수 있도록 진화한 메커니즘으로 우리는 유형 I과 유형 II 오류를 저지르는 것 외에도 유형 I 적중(거짓을 믿지 않는 것)과 유형 II 적중(진실을 믿는 것)이라고 부를 수 있는 것에 관여하기 때문이다. 따라서 믿음 엔진은 특정 모드의 적중과 오중을 만들어내는 영역 일반 프로세서이다. 우리는 환경에 대해 **무언가**를 믿어야 하며 이러한 믿음은 경험을 통해 학습

되지만 믿음을 형성하는 과정은 유전적으로 단단하게 연결되어 있다. 믿는 것은 인간의 본성이다. 따라서 우리는 유형 I과 유형 II 의 오류와 유형 I과 유형 II 의 적중을 모두 수행하기 때문에 적절한 조건하에서는 많은 잘못된 믿음이 회의라는 필터를 통과할 것이다. 다음의 구성 요소들은 그러한 조건을 간략하게 설명한다.

2. **믿음은 권위에 의해 강화된다** 인간은 어리고 경험이 부족할 때 현명한 부모나 권위자에게 지침을 구하는 위계적인 사회적 종이다. 우리는 권위 있는 위치에 있는 사람들에 대해 의무감이나 책무감을 느낀다. 제약회사 광고주가 의사를 캠페인 전면에 내세우는 이유도, 우리가 상사가 요구하는 대부분의 일을 하는 이유도 바로 이 때문이다. 직함, 유니폼, 심지어 자동차나 간단한 도구 같은 액세서리까지도 권위적인 분위기를 풍기며 이러한 사람의 말을 받아들이도록 설득할 수 있다.[14]

권위에 대한 복종은 예일대학교의 심리학자 스탠리 밀그램 Stanley Milgram이 평범한 선량한 독일인이 어떻게 극도로 사악한 나치가 되었는지를 이해하기 위해 수행한 유명한 충격 실험의 기초가 되었다.[15] 밀그램은 실험 대상자에게 가스를 주입하거나 총을 쏘게 할 수 없었기 때문에 합법적이고 치명적이지 않은 대체 수단으로 전기 충격을 선택했다. 밀그램은 '기억 연구'라는 이름의 실험에 참여할 피험자를 찾기 위해 예일대 캠퍼스와 인근 코네티컷주 뉴헤이븐 지역 사회에 광고를 냈다. 그는 이런 유형의 과학 실험에 흔히 실험 대상으로 참여하는 학부생뿐만 아니라 "공장 노동자, 시 직원, 노동자, 이발사, 사업가, 사무원, 건설 노동자, 판매원, 전화 노동자"를 구한다고 말했다.

그런 다음 밀그램은 처벌이 학습에 미치는 영향에 대한 연구라는 명목으로 피험자에게 '교사' 역할을 맡겼다. 이 실험에서는 피험자가 '학습자(실제로는 밀그램과 한통속의 팀원이었다)'에게 짝을 이룬 단어 목록을 읽어준 다음, 각 단어의 첫 번째 단어를 다시 제시하고 학습자가 두 번째 단어를 떠올리도록 요구했다. 학습자의 대답이 틀릴 때마다 교사는 토글 스위치가 있는 상자―'약한 충격' '보통 충격' '강한 충격' '매우 강한 충격' '강렬한 충격' '극심한 충격' '위험: 심각한 충격, xxxx'라는 표시가 되어 있는―에서 15볼트 단위(15볼트부터 최대 450볼트까지)로 전기 충격을 가하기로 되어 있었다. 실험 전 설문 조사에 응한 40명의 정신과 의사들은 실험 대상자의 1퍼센트만이 최대 상한까지 누를 것이라고 예상했지만 실험을 완료한 피험자의 65퍼센트가 마지막 토글 스위치를 눌러 450볼트의 충격적인 전압을 전달했다.

최대 충격을 전달할 가능성이 가장 높은 사람은 누구일까? 놀랍게도―그리고 반직관적이게도―성별, 나이, 직업, 성격 특성은 결과에 거의 영향을 미치지 않았다. 젊은이와 노인, 남성과 여성, 블루칼라와 화이트칼라 근로자 모두 비슷한 수준의 처벌을 가했다. 가장 중요한 것은 물리적 근접성과 집단적 압박이었다. 학습자가 교사와 가까울수록 교사가 주는 충격은 덜했다. 교사가 더 강력한 충격을 가하게 하려고 교사 동료들을 더 추가했을 때 대부분의 교사는 충격 정도를 늘렸다. 그러나 동료가 권위자의 지시에 반항하면 교사도 똑같이 복종하기를 꺼렸다. 그럼에도 밀그램의 피험자 모두는 적어도 135볼트의 '강한 충격'을 전달했다.[16]

적용: 대학 심리학자가 명령을 내리는 사람의 권위만 강조해도 평범한 사람이 무고한 사람에게 위험한 충격을 줄 수 있다면 사이비 종교 지도자나 음모론자가 권위 있는 방식으로 자신의 주장을

전달하면 사람들에게 그 정당성을 설득하기가 얼마나 더 쉬울까?

3. **믿음은 동료들에 의해 강화된다(사회적 증거)** 이 원칙은 '수가 많으면 안전하다'는 감각에 의존한다. 팀원들이 모두 야근하면 나도 야근을 하고, 병에 돈이 많이 들어 있으면 나도 팁을 넣고 사람들로 붐비는 식당에서 나도 식사를 할 가능성이 더 높다. 여기서 우리는 다른 많은 사람이 무언가를 하고 있다면 그건 해도 괜찮은 것이라고 가정한다. 우리는 특히 불확실하다고 느낄 때 이 원리에 취약하며 주변 사람이 나와 비슷해 보이면 영향을 받을 가능성이 더욱 커진다. 그렇기 때문에 생활용품을 광고할 때 유명인이 아닌 평범한 엄마를 섭외하고, TV 프로그램에서 녹음된 웃음소리를 사용하는 것이다. 사회적 증거는 다른 사람이 얻은 지식과 지혜로 얻는 지름길이다. 사회적 증거에 반하는 행동을 하는 것보다 사회적 증거에 따라 행동하는 것이 실수를 줄이는 방법이다. TV쇼 〈누가 백만장자가 되고 싶은가?〉의 '청중 투표'와 같이 항아리에 든 젤리빈의 개수를 맞히는 간단한 작업의 경우, 적당한 규모의 청중은 평균적으로 정답의 몇 퍼센트 포인트 이내에서 정답을 추측할 것이다.[17]

적용: 음모론은 종종 호텔 회의실에서 직접 만나거나 온라인 채팅방에서 여러 사람이 모인 그룹에서 전달된다. 구성원 사이에는 동지애 감정이 있어 그 주장이 어느 정도 타당하다는 사회적 증거를 제공한다.

4. **믿음은 호감과 다른 믿음의 유사성에 의해 강화된다** 우리는 좋아하는 사람에게 영향을 받을 가능성이 더 높다. 호감도는 다양한 형태로 나타나는데 나와 비슷하거나 친숙한 사람일 수도 있고, 우리를 칭찬하는 사람일 수도 있으며, 단순히 신뢰하는 사람일 수도

있다. 커뮤니티 내에서 영업사원을 활용하는 기업들은 이 원리를 매우 성공적으로 활용한다. 사람들은 자신과 비슷한 사람, 친구, 아는 사람, 존경하는 사람에게서 구매할 가능성이 더 높다.[18]

적용: 음모론은 특히 '선한' 집단을 해치려는 다른 집단—일반적으로 정부 기관이나 기업 또는 악한 패거리—과 대조적으로 구성원 간의 유사성을 강조하는 경우가 많다.

5. **믿음은 보상, 성공, 행복을 통해 강화된다** 당신이 가입한 단체는 중독을 끊고, 나쁜 습관을 고치고, 결혼 생활을 개선하고, 직업을 찾고, 돈을 버는 데 도움을 준다고 약속한다. 정의에 따르면 강화는 누군가가 어떤 행동을 반복하게 만드는 것이다. B. F. 스키너가 고전적인 실험에서 보여주었듯이 우리는 모두 보상을 추구하고 처벌을 피하려는 동기를 갖고 있다. 따라서 어떤 믿음과 관련된 행동을 강화하는 보상은 그 믿음을 강화한다.[19]

적용: 음모론, 특히 위에서 설명한 금전적인 종류의 음모론은 신자에게 음모론을 사실로 받아들이면 직접적으로(금전적 보상을 통해) 또는 간접적으로(내부 지식의 강화와 앞으로 다가올 비밀스러운 힘을 통해) 보상을 받을 수 있다고 약속한다.

6. **믿음은 확증 편향에 의해 강화된다** 이전 장에서 언급했듯이 확증 편향은 이미 존재하는 믿음을 뒷받침하는 확증적 증거를 추구하고 찾으려는 경향을 말하며 확증적이지 않은 증거는 무시하거나 재해석한다. 우리는 적중한 것은 기억하고 적중하지 못한 것은 잊어버린다.[20] 이 점을 뒷받침하는 또 다른 연구 결과가 있다. 1981년 심리학자 마크 스나이더Mark Snyder는 피험자에게 곧 만나게 될 사람의 성격을 평가하라는 과제를 주었지만 그 사람의 프로필을 먼저 검토한 후 평가하도록 했다.[21] 한 그룹의 피험자에게는

내성적(수줍음, 소심, 조용함)인 사람의 프로필을, 다른 그룹의 피험자에게는 외향적(사교적, 수다스러움, 적극적)인 사람의 프로필을 제공했다. 성격 평가를 요청받았을 때 외향적일 것이라는 말을 들은 피험자들은 그러한 결론에 도달할 수 있는 질문을 하는 경향이 있었고 내성적인 그룹은 그 반대의 경향을 보였다.

적용: 음모론은 확증 편향의 구체화로서 신자들이 음모론을 입증하는 증거를 찾고 발견하도록 유도하고, 음모론을 반박하는 증거는 무시하거나 합리화하도록 유도한다. 우리는 9/11 트루서와 JFK 암살 음모론자에게서 이러한 편향이 어떻게 작용하는지 자세히 보았다.

7. **믿음은 낙관주의와 지나친 낙관주의 편향에 의해 강화된다** 낙관주의 편향이란 자신을 평균보다 더 나은 사람으로 여기고 보통의 확률보다 성공할 가능성이 더 높다고 생각하는 경향을 말한다. 심리학자 대니얼 카너먼Daniel Kahneman은 《생각에 관한 생각Thinking, Fast and Slow》에서 "사람들은 자신이 적당히 잘하는 활동에서 자신의 상대적 위치에 대해 지나치게 낙관하는 경향이 있다"라고 말했다.[22] 하지만 낙관주의는 자칫 지나친 낙관주의로 이어질 수 있다. 예를 들어 카너먼은 듀크대학교 교수들이 최고재무책임자들CFO의 1만 1160가지 예측을 수집하고 이를 시장 결과와 비교한 결과 CFO가 "시장 예측 능력에 대해 극도로 과신했다"라는 연구 결과를 인용했다. 예측의 상관관계는 0 미만인 것으로 나타났다!

이러한 과신은 대가를 치를 수 있다. CFO를 대상으로 한 카너먼의 연구는 "S&P 지수에 대해 가장 자신감 있고 낙관적인 사람들은 자신의 회사 전망에 대해서도 과신하고 낙관적이었으며 다른 사람들보다 더 많은 위험을 감수한다는 것을 보여주었다."[23] 그는 "낙관적인 기질의 장점 중 하나는 장애물에도 불구하고 끈기를 발휘할 수 있다는 점"이라고 설명했다. 하지만 "우리 대부분은 세상을 실제보다 더 긍정적으로 보고 우리 자신의 속성을 실제보다 더 유리하게 생각하며 우리가 채택한 목표를 실제보다 더 달성 가능한 것으로 생각하기 때문에" '만연한 낙관적 편향'은 해로울 수 있다.

적용: 음모론은 낙관주의 편견을 부추기며 대개 현실이 왜곡될 정도로 지나친 낙관주의로 이어진다. 제정신이라면 누가 세금 납부가 순전히 자발적이라고 믿겠는가? 바로 지나치게 낙관적인 음모주의자뿐이다.

8. **믿음은 자기 정당화 편향에 의해 강화된다** 자기 정당화 편향은 사후에 결정을 합리화하여 자신이 한 일이 최선의 선택이었다고 자기 자신을 설득하는 경향을 말한다. 우리는 삶에서 어떤 결정을 내리면 그 이후의 데이터를 주의 깊게 살펴보고 그 결정과 관련된 모순되는 정보를 모두 걸러내어 우리가 내린 선택을 뒷받침하는 증거만 남긴다. 이러한 편향은 진로와 직업 선택부터 일상적인 구매에 이르기까지 모든 일에 적용된다. 자기 정당화의 실질적인 이점 중 하나는—이 직업을 택하든 저 직업을 택하든, 이 사람과 결혼하든 저 사람과 결혼하든, 이 제품을 구매하든 저 제품을 구매하든—어떤 결정을 내리든 객관적인 증거와 반대되는 경우에도 거의 항상 그 결정에 만족할 수 있다는 것이다.

정치학자 필립 테틀록Philip Tetlock은 《전문가의 정치적 판단 Expert Political Judgment》에서 정치 및 경제 분야 전문가들의 능력에 대한 증거를 검토했다.[24] 그는 모든 전문가가 자신의 예측과 평가를 뒷받침하는 데이터를 가지고 있다고 주장하지만 사후에 분석해 보면 그러한 전문가의 견해와 예측이 비전문가의 견해나 예측보다 더 나은 것이 없다—심지어 우연에 불과하다—는 사실을 발견했다. 그러나 자기 정당화 편향에서 예측할 수 있듯이 전문가들은 비전문가보다 자신이 틀렸다고 인정할 가능성이 현저히 낮다.[25] 또는 내가 말하고 싶은 대로 말하자면 똑똑한 사람은 똑똑하지 않은 이유로 자신의 믿음을 합리화하는 데 더 낫기 때문에 이상한 것을 믿는다.

적용: 음모론은 자기 정당화와 통하며 음모론의 지지자는 거의 항상 자신을 전문가라고 생각한다.

9. **믿음은 매몰 비용 편향에 의해 강화된다** 매몰 비용 편향이란 어떤 믿음에 매몰된 비용 때문에 그 믿음을 굳게 믿는 경향을 말한다. 우리는 주식 손실, 수익성 없는 투자, 실패한 사업, 실패한 인간관계에 매달린다. 귀인 편향이 억제된 상태에서 우리는 상당한 규모의 투자를 했던 그 믿음과 행동을 정당화하기 위해 합리적인 이유를 지어낸다.[26] 이러한 편향은 과거의 투자가 왜 미래의 결정에 영향을 미쳐야 하는가 하는 기본적인 오류이다. 우리가 합리적이라면 지금부터 성공할 확률을 계산한 다음 추가 투자가 잠재적 보상을 보장하는지 결정해야 한다. 하지만 우리는 합리적인 존재가 아니다. 비즈니스에서도, 사랑에서도, 무엇보다 특히 전쟁에서도.

적용: 음모론은 사람들이 그 이론에 전념하게 함으로써 신자 명단을 유지하는 데 크게 의존한다. 개인이 이러한 믿음에 더 깊이 빠져들수록 금전적 헌신이든 심리적 투자든 그 믿음을 버리기가 더 어려워진다.

10. **믿음은 소유 효과에 의해 강화된다** 매몰 비용 편향의 기저에

깔린 심리는 경제학자 리처드 탈러Richard Thaler가 '소유 효과'라고 부르는 것으로, 소유하지 않은 것보다 소유한 것을 더 중요하게 여기는 경향을 말한다. 이 주제에 관한 연구에서 탈러는 어떤 물건의 소유자가 같은 물건의 잠재적 구매자보다 그 물건의 가치를 약 2배 더 높게 평가한다는 사실을 발견했다.[27] 한 실험에서 피험자에게 6달러 상당의 커피 머그잔을 주고 누군가 그 머그잔을 사겠다고 제안하면 얼마를 받을 의향이 있는지 물었다. 그 가격 아래로는 판매하지 않겠다고 응답한 평균 가격은 5.25달러였다. 다른 그룹의 피험자들에게 같은 머그잔을 구매하기 위해 얼마를 지불할 의향이 있는지 물었더니 평균 2.75달러를 제시했다. 소유는 그 자체로 가치를 부여하며 우리는 우리의 것을 소중히 여기는 천성을 부여받았다.

적용: 음모론은 신자에게 비밀 지식을 부여함으로써 더욱 강화되는데 신자는 이 지식이 다른 방법으로는 가질 수 없는 힘을 준다고 믿는다. 힘이 생기면 자신감이 생기고, 자신감이 생기면 과신이 생긴다.

◆◆◆

이 장에서는 음모론—특히 미국이 주권 국가로서 실제로 존재하지 않으며 세금 납부는 선택 사항이라는 교리처럼 망상적인 음모론—을 믿는 것이 개인적으로 얼마나 해로울 수 있는지 살펴보았다. 이로써 왜 사람들이 음모론을 믿는지, 그 심리를 탐구한 책의 제1부가 끝났다. 음모론 믿음에 대한 회의주의자 연구 센터의 연구 결과를 소개하는 책의 종결부에서 이 주제로 다시 돌아올 것이다.

제2부에서는 어떤 음모론이 사실인지를 판단하는 방법을 고찰할 것이다. 음모주의가 퍼지는 이유 중 하나는 음모론이 사실일 수 있으니 만일을 대비해 믿는 것이 좋다는 점 때문이다. 다음 장에서는 이러한 회의적인 진실 판단 원칙을 독자들이 이미 잘 알고 있을 여러 가지 음모론에 자세히 적용할 것이다. 제2부에서는 음모주의 심리를 이해하려는 중립적인 과학자에서 회의적인 활동가로 전환하여, 일부 음모론이 진짜라는 사실을 인정하면서도 불합리하거나 타당하지 않거나 증거에 의해 뒷받침되지 않는다고 판단되는 음모 주장을 평가하고 적절한 경우 반박할 것이다. 진짜인 음모에 대해서도 자세히 고찰할 것이다.

2부

어떤 음모론이 진짜인지
어떻게 결정하는가

과거 사건에 대한 음모론은 대개 오늘날의 정치적 의제를 담고 있기 때문에 관심을 가져야 한다. 과거에 대한 잘못된, 완전히 신화적인 견해는 오늘날에도 중요하고 심지어 결정적인 영향을 미칠 수 있다. 나치의 집권, 독일의 재무장, 궁극적으로 제2차 세계대전은 뒤통수치기 음모에 대한 독일인들의 광범위한 믿음이 없었다면 일어나지 않았을지도 모른다. 미국의 제1차 세계대전 참전에는 군수업체의 수작이 있었다는 '죽음의 상인' 음모론이 미국 국민에게 널리 받아들여진 것은 1930년대의 불운하고 재앙에 가까운 중립 법안의 서막이었다. 미국 국민이 중국 공산주의의 승리에 대한 매카시즘의 음모론을 거부했다면 매카시즘의 불행한 결과는 초래되지 않았을 것이다.

스티븐 E. 앰브로즈Stephen E. Ambrose, "음모를 말하는 작가들Writers on the Grassy Knoll", 〈뉴욕 타임스 북리뷰〉, 1992.

6장

음모 탐지 키트

음모론이 참인지 거짓인지 어떻게 구별하는가

1997년에 나는 첫 번째 책《왜 사람들은 이상한 것을 믿는가》를 홍보하기 위한 미디어 투어 중 지금은 고인인 G. 고든 리디G. Gordon Liddy의 라디오 토크쇼에 출연했다. 리디는 음모론이 이상한 믿음이라고 생각하느냐, 음모론을 믿지 말아야 하느냐고 물었다. 워터게이트 음모 사건의 배후에 있는 사람을 앞에 두고(G. 고든 리디는 리처드 닉슨 대통령의 워터게이트 사건을 주모한 사람 중 한 명이다-옮긴이) 내가 대답을 망설이면 그가 직접 답하기로 미리 설정한 질문이었다. 그는 대부분의 음모론은 거짓인데 이는 (1) 능력 (2) 정보 누출이라는 두 가지 이유 때문이라고 말했다. 리디는 대부분의 음모주의자는 입을 다물지 못하는 어설프고 더듬거리는 멍청이들이라고 말했다. 리디는 벤저민 프랭클린의 말을 인용했다. 세 사람 중 두 사람이 죽는다면 비밀을 지킬 수 있다고.

지금까지 살펴본 것처럼 일부 음모론은 사실이기 때문에 모든 음모론을 섣불리 무시할 수는 없다. 그렇다면 참된 음모론과 거짓 음모론을 어떻게 구분할 수 있을까? 음모론이 사실인지, 거짓인

그림 6.1. 신호 탐지 문제에 대한 2×2 선택 행렬. 출처: 팻 린스의 행렬 그래픽.

지, 아니면 결정할 수 없는지 판단하기 위해 어떤 지표나 알고리 듬, 경험 법칙을 적용할 수 있을까? 그것을 그림 6.1에 있는 2×2 행렬의 신호 탐지 문제라고 생각해 보자. **신호 탐지 이론**은 신호나 정보가 참 신호인지 거짓 신호인지를 평가하는 것을 목표로 한다. 신호가 참인지 거짓인지에 대한 결정을 통해 2×2 선택 행렬을 도 표화할 수 있다. 왼쪽 위 칸은 음모론이 진실임을 나타내며, 당신 이 이를 정확하게 식별한다. 이를 적중이라고 한다. 오른쪽 위 칸 은 진실이지만 당신이 거짓이라고 잘못 식별한 음모론을 나타낸 다. 이를 오중, 거짓 부정, 유형 II 오류라고 한다. 왼쪽 아래 칸 은 음모론이 거짓을 나타내며 당신은 이를 정확하게 식별한다. 이 를 적중의 또 다른 유형인 올바른 거부라고 한다. 오른쪽 아래 칸 은 음모론이 거짓이지만 당신이 진실이라고 잘못 식별하는 것 — 거짓임에도 진짜 음모라고 생각하는 것 —을 나타낸다. 이를 거짓 긍정, 유형 I 오류라고 한다.

음모론의 진실 여부를 판단하는 데 필요한 여러 가지 요소를 고려할 때 이러한 기준에 따라 네 개 칸 중 어느 칸에 나의 판단을 둘지 생각해 보라. 음모론은 매우 다양하기 때문에 모든 음모론의 진실성을 정확하게 평가할 수 있는 단일 기준은 존재하지 않는다는 점을 명심하라. 따라서 이 2×2 행렬은 어떤 주장의 진위를 평가하는 문제에 접근하기 위한 발견법, 즉 경험 법칙이라고 생각하라. 이 행렬은 아주 정확하지는 않지만 그렇다고 임의적인 추측도 아니다. 음모론이 그럴듯함의 연속체, 스펙트럼이라는 사실에서 시작하는 것이다. 이러한 스펙트럼의 예는 음모론을 1(주류)에서 10(극단)까지의 척도로 분류한 연구자 믹 웨스트의 목록이다.[1] 음모론이 1에 가까울수록 진실일 가능성이 높고 10에 가까울수록 가능성이 낮다. 다음은 이 평가 척도에 따라 순위를 매긴 웨스트의 10가지 음모론 목록과 나 자신의 요약 및 논평이다.

1. **빅파마**Big Pharma **음모론**: 제약회사가 사람들에게 실제로 필요하지 않은 약을 판매하여 수익을 극대화하기 위해 공모한다는 이론. 우리는 이런 일이 가끔 발생한다는 사실을 알고 있다. 매년 자동차 사고보다 더 많은 미국인을 사망하게 만드는 오피오이드 전염(미국에서 마약성 진통제의 처방, 중독, 과다 복용이 증가한 현상-옮긴이)이 그 암울한 예이다. 탐사 언론인 제럴드 포스너Gerald Posner가 2020년 저서 《제약: 탐욕, 거짓말, 그리고 미국의 중독Pharma: Greed, Lies, and the Poisoning of America》에서 밝힌 바와 같이, 일부 제약회사—특히 퍼듀 제약회사와 이를 소유한 새클러Sackler 가문—가 이러한 약물의 중독성을 축소하고 의사와 대중을 속이기 위해 공모한 것

으로 드러났다.[2] 그렇다고 해서 빅파마가 하는 모든 일이 음모에 의한 악행이라는 의미는 아니다. 한 번에 하나씩 살펴봐야 한다.

2. **지구 온난화 사기**: 기후 변화는 인위적인 탄소 배출로 인한 것이 아니며 기후 변화를 주장하는 배후에는 다른 동기가 있다는 이론. 그러나 지구 온난화는 실재하며 인간이 초래한 것이다. 환경의 다양한 측면을 연구하는 여러 독립적인 과학에서 나온 여러 증거를 통해 우리는 이를 확신한다.[3] 전 세계 수천 명의 과학자가 모여서 음모를 꾸미고 그러한 현상에 대한 속임수를 만들어낼 수 있는 현실적인 방법은 없다. 사실 수십 년 동안 일부 환경 단체는 인구 과잉, 열대 우림 소멸, 피크 오일(전체 매장량의 절반을 써 버려 석유 생산이 줄어드는 시점-옮긴이), 광물 자원 고갈 등 실현되지 않은 다른 많은 종말 예측에서 알 수 있듯 인간 행동의 끔찍한 영향을 과장하기 위해 음모를 꾸민 것으로 보인다. 환경운동가 폴 에를리히Paul Ehrlich가 경제학자 줄리언 사이먼Julian Simon과 지구 자원의 미래를 두고 내기를 했지만 결국 패배했듯이 말이다.[4] 지금까지 실패한 예측을 고려할 때 특히 앨 고어 부통령의 영화 〈불편한 진실An Inconvenient Truth〉이 과학과 자유주의 정치를 결합하여 지구 온난화 문제가 정치화된 이후 음모론적 생각을 하는 사람들이 더욱더 지구 온난화를 음모라고 생각하는 이유를 이해할 수 있다.

3. **JFK 암살**: 리 하비 오즈월드 외에 다른 사람들도 존 F. 케네디 암살에 연루되었다는 음모론. 다음 장에서 나는 이 정치적 암살이 음모에 의해 조율된 역사상 많은 암살과 달리 고독한 총잡이의 결과였다는 주장을 펼칠 것이다. 그러나 이상한 변칙과 사건의 규모를 고려할 때, 저명한 학자와 수사관을 포함하여 그토록 많은

사람이 여전히 두 번째 범인이 있었으며 혹은 그 이상이었을 것이라고 확신하는 이유를 이해할 수 있다.

4. **9/11 내부자 소행**: 9/11 사건이 미국 정부 내부의 이해관계 때문에 실행되었다는 음모론. 이 내용은 다음 장에서 자세히 다루겠지만 여기서는 수많은 다양한 행위자가 적시에 수많은 정밀한 행위를 수행하는 비밀 작전을 꾸며야 한다는 불가능성을 지적하는 것으로 충분하다. 이런 일은 일어날 수 없다.

5. **켐트레일**: 상업용 비행기 뒤에서 형성되는 수증기 구름이 실제로는 대기업이나 정부 기관이 비밀 프로그램의 일환으로 방출하는 독성 화학 물질이라는 이론. 이제 우리는 정부 기관, 기업, 상업용 항공사 전체가 한통속이 되어야 한다는 편집증에 빠져들고 있다. 누가 이득을 보는가 하는 질문을 던져보라. 이러한 복합체들이 어떤 이득을 얻을 수 있는지 명확하지 않기 때문에 어떻게 그것을 믿을 수 있는지 어리둥절해진다.

6. **거짓 깃발 총격 사건**: 2012년 샌디훅 사건이나 2017년 라스베이거스 총기 난사 사건과 같은 대규모 대중 총격 사건이 일어나지 않았거나 권력층에 의해 사주받았다는 이론. 역시 편집증이다. 수정헌법 제2조를 폐지하기 위해 정부 기관 사람들이 갑자기 사악하게 변하여 무고한 시민을 대량 학살하기로 결정한다는 믿음 말이다. 이런 일은 결코 일어나지 않는다. 재선을 노리는 어떤 정치인도 그런 식으로 작정하지 않을 것이며, 실제로 대규모 공개 총격 사건 이후 총기 판매량은 **증가**한다.

7. **달 착륙 사기**: 달 착륙이 영화 스튜디오에서 조작되었다는 이론은 이 일을 해내기 위해 무엇이 필요할지 생각해 보면 알 수 있듯이 터무니없는 극장으로 우리를 데리고 간다. 그냥 달에 가서

촬영하는 편이 더 저렴하고 쉬울 것이다.

8. **UFO 은폐**: 미국 정부가 외계인과 접촉했거나 추락한 외계 우주선을 발견하고도 이를 비밀에 부치고 있다는 설. 사실, 그 반대가 진실이다. 외계 지적 존재의 발견은 역사상 가장 위대한 발견이 될 것이다. 따라서 운 좋게 외계인을 발견한 정부라면 온 세상이 알도록 소리 높여 외칠 것이고 과학자나 과학 기관도 자신들의 지위가 올라가고 기금이 상향될 것이기 때문에 그렇게 할 것이다.

9. **평평한 지구**: 지구는 실제로 평평하지만 정부, 기업, 과학자들은 모두 구체인 것처럼 가장한다는 이론. 이 이론은 수 세기 전에 이미 실패로 돌아갔지만 소셜 미디어를 통해 21세기에 들어와 사회 저변에 퍼지기 시작했다. 이 이론은 언론의 관심을 한 몸에 받았기에 나는 2019년 〈스켑틱〉 커버 스토리에서 지구가 평평하다고 말하는 사람과 그 이유에 대해 다뤘다.[5]

10. **파충류 지배자**: 지배 계급이 모습을 바꾸고 차원을 넘나드는 파충류 종족이라는 이론. 믿기 힘들 정도로 기괴하지만 이 이론에는 극우파의 일부에게 호소할 수 있는 반유대주의적 요소도 포함되어 있다. 신뢰성 평가 척도의 맨끝 자리를 차지하는 음모론이다. 내 머릿속에는 정신과 의사 밀턴 로키치Milton Rokeach의 《입실란티의 세 그리스도The Three Christs of Ypsilanti》가 떠오른다. 이 책에는 자신을 예수 그리스도라고 믿었던 세 명의 환자 이야기가 담겨 있다.[6] 자신이 성모 마리아라고 확신하는 두 여성이 서로를 만났던 사례에서 영감을 받아 로키치는 세 명의 '그리스도'를 한자리에 모았고 그들 각자는 자신만 빼고 다른 두 사람이 망상임을 즉시 알아차렸다. 이 만남이 환자의 환상 상태를 약화할 수 있기를 바랐던 로키치는 유일하게 치료된 것은 "그들을 이상한 믿음에서

구할 수 있다는 나의 신적 망상"뿐이었음을 고백했다.

물론 이러한 스펙트럼에 따라 음모론을 평가하는 데는 어느 정도의 주관성이 개입될 수 있다. 하지만 일반적으로 우리가 찾고자 하는 것은 하나의 음모론에 대해 참일 가능성이 있는 것과 거짓일 가능성이 있는 것 사이의 **구획**, 즉 어디에 선을 그을지 하는 것이다. 믹 웨스트는 음모론의 어떤 요소가 참인지 거짓인지에 따라 하나의 음모론 내에서 이 구획선이 바뀔 수 있다고 지적했다. 예를 들어 조지 W. 부시가 9/11 테러가 일어나도록 놓아두었다고 생각하는 9/11 트루서LIHOP는 부시가 9/11 테러를 일으켰다고 생각하는 9/11 트루서MIHOP를 거부한다. 세계무역센터 건물을 무너뜨리기 위해 폭탄이 사용되었다고 생각하고 비행기 또한 건물에 충돌했다고 인정하는 사람들은 9/11에 비행기가 전혀 개입하지 않았다고 주장하는 '비행기 없음론자'의 주장을 거부한다. (이들은 우리가 본 비행기가 건물에 충돌하는 영상이 CG로 만든 가짜 영상이거나 홀로그램이라고 주장한다.[7]) 다양한 음모론의 구획선은 어떤 이론을 조사하는지에 따라 크게 달라진다. 웨스트가 지적했듯이

음모주의자는 자신만의 음모 스펙트럼의 관점에서 구획선을 긋는다. 우리는 모두 각자의 구획선을 갖고 있으며 그 구획선의 극단적인 쪽에 대한 우리 인식은 그것이 거짓 정보일 뿐이라는 것이다. 거짓 정보가 존재하는 이유에 대해서는 의견이 다를 수 있지만 우리 모두 극단적인 쪽의 주장은 틀렸다고 생각한다. 사람들을 토끼굴에서 벗어나도록 돕는 것은 단순히 극단적인 스펙트럼에서 점진적으로 그 선을 아래로 이동시키는 행위와 같을 수 있다. 하지만 사람들의 구획선을 옮기려면 그 구획선이 어디에 있는지 정확히 이해해야 한다.[8]

···

이 구획선 문제는 과학 철학의 오래된 문제로, 보통 '구획 문제'라고 하며 1934년 저명한 과학 철학자 카를 포퍼Karl Popper가 《과학적 발견의 논리The Logic of Scientific Discovery》에서 논의했다.[9] 구획 문제는 과학과 사이비 과학, 과학과 비과학의 경계를 어디로 설정할 것인가에 대한 질문이다. 문제는 어디에 경계를 그어야 할지 언제나 명확하지 않다는 점이다. 특정 주장을 '과학'의 집합에 넣어야 할지 '사이비 과학'의 집합에 넣어야 할지는 해당 주장 자체뿐만 아니라 주장 제안자, 주장의 역사 및 방법론, 다른 이론과의 정합성, 내적 정합성, 테스트 시도 등과 같은 다른 요인에도 의존한다. 포퍼가 구획 문제에 대한 해결책으로 제시한 것은 반증 가능성 기준이었다. 그는 이론은 "결코 경험적으로는 검증 불가능하다"라고 말했다. 그러나 만약 이론이 반증 가능하다면 그것은 경험 과학의 영역에 속한다. 그는 이렇게 썼다. "다시 말해, 나는 긍정적인 의미에서 골라낼 수 있는 과학 체계를 요구하지는 않는다. 그러나 부정적인 의미에서 그 논리적 형식은 경험적 테스트를 통해 골라낼 수 있는 것이어야 한다. 즉 경험적 과학 체계는 경험에 의해 반박되는 것이 가능해야 한다."[10]

대부분의 과학자는 어떤 주장이 과학인지 사이비 과학인지 직관적으로 감지한다. 그러나 우리는 어떤 주장을 접할 때 그러한 직관을 좀 더 공식화된 질문으로 변환해 물어볼 필요가 있다. 다음은 칼 세이건Carl Sagan이 1996년 저서 《악령이 출몰하는 세상The Demon-Haunted World》에서 모아놓은 목록에서 영감을 받아 내가 만든 '헛소리 탐지 키트' 목록이다.[11] 이 장에서는 '사이비 과학자' 대신 '음모주의자'라는 용어를 사용했다.

1. **주장의 출처는 얼마나 신뢰할 수 있는가?** 모든 과학자가 실수를 저지르지만 통상적으로 신뢰할 수 있는 출처에서 예상할 수 있는 것처럼 실수가 무작위인가, 아니면 주장자가 선호하는 믿음을 뒷받침하는 방향으로 실수가 이루어지는가? 과학자의 실수는 무작위적인 경향이 있는 반면에 음모주의자의 실수는 대체로 자신이 선호하는 이론을 뒷받침하는 방향성을 갖는 경향이 있다.

2. **주장자가 비슷한 주장을 자주 하는가?** 음모주의자는 사실을 훨씬 뛰어넘는 습관이 있기 때문에 한 개인이 여러 가지 기이한 주장을 할 때 그는 단순한 우상파괴자 이상일 수 있다. 여기서 우리가 찾고자 하는 것은 데이터를 꾸준히 무시하거나 왜곡하는 변두리 사고의 패턴이다.

3. **그 주장이 다른 출처에 의해 검증되었는가?** 일반적으로 음모주의자는 검증되지 않았거나 자신의 믿음 서클 내에서만 검증된 주장을 한다. 누가 그 주장을 사실로 확인했는지, 나아가 누가 사실 확인자를 확인했는지 물어봐야 한다.

4. **그 주장이 세상이 어떻게 돌아가는지에 대해 우리가 알고 있는 사실과 어떻게 부합하는가?** 기이한 주장은 더 큰 맥락에 배치해 그것이 맥락과 부합하는지 봐야 한다. 예를 들어 이집트 피라미드와 거대한 스핑크스가 1만 년 전에 최첨단 문명의 인간(또는 '고대 외계인' 시나리오에서는 외계인)에 의해 지어졌다고 주장하는 사람은 현재 패러다임에서 설명할 수 없는 이상 현상만을 근거로 하고 있으며 초기 문명에 대한 추가적 증거는 제시하지 않고 있다. 이 잃어버린 문명의 예술 작품, 무기, 의복, 도구, 쓰레기는 어디에

있을까?

5. **주장을 반박하기 위해 노력한 사람이 있는가, 아니면 확증하는 증거만 찾았는가?** 확증 편향—확증하는 증거를 찾고 확증하지 않는 데이터는 거부하거나 무시하는 경향—은 강력하고 널리 퍼져 있다. 그렇기 때문에 확인과 재확인, 검증과 반복 실험을 강조하는 과학적 방법, 특히 주장을 반증하려는 시도가 매우 중요하다. 음모주의자는 자신의 음모론을 뒷받침하는 증거만 제시하며 사례를 골라내는 것으로 악명이 높다. 또한 우리는 '무엇이 음모론을 반증하는가?'라는 질문을 던져야 한다.

6. **증거의 우위가 주장자의 결론에 수렴하는가, 아니면 다른 결론에 수렴하는가?** JFK 암살 음모론자는 리 하비 오즈월드가 케네디를 단독으로 살해했다는 결론에 이르게 하는 모든 증거를 무시하는데 그 어떤 증거도 다른 사람이나 기관을 지목하지 못한다. 그 대신에 음모론자는 이상해 보이는 변칙과 아무것에도, 아무에게도 수렴되지 않는 가능성의 파편에 초점을 맞춘다.

7. **주장자가 인정된 이성의 규칙과 연구 도구를 사용하고 있는가, 아니면 원하는 결론을 이끌어내는 다른 것들을 위해 이 도구를 포기했는가?** UFO론자는 설명할 수 없는 소수의 공중 이상 현상과 목격자의 시각적 착각에 계속 초점을 맞추면서, 대다수의 UFO 목격이 충분히 설명 가능하다는 사실을 편의적으로 무시하는 오류에 빠져 있다. 이를 **변칙 사냥**이라고 하며 특히 설명할 수 없는 비정상적인 것을 찾아서 음모론의 '증거'로 삼는 것을 말한다. 변칙은 이론을 만들지 못한다.

8. **주장자가 관찰된 현상에 대해 다른 설명을 제시했는가, 아니면 그저 기존의 설명을 부정하는 과정인가?** 이것은 자신의 입장에 대한 비

판을 피하기 위해 상대를 비판하되 자신이 믿는 바를 절대 긍정하지 않는 고전적인 토론 전략이다. 음모주의자에게 이것은 '나는 단지 질문을 하는 것일 뿐'이라는 계략이며 과학에서는 용납할 수 없는 전략이다.

9. **주장자가 새로운 설명을 제안한 경우, 기존 설명만큼 많은 현상을 설명할 수 있는가?** 새로운 이론이 기존 이론을 대체하려면 기존 이론이 설명했던 것**뿐만 아니라** 기존 이론이 설명하지 못했던 변칙도 설명해야 한다. 음모론은 이 부분에서 항상 실패한다. 9/11 트루서는 '부시 행정부'라는 모호하고 검증할 수 없는 이론 외에 알카에다가 범인이라는 정부의 이론에 대응할 새로운 설명을 제시하지 못했다. 우리는 항상 음모주의자에게 '정확히 누가 그랬는지, 이름을 거명하고 구체적인 내용을 제시하라'고 요구해야 한다.

10. **주장자의 개인적인 믿음과 편견이 결론을 도출하는 데 영향을 미쳤는가, 아니면 그 반대인가?** 모든 과학자는 데이터에 대한 해석을 잠재적으로 왜곡할 수 있는 사회적, 정치적, 이념적 믿음을 가지고 있지만 어느 시점(일반적으로 동료 평가 과정에서)에 그러한 편견과 믿음이 뿌리 뽑히거나 논문이나 책의 출판이 거부된다. 음모론자에게 좋은 질문은 '당신의 생각을 바꾸려면 무엇이 필요할까요?'이다. 대부분의 음모론자는 이 질문에 대해 생각해 본 적이 없기 때문에 이 질문은 보통 그들의 궤도에서 그들을 멈추게 한다.

◆◆◆

과학과 사이비 과학의 주요 차이점—여기서 나는 진짜 음모론과 거짓 음모론의 차이점을 추가하겠다—은 그것을 테스트하는 연구 프로토콜에 들어가기 전에 어떤 주장에 대한 가정을 세우는 것이다. 과학은 입증될 때까지는 조사 중인 주장이 사실이 아니라고 가정하는 가설인 귀무가설에서 시작한다.[12] 당신이 체내 코로나19 바이러스를 100퍼센트 제거할 수 있는 약물의 형태로 코로나19 치료법을 개발했다고 가정해 보자. 미국 식품의약국FDA이 대중에게 판매하라고 승인하기 전에 당신은 과학적 의미에서 당신의 주장이 사실이라는 실질적인 증거, 즉 그러한 약이 없다는 귀무가설을 기각할 수 있는 증거를 제시해야 한다. 사람들이 UFO가 실재하고 정부가 이를 숨기려고 음모를 꾸미고 있다고 내게 말할 때 나는 "우주선이나 외계인의 시신을 보여주면 믿겠지만 그렇지 않으면 회의적인 태도를 유지하겠다"라고 말한다. 이 예에서 귀무가설은 UFO와 외계인이 존재하지 않는다는 것이다.

또한 귀무가설을 가정한다는 것은 긍정적인 주장을 하는 사람에게 입증의 책임이 있다는 것을 의미한다. 회의주의자가 그것을 논박해야 하는 것은 아니다. 나는 언젠가 〈래리 킹 라이브〉에 출연하여 UFO에 대해 토론한 적이 있는데 그 자리는 UFO론자로 가득했다. 'X를 어떻게 설명하시나요, 셔머 박사님?'이라는 문장은 내가 받는 표준적인 질문인데 X는 대개 화질이 거친 비디오나 흐릿한 사진을 가리키며 내가 X를 설명할 수 없다면 UFO가 실제 외계인과의 접촉을 뜻한다. 사실은 그렇지 않다. 대부분의 미디어는 이 과학의 핵심 교리를 놓치고 있다. UFO를 논박하는 것은 회의주의자의 몫이 아니다. 입증 책임은 그것을 주장하는 UFO론자에게 있다. 이 책의 앞부분에서 주장했듯이 그러한 믿음은 증거 요구를 무시하는 더 깊은 감정적, 종교적, 정치적 동기를 갖지만 말이다.

다음으로 어떤 분야의 가설이나 이론도 조사 중인 현상을 100퍼센트 설명하는 근거를 제시할 수 없다는 **잔여 문제**라는 것이 있다. 즉 아무리 포괄적인 이론이라도 설명할 수 없는 변칙이 항상 있다는 뜻이다. 과학 역사상 가장 유명한 사례는 뉴턴의 중력 이론이 수성의 궤도 세차 운동을 적절하게 정의하지 못했고, 이후 아인슈타인의 상대성 이론으로 설명되었다는 것이다. 다윈의 자연 선택에 의한 진화론은 숫공작의 크고 화려한 꼬리(몽구스, 정글 고양이, 심지어 떠돌이 개 같은 포식자에게 잡아 먹힐 수 있다)와 같은 변칙을 설명할 수 없었고 이는 다윈의 밤잠을 설치게 하는 문제였다. 다윈은 경쟁 수컷보다 더 눈에 잘 띄며 암컷을 유인하는 특정 형질의 진화, 즉 성 선택으로 암컷이 짝을 선택하는 방법을 설명해 이 문제를 해결했다.

그렇다면 과학자는 왜 설명되지 않는 변칙의 잔여를 정당화된 참된 믿음의 증거로 받아들이지 않는가? 그 대답은 믿음을 뒷받침하는 증거에 따라 믿음을 배분하는 **비례 증거**의 원칙에서 찾을 수 있다. 이 원칙에 대한 일반적인 표현은 '특별한 주장에는 특별한 증거가 요구된다extraordinary claims require extraordinary evidence, ECREE'는 것이다. 이 원칙은 스코틀랜드의 철학자 데이비드 흄이 1748년 《인간 오성에 관한 탐구An Enquiry Concerning Human Understading》에서 "현명한 사람은 자신의 믿음을 증거에 비례시킨다"라고 쓴 18세기부터 있었다.[13] 칼 세이건은 1980년에 방영된 TV 시리즈 〈코스모스〉에서 은하계 어딘가에 외계의 지적 존재가 있거나 외계인이 지구를 방문했을 가능성에 대한 에피소드에서 ECREE를 대중화했다.[14]

ECREE는 평범한 주장은 평범한 증거만 있으면 되지만, 특별한 주장은 특별한 증거가 필요하다는 것을 의미한다. 어떤 주장이 평범한지 특별한지에 대한 평가는 주관적일 수밖에 없지만, (위에서 설명한) 헛소리 탐지 키트에서 제안하는 기준에 따라 정량화할 수 있다. 일부 정치인이 부패하고 뇌물을 받는다고 주장하는 음모론을 받아들인다면 이는—소송에서 밝혀진 증거 문서와 같은—일반적 증거만으로도 그 진위를 확신할 수 있는 평범한 주장일 것이다. 하지만 정치인이 51구역에 추락한 UFO와 외계인의 시신을 숨기려 한다는 음모론에 대해 이야기한다면—외계인과의 접촉이 있었고 정부가 이를 숨기려고 음모를 꾸몄다는 문장이 삭제되지 않은 정부 문서 같은—특별한 증거가 필요할 것이다. 왜냐하면 우리는 정부가 군사 정보 및 국가 안보와 관련된 여러 가지 이유로 비밀을 유지한다는 것을 알고 있기 때문이다(정보자유법을 통해 입수한 문서에서 검게 표시된 문단은 드물지 않게 볼 수 있다). 지상의 비밀은 외계인을 은폐하는 것과 동일하지 않다. 이 특별한 주장을 사실로 받아들이려면 주류 언론을 비롯한 모든 미디어에 보도될 수 있는, 미국 국립과학재단 같은 공신력 있는 과학 기관과 〈사이언스〉 및 〈네이처〉 같은 권위 있는 과학 저널에서 검증한 명확하고 틀림없는 사진과 동영상이 있어야 할 것이다.

ECREE 원칙은 또한 믿음이 온-오프 스위치 같이 믿음 또는 불신이라는 불연속적 상태가 아니라는 것을 의미한다. 오히려 증거가 많을수록 신뢰도가 높아지고, 증거가 적을수록 신뢰도가 낮아지는, 증거에 따라 믿음의 강도를 조절할 수 있는 조광 다이얼과 같다. 음모론에 ECREE 원칙을 적용하면 진실과 거짓의 구획선을 어디로 설정할지 결정하는 데 큰 도움이 된다.

ECREE 원칙 자체는 18세기 토머스 베이즈Thomas Bayes 목사가 고안한 **베이지언 추론**, 베이즈 규칙의 특정 형태이다.[15] 대략적으로 말해 베이지언 추론은 주장에 대한 증거의 강도, 그리고 증거에 근거하여 주장이 사실일 확률에 대한 추정을 얼마나 수정해야 하는지와 관련이 있다. 증거가 변경되면 그에 따라 확률 추정치도 변경해야 한다. 이러한 확률 추정치는 해당 주장과 관련된 사전 지식에 기초하여 도달한 것으로, 이를 **사전 확률**, 즉 초기 믿음의 정도라고 한다. 어떤 주장이 사실일 확률은 **신뢰도**, 즉 믿음의 신빙성 또는 강도를 결정한다. 신뢰도, 즉 어떤 주장이 사실일 확률은 백분율로 생각하면 된다. 예를 들어 동전을 던졌을 때 앞면과 뒷면이 50대 50으로 나온다는 사전 확률에 근거하여 공정한 동전 던지기에서 앞면이 나온다는 것을 50퍼센트의 신뢰도로 믿어야 한다. 또는 가방에 빨간색 구슬 4개와 파란색 구슬 1개가 들어 있고 무작위로 구슬 하나를 꺼낼 경우, 무작위로 꺼낸 구슬이 빨간색이라고 80퍼센트의 신뢰도로 믿어야 한다.

이 맥락에서 말하자면 특별한 주장—예를 들어 UFO는 정부가 숨긴 외계의 지적 존재를 대표한다는 음모론—은 증거의 질이 좋지 않기 때문에 사전 확률이 낮다. 따라서 더 나은 증거가 나오지 않는 한 UFO = 외계인이라는 가설에 대한 신뢰도는 여전히 낮다. 그때까지 우리는 외계인이 방문했다는 주장에 대한 신뢰도를 낮춰야 한다. 그러나 우리는 열린 마음을 유지해야 하므로 우리의 사전 확률을 바꿀 새로운 증거가 나타나면 그러한 새로운 증거가 특별하다고 가정하여 음모론의 진리치에 대한 신뢰도도 기꺼이 바뀌어야 한다. 그러니 계속 찾아보되, 그 증거가 특별하지 않다면 회의적인 태도를 취해야 한다.

···

위의 헛소리 탐지 키트와 유사하게 다음은 음모 탐지 키트를 위한 10가지 목록이다. 음모론이 다음과 같은 특징을 많이 나타낼 수록 진짜 음모일 가능성은 낮아진다.

1. **패턴성** 음모의 증거는 인과적으로 연결될 필요가 없는 사건 사이의 '점 잇기' 패턴에서 드러나는 것으로 추정된다. 음모라는 주장 외에는 이러한 연결을 뒷받침하는 증거가 없거나 증거가 다른 패턴—또는 무작위성—과 똑같이 잘 맞는다면 그 음모론은 거짓일 가능성이 높다.

2. **행위자성** 음모 패턴의 배후에 있는 행위자는 거의 초인적인 힘이 있어야만 음모를 실행할 수 있다. 대부분의 경우에 사람, 기관, 기업은 우리가 생각하는 것만큼 강력하지 않다. 음모론에 초강력한 행위자가 개입되어 있다면 이는 거짓일 가능성이 높다.

3. **복잡성** 음모론이 복잡한 경우, 음모론이 성공적으로 완성되려면 많은 요소가 적절한 순간에 적절한 순서로 결합되어야 한다. 관련된 요소가 많을수록, 그리고 그 요소들이 모여야 하는 순서의 시기가 섬세할수록 음모론이 진실일 가능성은 적어진다.

4. **사람** 음모론에 연루된 사람이 많을수록 음모론이 진실일 가능성은 적어진다. 비밀에 대해 모두가 침묵할 필요가 있는 수많은 사람이 관련된 음모는 일반적으로 실패한다. 사람들은 무능하고 감정적일 수 있다. 실수를 저지르고, 겁을 먹고, 마음을 바꾸고, 도덕적 양심의 가책을 느끼기도 한다. 음모론에서는 사람을 오토마타나 꼭두각시처럼 주어진 명령을 수행하는, 프로그래밍된

166

로봇처럼 작동하는 존재로 취급한다. 이는 비현실적이다.

5. **거창함** 음모론이 국가나 경제, 정치 체제를 장악하려는 거창한 야망을 담고 있다면, 특히 세계 지배를 목표로 한다면 거의 틀림없이 거짓이다. 음모가 클수록 복잡성과 사람에 관한 위의 이유로 인해 실패할 가능성이 크다.

6. **규모** 음모론이 진실일 수 있는 작은 사건에서 진실일 확률이 훨씬 낮은, 더 큰 사건으로 확대되면 그 음모론은 거짓일 가능성이 매우 크다. 대부분의 진짜 음모는—월스트리트의 내부자 거래, 산업계의 가격 담합, 기업이나 개인의 탈세, 어떤 국가의 정치적 동맹에 대한 정부 지원, 정치 지도자의 암살 같은—매우 구체적인 사건과 대상을 포함하지만 항상 권력 장악이나 폭정 종식이라는 좁은 목표를 가지고 있다.

7. **중요성** 음모론이 무해하거나 중요하지 않을 수 있는 사건에 꺼림칙하고 불길한 의미와 해석을 부여하는 경우, 이는 거짓일 가능성이 크다. 다시 말하지만 대부분의 음모는 초점이 좁으며 그로 인해 이득을 보거나 피해를 입을 사람들에게만 중요하다. 제1차 세계대전을 일으킨 음모에 관한 장에서 보게 되듯이 예외가 있기는 하지만 대부분의 진짜 음모는 세상을 바꾸지 못한다.

8. **정확성** 음모론이 사실과 추측을 구별하지 않으며 주장을 구성하는 요소에 대해 확률이나 사실성을 부여하지 않고 사실과 추측을 섞는 경우 거짓일 가능성이 크다. 음모주의자는 방대한 추측과 가정 속에 검증 가능한 사실 몇 가지를 간간이 섞어 현실을 모호하게 만들고 듣는 사람들로 하여금 실제보다 이론에 더 많은 것이 있다고 생각하도록 만드는 것으로 악명이 높다.

9. **편집증** 많은 음모론자는 모든 정부 기관이나 민간 기업을 무차

별적으로 의심하는데 이는 세상이 어떻게 작동하는지 이해하는데 섬세함이 부족하다는 것을 의미한다. 그렇다, 때때로 '그들'이 정말로 당신을 노리는 경우도 있지만 대개는 그렇지 않다. 음모론에서 위의 요소들을 결합하면 불길한 음모처럼 보이는 것은 거의 항상 무작위성을 띤 것이거나 훨씬 더 평범한 설명이 있는 것이다.

10. **반증 가능성** 음모론자는 일반적으로 대안적인 설명을 고려하지 않고 자신의 이론에 반하는 모든 증거를 거부하며 선험적으로 진실로 결정된 것을 뒷받침하는 확증적 증거만을 노골적으로 찾는다. 카를 포퍼의 반증 가능성을 상기하자. 음모론이 반증될 수 없다면 그것은 아마도 거짓일 것이다.

이러한 요소에 한 가지를 더 추가해야 한다. 음모가 전개된다고 추정되는 국가 또는 사회의 유형이 그것이다. 개방적이고 투명하며 자유로운 자유민주주의 국가에서는 음모를 꾸미기가 더 어렵다. 불법적이거나 부도덕한 조직이 시스템을 속이기 위해 결성되는 것을 방지하는 장치가 마련되어 있기 때문이다(미국 건국자들이 고안한 모든 견제와 균형을 생각해 보라. 그들이 염려했던 것은 다양한 형태의 정치적 음모였다). 이와는 대조적으로 폐쇄적이고 독재적인 사회는 음모적 속임수를 보호하고 가능하게 하며 경우에 따라서는 정부 자체가 시민이 직면하는 가장 위험한 음모이다. 연구자들에 따르면 정부에 관한 음모론은 보복에 대한 두려움 때문에 비록 드러나지는 않지만 독재 사회에서 특히 만연한 것으로 나타났다.[16]

♦♦♦

마지막으로 음모론의 진실 여부를 판단할 때 우리 모두 직면하는 문제 하나는 라스베이거스 카지노 소유주가 오래전에 알아낸 것처럼 우리가 확률을 이해하는 데 그다지 능숙하지 않다는 사실이다.[17] 동전 던지기에서 앞면(H)과 뒷면(T)의 배열을 살펴보고 어떤 배열이 무작위성을 가장 잘 나타내는지 추측해 보라.

HTHTHTHTHTHTHTHTHTHTHTHTHTH
또는
HHTTHTTHTHHHTTHHTTTTTTH

대부분의 사람은 앞면과 뒷면이 번갈아 나오는 첫 번째 계열이 가장 무작위적인 배열처럼 보인다고 말할 것이다. 실제로는 컴퓨터 시뮬레이션과 실제 동전 던지기 실험 모두 두 번째 배열에 훨씬 더 가까운 결과를 만든다. H와 T가 무리 지어 보이는 것이 실제 무작위성이다. 피험자에게 동전 던지기를 **상상하도록** 한 다음 결과의 순서를 적으라고 지시하면 피험자의 추측은 매우 무작위적이지 않다. 즉 앞면과 뒷면의 배열은 예측 가능한 첫 번째 계열에 더 가깝게 닮았고, 예측 가능성이 낮고 (완벽하지는 않지만) 더 무작위적인 두 번째 계열과는 닮지 않았다.[18]

애플 기업이 '무작위' 음악 셔플 기능을 갖춘 아이팟을 처음 선보였을 때 있었던 유명한 이야기가 있다. 사람들은 어떤 노래가 다른 노래보다 더 자주 나오기 때문에 무작위가 아니라고 불평했다. 대부분의 사람들에게 셔플 기능은 무작위로 보이지 않는다.[19]

하지만 무작위성이란 바로 그런 것—사물의 군집—이다. 동전 몇 개를 공중에 던져 바닥에 떨어지는 것을 보면 동전 사이에 간격이 고르게 분포되어 있지 않을 것이다. 동전들은 하늘에 별이 무작위로 흩어져 있는 것과 비슷하게 패턴처럼 보이는 모양으로 뭉쳐 있을 것이다. 별은 우리 눈에 무작위로 보이지 않는다. 그 대신 독수리, 숫양, 물고기, 사자, 곰, 전차, 국자 등 친숙한 형상의 별자리로 보인다.[20] 이 문제는 공장 근처의 오염된 공기나 물처럼 명백히 관련된 원인이 있는지 확인하기 위해 암에 걸린 집단을 찾는 암 연구자를 괴롭혀 왔다. 이 문제는 또한 음모주의자를 괴롭히는데 이들은 겉으로 보이는 군집에서 삶의 무작위성보다는 불길한 무언가를 본다. 그렇기 때문에 2장에서 소개한 음모주의의 원칙 I, 즉 무작위성이나 무능력으로 설명할 수 있는 것을 절대 악의에 의한 것으로 돌리지 말아야 한다는 원칙을 반복해서 강조하는 것이다.

정치인이 때때로 거짓말을 하거나 기업이 가끔 속임수를 쓴다고 해서 모든 사건이 사악한 음모의 결과라는 의미는 아니다. 대부분의 경우, 사건은 그냥 일어나고 우리의 뇌는 그 패턴이 환상적일지라도 점을 의미 있는 패턴으로 연결한다. 하지만 소설가 존 크롤리John Crowley가 판타지 소설 《이집트Ægypt》에서 등장인물 중 한 명의 입을 통해 설명했듯이 강력한 패턴에 대한 **관념**은 사람들의 머릿속에 현실로 다가오기에 충분하다. "역사를 보면 비밀 조직이 권력을 가진 적은 없지만 비밀 조직이 권력을 가졌다는 **개념** 자체가 권력을 가진 적이 있다는 사실이 훨씬 더 흥미롭지 않습니까?"[21] 데이비드 아로노비치David Aaronovitch도 《부두교 역사: 현대사 형성에서 음모론의 역할Voodoo Histories: The Role of the Conspiracy Theory in Shaping Modern History》의 결론부에서 이를 지적했다. "나는 음모가 강력하지 않다고 믿기 때문에 이 책을 썼다. 그 대신에 음모에 대한 **생각**이 힘을 발휘한다."[22]

다음 장에서는 토끼굴을 따라 실제와 상상의 음모 속으로 들어가는 여정을 시작하고, 음모 탐지 키트를 적용하여 어떤 것이 진짜이고 어떤 것이 상상력이 만든 강력한 환상인지 고찰할 것이다.

7 장

트루서와 버서

9/11과 오바마 출생에 대한 음모론

나는 2005년 로스앤젤레스 공립 도서관에서 공개 강연을 한 후, 9/11 테러의 배후에 숨겨진 음모를 폭로하겠다는 야망에 찬 한 다큐멘터리 영화 제작자에게 붙들려 긴 이야기를 들어주었다.[1] 나는 9/11 테러가 오사마 빈 라덴의 지휘와 자금 지원을 받은 알카에다 조직원 19명이 비행기를 납치해 빌딩에 날린 음모라고 그에게 말했다. 하지만 그가 염두에 둔 것은 그게 아니었다. "그게 그들이 당신이 믿기를 **바라는** 것입니다"라고 그는 말했다. "**그들이** 누구죠?" 내가 물었다. "정부요." 그는 그 순간 그들이 듣고 있을 지도 모른다는 듯이 속삭였다. 여기서부터 나는 다음에 나올 이야기를 정확히 알고 있었기 때문에 인터뷰를 거절했다. 9/11 트루서는 이렇게 말한다.[2]

- 펜타곤은 미사일에 피격되었다.
- 공군 전투기는 쌍둥이 빌딩에 충돌한 11편과 175편을 요격하지 말고 '대기하라'는 명령을 받았다. 쌍둥이 빌딩은 비행기 충돌 직

후에 터지도록 맞춰진 시한폭탄에 의해 파괴되었다.

- 의문의 흰색 제트기가 펜실베이니아 상공에서 93편을 격추했다.
- 그날 뉴욕의 유대인들은 집에 머물라는 명령을 받았다(물론 시오 니스트와 다른 친이스라엘 세력도 포함되었다).
- 그리고 그 배후에는 조지 W. 부시, 딕 체니, 도널드 럼즈펠드, CIA가 있다. 이들은 세계 지배와 신세계 질서를 위한 계획을 실 행하고자 진주만의 사례처럼 세계무역센터와 국방부를 공격해 시작될 전쟁의 정당성을 제공하고 의회와 대중이 이라크 침공을 지지하도록 자극하기 위해 9/11을 기획했다.

이 장에서는 (큐어넌과 조작된 선거 음모론이 그 자리를 대체하기 전까 지) 21세기의 가장 유명한 정치 음모론이었던 9/11 트루서와 오바 마 버서에 대해 살펴본다. 이들의 주장을 자세히 살펴보고, 왜 틀 렸는지뿐만 아니라 음모주의자가 모순된 증거 앞에서 어떻게 생 각하는지 살펴볼 것이다.

◆◆◆

9/11 트루서 운동은 2002년 프랑스의 저명한 좌파 운동가 티 에리 메이상Thierry Meyssan의 9/11 음모에 관한 책《끔찍한 거짓말 L'Effroyable imposture》이 프랑스에서 베스트셀러가 되면서 시작되었 다.[3] 곧이어 미국의 음모주의자들도 책을 출판하며 여기에 동참했 다. 예를 들어 짐 마스Jim Marrs의《내부 소행Inside Job》, 데이비드 레 이 그리핀David Ray Griffin의《신 진주만The New Pearl Harbor》과《가면을 벗은 9/119/11 Unmasked》. 조지 험프리George Humphrey의《9/11: 위대

한 환상9/11: The Great Illusion》등이 있다.[4] 그 후 메이상은 2019년 속편인《바로 우리 눈앞에서, 가짜 전쟁, 끔찍한 거짓말: 9/11에서 도널드 트럼프까지Before Our Very Eyes, Fake Wars, and Big Lies: From 9/11 to Donald Trump》를 썼다.[5] 또한 9/11에 실제로 어떤 일이 일어났는지 '진실'을 밝히는 데 전념하는 수많은 단체가 생겨났는데 '9/11 진실을 위한 건축가 및 엔지니어들' '9/11 진실' '9/11 진실을 위한 학자들' '9/11 진실과 정의를 위한 학자들' '9/11 시민 감시' 등이 있다.[6]

경멸적인 '음모론'에서 더 고귀한 '진실 찾기'로 언어적 전환이 이루어지고 있음을 주목하라. 법학 교수인 마크 펜스터Mark Fenster 는 9/11 트루서 운동에 대한 분석에서 이러한 변화를 '역 라벨링'이라고 부르며 이렇게 말했다. "그들은 공식적인 설명 자체가 지나치게 단순하기도 하고 지나치게 복잡하기도 해서 음모론에 해당한다고 주장한다."[7] 그들은《워런위원회 보고서》가 JFK가 한 명의 암살자에 의해 살해되었다고 결론을 내린 것처럼, 9/11 위원회의 보고서가 "오사마 빈 라덴이라는 한 명의 주범과 여러 명의 미치광이, 민간 및 군의 방공망 부재로 이뤄진 미덥지 못한 이야기를 가정하고 있다"라고 생각한다. 펜스터는 트루서인 데이비드 레이 그리핀David Ray Griffin의 말을 들려주는데 그리핀은 우리가 알고 있는 것처럼 알카에다에 의해 테러가 자행되려면 38가지 이상의 우연적인 실패가 일어나야 한다고 주장한다. 펜스터는 또한 트루서가 영국 정부의 음모적 계략에 대해 건설적인 편집증을 가졌던 건국의 아버지들의 전통에 따라 활동하는 **자신들을** 진정한 애국자라고 생각한다고 말했다. 따라서 오사마 빈 라덴이 음모를 꾸몄다는 9/11 위원회의 결론을 받아들이는 사람들은 당국이 조작한 이야기에 동조하는 어수룩한 사람이 되어 버린다.

지난 20년 동안 수많은 사람이 9/11 테러의 잔해를 파헤쳐 온 만큼 진짜 테러리스트를 유죄로 판결할 수 있는 충분한 증거가 축적되었을 것이다. 많은 9/11 트루서의 출발점인 강철의 녹는점부터 시작하여 그들이 밝혀낸 것을 살펴보자. 9/11 연구 단체에 따르면 강철은 화씨 2777도의 온도에서 녹지만 제트 연료는 단지 화씨 1517도에서 연소한다. 강철이 녹지 않는다면 타워도 무너지지 않는다.[8] 따라서 트루서는 세계무역센터 건물을 무너뜨리기 위해 폭발 장치가 사용되었을 것으로 추측한다. 물론 틀렸다.

〈광물금속재료학회지〉에 실린 논문에서 MIT 공대 토머스 이거Thomas Eagar 교수와 동료는 그 이유를 설명했다.[9] 강철은 화씨 1200도에서 강도의 50퍼센트를 잃으며 9만 리터의 제트 연료가 카펫, 커튼, 가구, 종이 같은 다른 가연성 물질에 불을 붙였고, 제트 연료가 소진된 후에도 계속 연소되어 화씨 1400도 이상으로 온도가 상승하고 건물 전체로 화재가 확산되었다. 단일 강철 수평 트러스에 수백 도의 온도 차이가 발생하면서 트러스가 처지고 수직 기둥에 고정되어 있던 앵글 클립이 변형되어 부러졌다. 한 트러스가 무너지면 다른 트러스도 그 뒤를 따른다. 한 층이 무너져 (그 위 10개 층과 함께) 그 아래층이 무너지면서 팬케이크 효과가 발생하여 50만 톤의 건물이 무너진 것이다. 결론은 다음과 같았다.

세계무역센터의 설계자 중 누구도 건물 한 층에서 9만 리터의 화염병이 터질 것이라고 예상하지 못했고 예상해서도 안 되었다. 고층빌딩은 화재 시 스프링클러 시스템이 작동하지 않더라도 3시간 동안 스스로 버틸 수 있도록 설계되어 있다. 이 시간은 입주자들이 대

피하기에 충분할 만큼 길어야 한다. 세계무역센터 타워는 설계 수명보다 짧은 1~2시간 동안 버텨냈지만 이는 화재 연료 부하가 너무 컸기 때문이다. 일반적인 사무실 화재로는 세계무역센터 화재가 발생한 몇 초 만에 4000 평방미터의 바닥 공간을 가득 채울 수가 없다.

〈스켑틱〉 9/11 특별호를 만들면서 나는 건물 철거 도급업체의 작업을 문서화하는 회사인 프로텍 다큐멘테이션 서비스의 현장 운영 책임자인 철거 전문가 브렌트 블랜차드Brent Blanchard에게 자문을 구했다.[10] 9/11 음모론의 인기가 높아진 이후, 그에게는 세계무역센터 건물이 '통제된 철거(제어 폭파)에 의해 무너진 것처럼 보이는' 이유를 설명해 달라는 요청이 쇄도했다. 실제로 유튜브에서 '건물 철거'를 검색하면 통제된 철거를 통해 건물이 무너지는 수백 개의 동영상 클립을 찾을 수 있다. 나는 7번 빌딩을 포함한 세계무역센터 건물처럼 위에서 아래로 무너진 건물은 찾을 수 없었다. 그 대신에 통제된 철거가 어떻게 이루어지는지에 관한—9/11 때 보았던 것과는 정반대로 폭약이 아래에서 위로 폭발하도록 설정되어 있는—철거 전문가의 설명을 볼 수 있다.

블랜차드와 프로텍의 전문가팀은 미국의 모든 주요 철거 회사 및 많은 외국 철거 회사와 협력하여 전 세계에서 가장 크고 높은 건물의 1000건 이상의 통제된 철거를 연구했다. 이들의 업무에는 엔지니어링 연구, 구조 분석, 진동/공기 과압 모니터링, 사진 서비스 등이 포함된다. 2001년 9월 11일, 프로텍은 맨해튼과 브루클린의 다른 현장에서 가동되는 휴대용 현장 지진 감시 시스템을 갖고 있었다. 또한 그라운드 제로를 청소하고 나머지 손상된 구조물을 제거하기 위해 철거 전문가들이 고용되었으며, 이 전문가들은 블랜차드의 회사에 해체와 잔해 제거를 모두 문서화할 것을 요청했다. 다음은 9/11 음모론자가 제기한 최고의 주장 9가지와 이에 대한 프로텍의 반박이다.[11]

주장 1 타워 붕괴는 통제된 철거와 똑같아 보였다.
답변: 아니다. 그렇지 않았다. 철거 조사의 핵심은 건물이 붕괴한 실제 지점, 즉 '어디'를 찾는 것이다. 모든 사진 증거는 세계무역센터 1번 건물과 2번 건물이 충격 지점에서 붕괴했음을 보여준다. 실제 폭파 철거는 항상 가장 아래층부터 시작한다. 사진 증거는 세계무역센터 1, 2번 저층이 위에서부터 파괴될 때까지 온전했음을 보여준다.

주장 2 세계무역센터 건물은 바로 그 자리에 무너졌다.
답변: 정확히는 아니다. 건물은 저항이 가장 적은 경로를 따랐고 많은 저항이 있었다. 20층 이상의 건물은 나무나 철근 탑, 굴뚝처럼 쓰러지지 않는다. 그 이유는 대부분 사무실로 설계된 빈 공간이고 건물 내부의 95퍼센트가 공기로만 이루어져 있기 때문이다. 폭파 철거는 저층부터 먼저 철거하기 때문에 제자리에 무너진다. 무너진 건물 잔해가 온전한 바닥과 부딪히면서 세계무역센터 잔해는 건물 밖으로 밀려났다. 또한 비행기가 충돌한 쪽에서 붕괴가 시작되었기 때문에 건물은 약해진 붕괴 지점을 향해 약간 기울어져 있었으며 이는 붕괴하는 건물을 촬영한 수많은 영상에서 명확하게 확인할 수 있다.

주장 3 붕괴 직전에 여러 층에서 폭발물이 창문으로 뿜어져 나오는 것이 목격되었다.

답변: 건물에서 공기와 파편이 격렬하게 튀어나오는 것을 볼 수 있지만 폭발물 때문이 아니다. 오히려 이는 상층부의 구조물이 하층부로 빠르게 붕괴하면서 불타는 화재로 인한 연기를 밀어내는 자연스럽고 예측 가능한 결과이다. 또한 두 대의 비행기가 건물에 충돌하면서 발생한 충격과 폭발로 철제 빔을 둘러싼 대부분의 내화성 건식 벽재가 떨어져 나가면서 화염에 상당히 취약했다.

주장 4 목격자들이 폭발음을 들었다.

답변: 9/11에 대한 여러 독립적인 출처의 모든 지진 증거에서 폭발물 폭파로 인한 갑작스러운 진동 급증은 나타나지 않았다. 사람들이 들었을 수 있는 폭발음은 대형 화재 시 폭발하는 다음과 같은 일반적인 사무실 용품의 폭발음이다. 청소용품, 텔레비전 및 컴퓨터 모니터, 윤활유 저장소가 있는 대형 모터(예컨대 엘리베이터 리프트 모터), 주차장에 있는 차량의 타이어, 프로판 탱크 등.

주장 5 그라운드 제로에서 열을 발생시키는 폭발물(용접용 물질 테르밋?)이 강철을 녹였다.

답변: 철거 작업자 중에 녹은 강철, 절단된 빔, 폭발, 폭발물의 증거를 발견했다고 보고한 사람은 없다.

주장 6 그라운드 제로 잔해―특히 1, 2번 건물의 대형 철제 기둥―는 조사를 피하기 위해 신속하게 해외로 운송되었다.

답변: 강철을 취급한 사람들에 따르면 그렇지 않다. 일련의 과정은 명확하게 문서화되어 있는데 처음에는 그라운드 제로에서 프로텍

이, 나중에는 야누치데몰리션이라는 업체가 프레시킬스 매립지에서 처리했다. 강철이 중국으로 운송되기까지의 기간(수개월)은 정상적이었다.

주장 7 세계무역센터 7번 건물은 폭발물을 이용해 의도적으로 '끌어내려졌다.' 건물 소유주가 직접 "끌어내린다"라고 말했다.

답변: 건물 소유주는 재난 현장에서 지휘 권한이 없다. 철거 전문가들은 폭발물 철거를 지칭할 때 사용되는 '끌어낸다'는 말을 들어본 적이 없다. 철거 전문가들은 7번 건물의 붕괴를 예상했고 수백 피트 떨어진 곳에서 붕괴를 목격하기도 했다. 폭발음은 아무도 듣지 못했다.

주장 8 철골 건물은 화재로 인해 붕괴하지 않는다.

답변: 많은 철골 건물이 실제로 그렇게 되었다. 예를 들어 2008년 5월 13일 네덜란드 델프트공과대학교의 높은 콘크리트 강화 철골 건물인 건축학부에 화재가 발생하여 상당 부분이 불에 탔다. 얼마 지나지 않아 이 건물은 거의 수직으로 쓰러지면서 거의 정확하게 그 자리에 무너졌다.

주장 9 폭발물이 사용되었다는 사실을 부인하는 사람은 증거를 무시하는 것이다.

답변: 우리 논평의 대부분은 9/11 테러 당시 사람들이 실제로 목격한 것과 폭발물이 있었다면 목격했어야 하는 것 사이의 차이에 관한 것이다. 그라운드 제로에서 잔해를 제거하기 위해 일한 수백 명의 남성과 여성은 미국에서 가장 경험이 풍부하고 존경받는 철거 베테랑이었다. 그들은 통제된 철거의 증거가 존재한다면 이를 알아

볼 수 있는 경험과 전문성을 갖추고 있었다. 이들 중 누구도 폭발물이 사용되었다는 의혹을 제기하지 않았다.

세계무역센터 7번 건물의 붕괴는 특히 1, 2번 건물의 붕괴에 대한 표준적인 비음모론적 설명이 받아들여진 이후 음모론자들 사이에서 그 중요성이 커지고 있다. 7번 건물은 세계무역센터 부지에 있는 두 개의 건물을 가리키는데, 모두 래리 실버스타인Larry Silverstein(나중에 음모론적 활동을 하게 되는 인물)이 개발한 1, 2번 건물과 매우 가까운 곳에 있다. 47층 높이의 붉은 화강암 석조 건물로 지어진 7번 건물은 1, 2번 건물과는 크게 달랐다. 이 두 건물이 무너졌을 때 떨어지는 파편으로 인해 7번 건물은 온종일 타올랐던 광범위한 화재를 비롯한 여러 요인으로 상당한 피해를 입었다. 음모론자는 7번 건물이 비행기에 부딪히지 않았고 쌍둥이 빌딩이 무너진 지 몇 시간 후인 9월 11일 오후 5시 20분까지 붕괴하지 않았기 때문에 붕괴 원인이 1, 2번 건물과는 틀림없이 다를 것이라고 주장한다. 더블유티씨7닷넷WTC7.net 웹사이트에 따르면 "붕괴 전 7번 건물에서 화재가 관측되었지만 건물의 작은, 고립된 부분에 불과했으며 다른 건물 화재에 비해 미미한 수준이었다"라고 한다.[12] 1, 2번 건물에서 떨어진 파편으로 인한 피해가 대칭적으로 발생해야만 7번 건물의 붕괴를 촉발할 수 있다.

사실 7번 건물에서 발생한 화재는 고립된 화재가 아니라 광범위한 화재였다. 9/11 음모론자들은 7번 건물의 북쪽만 보여주는 경향이 있는데 이는 다른 쪽에 비해 거의 손상되지 않은 것처럼 보인다. 건물은 하루 종일 불타고 있었고 비상 대응 요원들은 붕괴가 임박했음을 깨달았다. 그날 오후 3시, 모든 응급 요원들을 철수시켰다. 뉴욕시 소방서장 대니얼 니그로Daniel Nigro에 따르면 소방관들은 붕괴 7시간 전에 건물의 구조적 변형을 발견했다고 한다. 그는 나중에 "나는 (다수의 내 직원과 마찬가지로) 7번 건물의 붕괴를 두려워했다"고 말했다.[13] 건물이 실제로 무너졌을 때 남쪽이 가장 먼저 무너졌으며, 이곳에서 1, 2번 건물의 잔해가 떨어져 광범위한 피해가 발생했다.

내 생각에 9/11 음모론 중 가장 이상한 주장은 펜타곤과 관련된 것이다. 티에리 메이상의 저서인 《끔찍한 거짓말》에서 처음 제기된 이 아이디어는 펜타곤이 미사일에 피격되었다는 것인데 보잉 757기 충돌의 결과로 보기에는 그 피해가 너무 좁고 제한적이기 때문이다. 음모 영화 〈루스 체인지〉에서는 펜타곤에 난 구멍이 너무 작아서 아메리칸 항공 77편에 의해 만들어지지 않았다고 주장하는 극적인 재현 장면이 등장한다.[14] "폭 125피트, 길이 155피트인 비행기가 어떻게 16피트밖에 안 되는 구멍에 들어갈 수 있을까?" 리오픈911닷오알지reopen911.org 웹사이트의 질문이다.

첫째, 비행기가 펜타곤 같은 거대한 건물과 충돌할 때 얼마나 큰 구멍을 만들어야 하는지 어떻게 알 수 있는가? 음모주의자는 철학자가 '무지로부터의 논증(거짓임이 증명되지 않은 명제는 참임에 틀림없음)' 또는 '개인적 불신으로부터의 논증(개인적 믿음과 모순되는 명제는 거짓임에 틀림없음)'이라고 부르는 방식으로 헛소리를 하고 있다.[15] 실제로 아메리칸 항공 여객기의 날개 중 하나는 펜타곤 건물과 충돌하면서 잘려 나갔고 다른 날개는 충돌 전에 땅에 닿아 찢어졌다. 비행기의 동체는 콘크리트 구조물에 부딪혀 즉시 산산조각이 났다.

둘째, 충돌 직후 현장에 도착한 구조 공학 엔지니어 앨린 E. 킬

그림 7.1. 펜타곤 옆 잔디밭에 추락한 아메리칸 항공 비행기 파편.

샤이머Allyn E. Kilsheimer는 말했다. "건물 전면에 비행기 날개 자국이
있는 것을 봤습니다. 저는 항공사 표시가 있는 비행기 부품을 집
어 들었어요. 비행기 꼬리 부분을 손으로 잡았고, 블랙박스를 발
견했습니다."[16] 건물 안팎의 비행기 잔해 사진은 킬샤이머의 목격
담을 뒷받침한다. 그런 다음 그는 이렇게 덧붙였다. "저는 사체 일
부와 승무원들의 유니폼 조각을 손에 쥐고 있었어요. 됐습니까?"
그림 7.1은 펜타곤 옆 잔디밭에 있는 아메리칸 항공 민항기 파편
을 보여준다.

대부분의 9/11 음모 주장도 이렇게 쉽게 반박할 수 있다. 예
를 들어 펜타곤 '미사일 공격'과 관련하여 이 장의 서두에서 언급

한 다큐멘터리 제작자에게 펜타곤이 공격당하는 동시에 사라진 77편에 무슨 일이 있었는지 물었다. "비행기는 파괴되었고 승객들은 부시 요원에 의해 살해당했지요"라고 그는 엄숙하게 밝혔다. "이 모든 일을 저지르는 데 필요한 수천 명의 공모자 중 TV에 나가거나 모든 것을 알리는 폭로성 책을 쓸 내부 고발자가 **한 명도** 없었다는 말인가요?"라고 나는 믿을 수 없다는 표정으로 다시 물었다. 우리 납세자들이 알고 싶어 할 내부 정보를 공개하는 데 안달이 난 정부 관료와 전직 정치인들을 생각해 보라. 도널드 트럼프 행정부 시절은 물론 그가 퇴임한 이후에도 백악관이나 펜타곤의 '진짜 모습'에 대한 책들이 언론을 통해 쏟아져 나왔고 그 과정에서 저자들의 평판이 세탁되어 외부에서 짭짤한 직업을 얻게 되었다. 미국 역사상 가장 큰 음모와 은폐 사건의 목격자인 9/11 내부자 중에는, CNN이나 〈60분〉 방송에 출연해 자신의 비밀을 밝히고 싶어 하는 사람이 아무도 없을까? 그들 중 올해의 베스트셀러가 될 책으로 돈을 벌고 싶어 하는 이가 아무도 없을까? 몇 잔의 술과 약간의 죄책감으로 친구(또는 친구의 친구)에게 자신의 깊은 비밀을 털어놓은 사람이 한 명도 없을까? 은밀한 관계인 사람과의 잠자리 대화가 없을까? 아무것도 없을까?

9/11 음모론의 이러한 측면에 대응하기 위해 영화 제작자 브라이언 돌턴Brian Dalton과 나는 음모주의자가 제시하는 모든 시나리오를 연기한 〈당신은 트루서를 다룰 수 없다〉라는 짧은 패러디 동영상을 제작했다.[17] 여기에는 다음과 같은 것들이 포함되었다. (1) 크루즈 미사일을 아메리칸 항공 비행기처럼 보이도록 조작하는 것 (2) 요원들이 엘리베이터 수리를 가장하여 쌍둥이 빌딩에 들어가 폭발 장치를 설치하는 것 (3) 항공기에 탑승한 모든 승객

을 캐나다의 비밀 기지에 보낸 뒤 평생 함구하도록 만드는 것 (4) 그들의 가족에게 가짜 전화를 거는 것 (5) 아주 빈정거리는 어투로, 음모에 가담한 모든 사람이 비밀유지협약에 서명했다고 넌지시 말하면서 '역사상 그 누구도 협약을 위반한 적이 없기' 때문에 음모의 비밀은 안전하다고 덧붙이는 것. 게다가 우리는 역사상 가장 복잡한 음모가 조지 W. 부시 행정부에 의해 실행될 수 있었을 거라고 누가 상상이나 했겠느냐고 결론지었다. 부시 자신도 말했듯이 유명한 관용구를 망가뜨리면서. "나를 한 번 속이면, 부끄러워…… 부끄러워 하세요. 나를 속여…… 다시는 속을 수 없어(원래는 '한 번 속으면 속인 놈 탓, 두 번 속으면 속은 놈 탓'인데 부시는 제대로 말하지 못했다-옮긴이)."[18]

다음으로 북미항공우주방위사령부NORAD가 전투기에게 '비행 중지'를 지시했고 민항기가 목표물에 도달하게 했다는 음모론이 있는데 이렇게 되면 미군이 음모에 연루되는 것이다. 실제로 어떤 일이 일어났는지는 〈포퓰러 메카닉스〉 9/11 특집호에 보도되었다. "9/11 당시 인접한 48개 주에서 경계 태세를 갖춘 전투기는 14대에 불과했다. 어떤 컴퓨터 네트워크나 경보도 NORAD에 실종된 비행기를 자동으로 알리지 않았다. 그리고 사령부의 정교한 레이더는 내부가 아닌 외부의 위협을 감시하면서 미대륙을 에워쌌다."[19]

'어떤 사건이 알려지기 전보다 알려지고 난 후 더 예측 가능하다는 믿음'이라는 후판단 편향의 정의를 기억하라.[20] 9/11 테러 이전에는 비행기 납치범들이 일반적으로 몸값을 요구하거나 어떤 정치적 조치를 취할 것을 주장했다. 그런 다음 미리 정해진 목적지에 비행기를 착륙시켰다. 비행기를 납치하여 건물 안으로 날

려버리는 것은 그 누구도 예상하지 못했던 새로운 일이었다. 또한 9/11 테러 당시 납치범들은 기내 레이더 송수신기를 무력화하여 비행기를 추적하기 훨씬 더 어렵게 만들었다. 이러한 신호가 없었다면 NORAD는 어떤 비행기가 납치된 비행기인지 정확히 알지 못한 채 4500개의 레이더 깜빡임을 검증해야 했을 것이다.

또 다른 음모 주장은 9/11 테러 직전 며칠 사이에 항공사 주식의 '풋' 거래량이 의심스러울 정도로 많았다는 것이다.[21] 풋 거래는 주식 가격이 하락할 것에 내기를 거는 것이며 이는 '주식 공매도'라고도 한다. 음모주의자는 많은 내부 거래자가 9/11 테러가 일어날 것을 알고 있었기 때문에 향후 항공사 주식이 하락할 것에 베팅했다고 생각한다. 그러나 9/11 이전 풋 거래 수준은 연초의 다른 최고점과 크게 다르지 않았다. 게다가 아메리칸 항공은 다음 분기에 손실이 발생할 수 있다는 보고서를 발표했었다. 이런 일이 발생하면 풋 트레이더는 거래를 늘린다. 9/11 위원회는 이 주장을 조사하여 다음과 같은 결론에 도달했다.

일부 비정상적인 거래가 실제로 발생했지만 각 거래에는 무해한 설명이 있는 것으로 판명되었다. 알카에다와 전혀 관련이 없는 미국 기반의 한 기관 투자자가 9월 6일에 유나이티드 항공 풋의 95퍼센트를 매입했는데 이는 거래 전략의 일부이며 여기에는 9월 10일에 아메리칸 항공 주식 11만 5000주를 매입하는 것도 포함되었다. 마찬가지로 9월 10일 아메리칸 항공에서 의심스러워 보이는 거래의 대부분은 9월 9일 일요일에 구독자에게 팩스로 전송된 옵션 거래 뉴스레터로 추적되며 여기에서 이러한 거래를 추천한 것으로 밝혀졌다. 증권거래위원회와 FBI는 다른 기관과 증권업계의 도움을 받아 많은 외국 정부의 협조를 확보하는 것을 포함하여 이 문제를 조사하는 데 막대한 자원을 투입했다. 이 기관들은 겉보기에 의심스러워 보이는 거래가 무해한 것으로 일관되게 드러났음을 발견했다.[22]

이것은 후판단 편향이 작동하는 또 다른 예이다. 일이 벌어진 후에 음모주의자는 9/11이 일어나지 않았을 때보다 무작위성과 복잡성에 훨씬 더 많은 의미를 부여하면서 특이한 것을 찾아다닌다.

다음으로 비행기에서 걸려 온 휴대전화 통화의 문제도 있는데 이것은 당시의 기술을 고려할 때 2001년에는 일어날 수 없는 일이라고 음모주의자는 주장한다. 첫째, 일부 승객은 당시 좌석 등받이에서 사용할 수 있었던 기내 휴대전화를 사용했다. 둘째, 2001년에는 고도가 높은 비행 중에도 휴대전화 통화가 가능했지만 비행기가 지상의 여러 기지국을 지나가면서 수신 범위가 고르지 못했다. 휴대전화 제조사 퀄컴의 엔지니어링 부사장인 폴 구키안Paul Guckian에 따르면 "상업용 여객기의 고도인 약 3만 피트 또는 3만 5000피트에서도 휴대폰은 여전히 신호를 받을 수 있다."[23]

회의주의자가 변칙 사냥이라고 부르는 것—더 명백한 설명은 무시한 채 특이한 것만 찾아다니는 것—안에서 수십 건의 9/11 음모 주장이 계속되고 있는데 이는 모두 개인적 회의에 의한 논증, 즉 '내가 변칙 X에 대해 음모 외에 다른 설명을 생각할 수 없다면 그것은 음모가 있다는 것을 증명하는 것이다'에 근거를 둔다. 그렇지 않다. 그것은 단지 당신에게 다른 설명이 생각나지 않는다는 것을 의미할 뿐이다.

9/11 테러가 내부자 소행이 아니라는, 아니 내부자 소행이 **될 수 없었다**는 것을 증명하는 마지막 논증은 인지 심리학에서 곧바

로 도출된 것이다. 그것은 심리학자 아모스 트버스키Amos Tversky와 대니얼 카너먼이 발견한 **결합 오류**라고 한다.[24] 연구진은 피험자들에게 회사에서 누군가를 채용하려고 하는데 다음과 같은 지원자를 고려하고 있다고 상상해 보라고 했다. "린다는 31살이고 독신이며 솔직하고 매우 똑똑합니다. 그녀는 철학을 전공했습니다. 학생 시절에는 차별과 사회 정의 문제에 깊은 관심을 가졌으며 반핵 시위에도 참여했습니다." 그런 다음 피험자들에게 "다음 중 어느 쪽이 더 가능성이 높습니까? 1. 린다의 직업은 은행원이다. 2. 린다의 직업은 은행원이며 페미니스트 운동에 적극적이다"라는 질문을 던졌다. 이 시나리오를 연구 대상자에게 제시하자 85퍼센트가 두 번째 선택지를 골랐다.

수학적으로 말하면 두 개의 독립적인 사건이 함께(즉 결합되어) 발생할 확률(p)은 항상 둘 중 하나만 발생할 확률보다 낮거나 같기 때문에 이것은 잘못된 선택이다. 이 사고 실험에서 린다가 은행원일 가능성은 린다가 은행원**이면서** 페미니스트 운동에 적극적일 가능성보다 훨씬 더 높다. 예를 들어 린다가 은행원일 확률을 매우 낮게 선택하면 p(린다는 은행원이다) = 0.05이고, 페미니스트가 될 확률을 높게 선택하면 p(린다는 페미니스트다) = 0.95이다. 그런 다음 변수 독립성을 가정하면 p(린다는 은행원**이고** 린다는 페미니스트다) = 0.05 × 0.95 또는 0.0475로, 확률이 0.05인 p(린다는 은행원이다)보다 낮다.

9/11이 조지 W. 부시 행정부의 내부자 소행이라는 음모론에 결합 오류를 적용해 보자. 9/11 트루서는 세계무역센터 건물을 무너뜨리기 위해 폭발 장치가 사용되었다고 주장한다. 우리는 비행기가 건물에 충돌하여 건물이 무너지기 전에 한 시간 이상 타오르

는 거대한 화재를 목격했다. 이런 일이 발생**했으면서** 비행기가 충돌한 건물의 정확한 위치에 폭발 장치가 설치되었을 확률은 이 두 가지 독립적인 사건 중 하나의 확률보다 **낮다**. 우리는 비행기가 건물에 충돌했다는 사실을 100퍼센트 확실하게 알고 있기 때문에 폭발 장치도 사용되었다는 음모론을 논리적으로 받아들일 수 없다.

이 운동에서 내가 추적한 또 다른 주제는 9/11 트루서가 자신들이 진지하게 받아들여지지 않는다고 불평한다는 것이다. 그렇지 않다. 방금 설명했듯이 많은 사람과 조직이 이러한 주장들을 충분히 검증하고 반박할 만큼 열심히 조사했다. 트루서의 문제는 증거와 논리가 모두 부족하기 때문에 그 주장이 거부된다는 것이다. 다음 장에서 모든 JFK 음모론을 반박하는 작업을 다루면서 우리가 만나게 될 유명한 변호사 빈센트 부글리오시Vincent Bugliosi의 관찰은 특히 9/11 트루서를 포함한 대부분의 음모주의자에게 적용된다.

음모 커뮤니티는 자주 한 번의 말실수, 오해, 사소한 불일치를 구실 삼아 20개의 확실한 증거를 무너뜨린다. 한 명의 미치광이 증인을 다른 쪽의 일반 증인 10명보다 훨씬 더 신빙성이 있는 것으로 받아들인다. 소문이나 의혹조차도 증거와 동등한 것으로 취급하며 가장 사소한 발견에서 가장 큰 결론으로 비약한다. 고인이 된 변호사 루이스 나이저Louis Nizer도 관찰했듯이 모든 것을 완벽하게 설명하지 못하면 설명한 모든 것이 무효화된다고 주장하는 것이다.[25]

탐사 언론인 조너선 케이는 책을 준비하면서 트루서를 찾아다니며 이러한 효과를 직접 발견했다. 트루서의 음모론에 있는 세부 사항을 주의 깊게 연구한 후, 케이는 저명한 트루서에게 그들의 주장을 반박하는 사실을 제시했지만 이는 전혀 소용이 없다는 것을 알게 되었다. "모든 언쟁에서 음모론자는 필연적으로 가장 명백한 증거를 무시하고 그 대신에 자신이 외우고 있는 몇 가지 모호한 이상한 주장에 토론의 초점을 맞춘다. 내가 아무리 많은 이상한 점을 떨쳐 냈다고 해도 내 토론 상대는 항상 더 많은 이상한 주장을 갖고 있다."[26]

◆◆◆

다시 한번 묻는다. 이 모든 것을 고려할 때 9/11은 음모였는가? 그렇다. 무슨 말인가? 내가 음모를 두 명 이상의 사람 또는 집단이 비도덕적이거나 불법적으로 이득을 얻거나 다른 사람에게 해를 끼치기 위해 비밀리에 모략을 꾸미거나 행동하는 것으로 정의했음을 기억하라. 이 정의에 따르면 알카에다 조직원 19명이 아무런 경고 없이 비행기를 건물로 날려 보내려는 모략을 꾸민 것은 음모에 해당한다. 9/11 음모론자의 궁극적인 실패는 오사마 빈 라덴, 알카에다, ISIS 및 과거와 현재에 걸쳐 미국과 미국의 해외 자산을 공격하기 위해 일상적으로 음모를 꾸몄고 지금도 음모를 꾸미고 있는 기타 테러 조직의 **진짜 음모**에 대한 압도적인 증거를 설명하지 못한다는 것이다. 다음은 혐의가 있는 몇 가지 사건이다.

- 1983년 급진 헤즈볼라 세력이 레바논에서 해병대 막사를 공격한 사건.
- 1993년 세계무역센터에 대한 트럭 폭탄 공격.

- 1995년 필리핀에서 미국으로 향하던 비행기 12대를 폭파하려는 시도.

- 1995년 케냐와 탄자니아의 미 대사관 건물 폭탄 테러로 미국인 12명과 케냐인 및 탄자니아인 200명이 사망함.

- 1996년 사우디아라비아의 코바르 타워 공격으로 미군 19명이 사망함.

- 1999년 아흐메드 레삼Ahmed Ressam이 로스앤젤레스 국제공항을 공격하려다 실패한 사건.

- 2000년 USS 콜호에 대한 자살 보트 공격으로 17명의 선원이 사망하고 39명이 부상.

- 오사마 빈 라덴이 알카에다의 주요 재정 지원자이자 지도자였다는 잘 기록된 증거.

- 미국에 대한 지하드를 공식적으로 선언한 1996년 빈 라덴의 파트와.

- 1998년 빈 라덴이 추종자들에게 "미국인과 그 동맹국 민간인과 군인을 죽이는 것은, 그것이 가능한 어느 나라에서든 무슬림에게는 의무이다"라고 촉구한 파트와.

이러한 배경을 고려할 때 오사마 빈 라덴과 알카에다가 9/11 테러에 대한 책임을 공식적으로 주장했으므로 우리는 그들이 한 짓이라는 그들 자신의 말을 그대로 믿어야 한다.

결론적으로, 9/11 트루서 운동에서 가장 신경 쓰이는 것은 알카에다, ISIS, 보코하람, 탈레반 및 기타 극단주의 조직이 거리, 지하철, 극장, 경기장, 크리스마스 마켓, 교회, 그 밖의 많은 사람이 모이는 장소 등 거의 방어할 수 없는 수많은 저순위 표적을 통해 유럽과 미국의 서양인을 살해하려는 진짜 음모로부터 주의를 분산시킨다는 점이다. 이는 진짜 음모자들이 조직하고 실행하는 진짜 음모이다. 9/11 테러의 잔해 속에서 변칙 사냥을 하는 동안 이것을 놓치지는 말자.

◆◆◆

버락 오바마 대통령은 재임 8년 동안 바쁜 사람이었다. 무엇보다도 그는 (1) 자신의 진짜 신분을 숨기기 위해 가짜 출생증명서를 위조하고, (2) 자신의 의료보험제도에 따라 누가 살고 누가 죽을지 '사망자 명단'을 만들고, (3) 종교 기관 직원에게 피임약을 의무화하여 종교의 자유를 파괴하려고 공모하고, (4) 자신의 환경 의제에 대한 지지를 얻기 위해 딥워터호라이즌 해상 시추선을 폭파하고, (5) 전쟁의 구실로 시리아 가스 공격을 주도하고, (6) 교통안전청TSA의 권한을 강화하기 위해 교통안전청 요원 총격 사건을 조율했고, (7) 총기 규제 법안을 추진하기 위해 샌디훅 초등학교 학살 사건을 명령했고, (8) 변화에 저항하는 미국인을 가두는 강제 수용소를 건설했고, (9) 자신의 비밀 이슬람 신앙을 숨기기 위해 기독교 교회에 출석했고, (10) 자신이 사회주의자라는 사실을 숨기기 위해 주식 시장 가치가 142퍼센트 상승하도록 조작했다.[27]

사람들이 오바마에 관한 이런 소문을 정말 믿을까? 그렇다, 일부는 믿는다. 전체 미국인의 과반수는 아니지만 정치적 선호도에 따라 분류하면 공화당 지지자의 과반수(72퍼센트)가 이러한 음모론 중 하나 이상을 믿고 있으며 일반적으로 버서 음모론을 지지한

다고 답했다.[28] 그 결과 음모론적인 소문은 오바마 대통령 임기 내내 오바마 행정부를 괴롭혔다.[29]

버서 음모론은 2008년 버락 오바마가 민주당 대통령 후보 예비 선거에서 승리한 후 도널드 트럼프를 비롯한 일부 사람이 그가 미국 땅에서 태어나지 않았다는 헌법상 대통령 자격 요건을 내세우면서 시작되었다. 오바마가 대통령에 당선된 후에도 음모론은 계속되었다. 그래서 버락 후세인 오바마가 1961년 8월 4일 오후 7시 24분 하와이 호놀룰루에서 태어났다는 내용의 '출생증명서'가 하와이 주지사 닐 애버크롬비Neil Abercrombie와 주 법무장관 및 보건부 국장의 인증을 받아 공개되었다.

음모론이 계속되자 뉴스 매체 〈호놀룰루 애드버타이저〉는 오바마의 출생을 포함한 그 주의 출생 소식을 발표하는 1961년 8월 13일 자 신문 기사의 사본을 게재했다. 그래도 음모론은 멈추지 않았고 2008년 10월 31일 하와이 보건부 국장 치요메 후키노Chiyome Fukino 박사는 다음과 같은 성명을 발표했다.

버락 후세인 오바마 상원의원의 공식 출생증명서를 공개해 달라는 요청이 쇄도했습니다. 하와이 주법은 바이탈 레코드(우리나라의 호적에 해당함-옮긴이)에 대한 실질적인 이해관계가 없는 사람에게 출생증명서를 공개하는 것을 금지하고 있습니다. 따라서 저는 이러한 유형의 바이탈 레코드를 감독하고 유지할 법적 권한이 있는 인구통계등기소와 함께 하와이주 보건부가 주 정책 및 절차에 따라 오바마 상원의원의 출생증명서 원본을 보유하고 있음을 직접 보고 확인했습니다.[30]

음모론이 지속되자 당시 대통령 선거에서 오바마에 맞선 존 매케인을 위해 선거 운동을 하던 공화당원 린다 링글Linda Lingle 하와이 주지사도 출생증명서가 합법적이라고 공개적으로 밝혔다. 그리고 매케인 자신도 2008년 선거 유세에서 오바마가 '아랍인'이라는 의견을 표명한 한 여성을 무대에서 꾸짖은 것으로 유명하다. 매케인은 "아닙니다, 부인"이라고 반박하며 마이크를 다시 잡았다. "그는 훌륭한 가장이고 근본적인 문제에 대해 나와는 이견이 있을 뿐인 시민이며 이것이 바로 이 캠페인의 전부입니다."[31]

음모주의자는 이것이 출생에 대한 자세한 내용을 포함하는 더 합법적인 '정식' 증명서가 아니라 '약식' 문서라고 반박하면서 음모론은 계속되었다. 이에 하와이 보건부 대변인 제니스 오쿠보Janice Okubo는 정식 양식과 약식 양식에 대한 성명을 발표했다. "그냥 단어일 뿐입니다. 인터넷에 게시된 것은 하와이주에서 발급한 출생증명서입니다. 출생증명서는 한 가지 형태만 있습니다. 출생증명서를 요청하면 그 사이트에 게시된 것과 똑같이 생긴 출생증명서를 받게 됩니다. 그것이 바로 출생증명서입니다."[32]

출생증명서에 이의를 제기하는 수많은 소송이 제기되었지만 하급 법원은 이를 모두 기각했다. 여전히 음모론은 계속되었고 소송은 미국 대법원까지 이어졌으며 대법원은 이 사건과 관련하여 추가로 제기된 세 건의 소송을 심리한 뒤 기각했다. 또다시 음모론은 계속되었고, 결국 백악관의 더 중요한 의제가 묻힐까 봐 오바마 대통령은 정식 출생증명서를 공개했다.

그럼에도 버서는 이 문서가 위조된 것이라고 주장했다. 음모주의자는 이 문서를 분석하면서 변칙 사냥에 나섰고 양각 인장과 등기소의 서명이 증명서의 어디에 있는지, 다른 하와이 출생증명서와 색조가 다른 이유, 증명서를 접어서 우편으로 보낼 때 구겨지지 않은 이유, 포토샵 처리된 것처럼 보이는 이유 등에 대해 궁금해했다. 사실 확인 뉴스 매체인 〈폴리티팩트〉 역사상 가장 널리 읽혔던 기사에서 사실 검증에 나선 기자들은 버서의 주장에 대해 자세히 다루며 이렇게 결론지었다. "이 문서가 위조된 것이라면 미국 상원의원과 그의 대선 캠프는 장기간에 걸쳐 대규모 사기를 저지른 것이다. 그들은 하와이 보건부, 일리노이주 쿡 카운티 인구통계국, 일리노이주 국무장관실, 일리노이주 대법원 변호사 등록 및 징계위원회 및 기타 여러 정부 기관의 공무원과 공모하여 이 같은 일을 저질렀다."[33]

다시 한번 내 음모 탐지 키트의 도구를 사용해 보면 우리처럼 개방된 사회에서는 외부인이 음모를 알아채지 못한 채, 구성원 중 한 명이 실수하거나 도덕적 양심의 가책을 느끼지 않고서 이렇게 많은 사람이 치밀한 음모를 꾸미는 것은 불가능하다.

오바마의 출생지에 대한 의문은 더 많이 있지만 어느 순간 정상적인 회의론은 이념적 입장이 너무 확고하여 어떤 증거로도 믿음에 대한 확신을 바꾸도록 설득할 수 없는 비정상적인 부정론으로 변형된다.[34] 왜 그럴까? 여러 면에서 오바마 버서 운동은 정치적 스펙트럼의 반대편에 있기는 해도 9/11 트루서 운동의 정치적 도플갱어이다. 그리고 버서는 트루서만큼이나 모순된 사실에 면역이 되어 있다. 따라서 한 가지 설명은 일반적인 정치적 부족주의에서 찾을 수 있는데 이는 양쪽 모두 자신의 정당이나 대표자를 찾아서 지지하는 동시에 상대방에 반대되는 모든 논쟁을 끌어내는 것이다. 이는 버서는 공화당원이고 트루서는 민주당원인 경향이 있다는 사실에서 입증된다(두 음모론 진영에는 음모론에 경도된 자유주의자가 소수 포함되어 있다).

이러한 요소와 확증 편향(우리가 믿는 것을 뒷받침하는 확증적 증거를 추구하고 찾는 것)이 더해져 모순되는 증거를 객관적으로 보는 것은 거의 불가능하다. 따라서 트루서와 마찬가지로 버서는 그들의 신념을 바꾸도록 결코 설득되지 않을 것이다. '변하는 것이 많을수록 본질은 더욱더 그대로다.'

버서의 경우, 오바마라는 외국어 같은 이름, 국제적인 가족 이력, 국제적인 배경과 학력 때문에 이런 주장에 쉽게 빠져들 수 있다. 핵심 주장이 사실이라면 출생증명서와 신문 발표가 모두 거짓일 확률을 잘못 해석하면서 말이다. 이제 실제 출생증명서가 공개되었으므로 세 가지가 모두 가짜일 확률은 천문학적 숫자를 넘어섰다. 그럼에도 오바마의 출생지에 대한 소문은 계속되고 있으며 상당수의 미국인은 오바마가 미국에서 태어나지 않았거나 무슬림으로 자랐거나 둘 다라고 믿는다. 2016년 대통령 임기가 끝난 후에도 2017년 12월 유고브 여론 조사에 따르면 미국인의 31퍼센트가 오바마가 미국 밖에서 태어났을 가능성이 있다고 답했으며 예상대로 공화당 지지자의 51퍼센트도 이 주장에 동의했다.

마지막으로, 버서 운동에는 인종주의라는 어두운 요소가 작용하고 있다. 애슐리 자르디나Ashley Jardina와 마이클 트라우고트Michael Traugott는 '버서 소문의 기원'에 대한 분석에서 특히 백인 미국인 사이에서 "버서 신념은 인종적 적대감과 독특하게 연관되어 있다"라고 지적했다.[35] 그들은 이 연구를 "가장 동기가 강하고 기존 태도와 믿음 사이에서 소문을 통합할 수 있는 개인이 소문을 더 강력하게 지지한다는 것을 보여주는 다른 연구"와 결합했다. "따라서 우리는 인종적으로 보수적이고 지식이 풍부한 백인 공화당원이 오바마의 출생지에 대해 가장 회의적인 태도를 보인다는 사실을 알게 된다."[36]

안타깝게도 인종차별적 음모론은 2016년 오바마가 퇴임한 후에도 오랫동안 정치권을 괴롭혔으며 버지니아주 샬러츠빌에서 열린 '유나이트 더 라이트' 집회에서 절정에 달했다. 집회는 미국 문화의 이 추악한 극우 세력에 맞섰던 한 백인 반대자의 죽음으로 비극이 되었으나 이런 상황은 조만간 사라질 것 같지 않다. 이는 음모론이 사회의 변방에 존재하는 것이 아니라 주류 문화에 깊숙이 자리 잡고 있다는 나의 이전 주장을 다시 한번 강화한다. 따라서 영원한 경계는 자유의 표어일 뿐만 아니라 건전하고 합리적인 사회의 만트라이기도 하다.

8 장

날아가 버린 JFK

모든 음모론의 어머니

9/11 트루서, 오바마 버서, 큐어넌 트럼프 지지자 이전에 모든 음모론의 모태가 된 사건은 1963년 11월 22일 존 F. 케네디 대통령 암살 사건이다. 이 비극에 대응하기 위해 린든 B. 존슨 신임 대통령은 얼 워런Earl Warren 미국 대법관을 위원장으로 하고 저명한 인사들이 모인 조사위원회를 구성했다. 이 위원회는 리 하비 오즈월드가 단독 암살범이라는 결론을 내린 889페이지 분량의 종합 보고서를 작성했다.[1] 이후 1979년 하원 특별위원회의 철저한 보고서, 2002년 오즈월드에 관한 책인 제럴드 포스너Gerald Posner 의《사건 종결Case Close》, JFK 음모론자의 거의 모든 주장을 다룬 2007년 빈센트 부글리오시의 1600페이지에 달하는 백과사전식 책《역사 되찾기Reclaiming History》, 미셸 자크 가녜Michel Jacques Gagné의 책《케네디 암살에 대한 비판적 사고Thinking Critically About the Kennedy Assassination》등 암살 사건에 대한 철저한 후속 조사가 이루어졌다.[2] 이 모든 것이 오즈월드의 단독 범행이라는《워런위원회 보고서》의 최초 조사 결과를 확증했다.

오즈월드가 케네디를 암살한 지 이틀 만에 암살당했기 때문에 재판은 열리지 않았고 1969년 뉴올리언스 지방 검사 짐 개리슨Jim Garrison이 지역 사업가 클레이 쇼Clay Shaw를 공모자로 재판에 회부할 때까지 사건은 종결되었다. 쇼는 뉴올리언스에 잠시 거주한 적이 있는 오즈월드와 관련이 있는 것으로 알려졌다. 개리슨은 JFK 암살 음모론자이기도 했기 때문에 재판을 통해 미국 정부 내에서 대통령을 살해하기 위해 음모를 꾸민 세력이 밝혀지기를 바랐다. 그가 생각하기에 가장 유력한 후보는 군산복합체와 결탁한 CIA였는데 왜냐하면 억지스러운 사후 판단의 입장에 선 개리슨의 추론에 따르면 케네디가 베트남에서 벗어나기를 원했기 때문이었다. (JFK 암살 연구자인 미셸 가네는 내게 이렇게 말했다. "60년대 개리슨의 이론에서 베트남은 눈에 띄는 존재가 아니었어요. 처음에는 데이비드 페리David Ferrie와 클레이 쇼가 연루된 가학적인 동성애 음모라고 주장하다가 FBI를 비난하기 시작했고 그다음에는 카스트로를 살해하려는 CIA의 음모에 JFK가 동의했다는 것을 모른 채, JFK가 쿠바와 평화를 이루려고 했기 때문에 CIA가 JFK를 죽였다고 주장했습니다.")[3] 개리슨은 "매우 현실적이고 끔찍한 의미에서 우리 정부는 CIA와 국방부이며, 의회는 토론 단체로 전락했다"라고 선언했다.[4] 개리슨에게는 안타깝지만 배심원단은 한 시간도 안 되어 쇼에게 무죄를 선고했다.[5]

대통령 암살을 둘러싸고 소용돌이치는 음모론이 첫날부터 불거졌지만 1970년대 초 워터게이트 사건으로 정부에 대한 대중의 신뢰가 약화하면서 관심이 재점화되었다. 1975년 에이브러햄 자프루더Abraham Zapruder의 8mm 필름이 공개되면서 총알이 발사될 때 JFK 뒤에 위치하게 되는, 오즈월드가 있던 텍사스 교과서 보관소 건물이 아닌, 대통령 오른쪽에 있는 잔디 언덕에서 총알이 날아온 것처럼 대통령의 **머리가 뒤로** 그리고 **왼쪽**으로 꺾이는 듯한 모습을 볼 수 있었다. 그래서 1976년 정부는 이 사건을 재조사했다. 하원 특별위원회는 250명의 조사관을 고용하고 550만 달러와 30개월의 시간을 들여 누가 진짜로 JFK를 죽였는지 밝혀내기 위해 노력했다. 12권의 방대한 보고서를 발표한 후 위원회는 오즈월드가 유죄이며 미국 정부 내 어떤 기관도 관여하지 않았다는 결론을 내렸다.[6]

음모론자가 이 보고서에서 얻은 유일하게 흥미로운 소식은, 딜리 플라자 차량 행렬 안에 설치된 딕타벨트 녹음 장치의 오디오 테이프가 네 번째 총알이 발사된 것을 시사한다는 점이었다. 그러나 이후 분석 결과, 딕타벨트 장치에 녹음된 소리는 암살 사건 발생 90초 후, 즉 대통령의 차량 행렬이 딜리 플라자에서 속도를 높여 파크랜드 메모리얼 병원으로 달려간 지 한참 후에 발생한 것으로 밝혀졌다. 게다가 그것은 총소리도 아니었다. 버지니아대학교 정치센터의 래리 사바토Larry Sabato 소장은 당일의 경찰 무전 교신을 종합적으로 연구한 결과를 발표하면서 "댈러스 경찰의 딕타벨트 녹음에 따르면 딜리 플라자에서 3발이 아닌 4발이 발사되었다는 하원 암살조사위원회의 주요 결론은 완전히 틀렸다는 것을 우리 팀이 처음으로 의심의 여지 없이 증명했다"라고 결론지었다.[7]

10년 후인 1986년, 〈런던 위크엔드〉 텔레비전 쇼에서는 검사 빈센트 부글리오시가 리 하비 오즈월드의 사후 재판을 모의 재판으로 진행했다. 부글리오시는 찰스 맨슨Charles Manson과 그의 추종자들의 살인죄를 유죄 입증했던 저명한 검사이기도 했다. 오즈월드의 결석 변호는, 1992년 아이다호주 루비 리지에 있는 자택에서 FBI 요원들의 잘못된 급습으로 가족이 살해된 총기 애호가이자 반정부 고립주의자인 랜디 위버Randy Weaver를 변호한 것으로 유명한 변호사 게리 스펜스Gerry Spence가 맡았다. 20시간에 걸친 재판 끝에 배심원단은 〈타임〉지가 "존 F. 케네디를 살해한 피고인이 받을 수 있는 실제 재판에 가장 근접한 재판"이라고 평가한 6시간 동안 심리를 벌였다.[8] 배심원단은 오즈월드를 단독 암살범으로 유죄를 선고했다. 2013년에 방영된 PBS 〈노바〉 시리즈의 스페셜 〈미해결 사건 JFK〉는 오즈월드의 만리허-카르카노 소총만이 케네디와 존 코널리John Connally 주지사가 입은 상처를 만들 수 있다는 사실을 확실하게 보여준다.[9] 2019년 다큐멘터리, 〈진실만이 유일한 의뢰인: 존 F. 케네디 대통령 암살 공식 조사Truth Is the Only Client: The Official Investigation of the Murder of John F. Kennedy〉(제목은 얼 워런이 위원회 위원들에게 지시한 내용에서 따온 것)는 2시간 30분 가까이 되는 긴 분량이지만 워런위원회의 종합 보고서와 후속 연구를 바탕으로 제작되었다. 영화도 같은 결론에 도달했다. 리 하비 오즈월드의 단독 범행.[10] 사건 종결.

그러나 대중의 마음속에서 여전히 사건은 종결되지 않았다. 1960년대 중반 이후 실시된 여론 조사에 따르면 미국인의 절반 이상이 딜리 플라자에 한 명 이상의 총격범이 있었다고 믿는 것으로 나타났다. 1997년 〈폭스 뉴스〉의 여론 조사에 따르면 미국인의 절반이 조금 넘는 사람이 미국 관리들이 대통령의 죽음에 직접 관여했을 가능성이 '매우 높다' 또는 '어느 정도 높다'고 생각하는 것으로 나타났다.[11] 1998년 CBS 뉴스의 여론 조사에 따르면 76퍼센트의 응답자가 암살단에 의해 JFK가 살해되었다고 생각한다고 답했다.[12] 2003년 ABC 뉴스 여론 조사에 따르면 미국 성인의 32퍼센트만이 리 하비 오즈월드의 단독 범행을 인정했다.[13] 2013

년 갤럽 조사에 따르면 미국인의 61퍼센트가 음모가 있었다고 믿는 것으로 나타났다.[14] 2016년 채프먼대학교의 설문 조사에 따르면 미국인의 절반은 그들이 JFK 암살에 대해 아는 사실을 정부가 은폐하고 있다고 믿었다.[15] 그리고 2021년 회의주의자 연구 센터가 아논다 사이드Anondah Saide, 케빈 맥카프리Kevin McCaffree와 함께 미국인 3000여 명을 대상으로 실시한 여론 조사에 따르면 36퍼센트는 "미국 정부 내의 누군가가 존 F. 케네디 암살의 실제 책임자에 대한 진실을 숨겼다"라는 주장에 약간, 보통, 강하게 동의한다고 답했으며 나머지 28퍼센트는 불확실하다고 답했다.[16]

JFK 암살 음모론은 너무나 널리 퍼져 있어서 이런 농담도 있을 정도다. 음모주의자가 죽어서 천국에 갔다. 잘 살아온 삶에 대한 보상으로 신이 어떤 질문에도 대답해 주겠다고 했다.

음모주의자: "누가 실제로 존 F. 케네디를 죽였나요?"
신: "리 하비 오즈월드. 자신의 카르카노 M91 소총을 사용하여 혼자 행동했지."
음모주의자: "신도 공범이라니!"

1992년 올리버 스톤의 영화 〈JFK〉가 개봉한 직후, 변호사이자 JFK 암살 전문가인 빈센트 부글리오시는 최고 수준의 변호사가 모인 회의에서 한 명의 암살범이 JFK를 살해했다는 워런위원회의 조사 결과를 믿지 **않는** 사람이 몇 명이나 되는지 물었다. 방에 있던 거의 모든 사람이 손을 들었다. 올리버 스톤의 영화를 본 사람이 몇 명이나 되느냐는 질문에도 거의 같은 숫자의 손이 올라갔다. 그다음에 부글리오시는 《워런위원회 보고서》를 읽어본 사람이 몇 명인지 물었다. "당황스러웠어요. 손을 든 사람은 소수에 불과했지요. 1분도 채 되지 않아 제 주장이 옳았다는 사실이 증명되었습니다. 모인 사람의 압도적인 다수가 보고서를 읽어보지도 않고 그 조사 결과를 거부하는 의견을 형성하고 있었던 거죠."[17] 이들은 전문 변호사임에도 살인 사건에 대해 거의 아무것도 모르는 상태에서 판결을 내렸던 것이었다.

이 책 전체를 다양한 음모론으로 채울 수 있을 정도로 JFK 암살 사건을 다루는 많은 자료가 출판되었다. 그리고 일단 그 토끼굴로 내려가면 문제가 분명해진다. 대부분 서로 모순되고, 음모를 꾸민 조직은커녕 두 번째 저격범도 밝혀지지 않았기 때문에 고독한 암살자 이론이 가장 유력한 설명이다. 예를 들어 암살의 배후에 조직 범죄가 있다고 생각하는 사람은 FBI가 암살을 조율했다고 주장하는 사람과 충돌한다. CIA의 소행이라고 가정하면 CIA의 반대편에 있는 러시아 조직인 KGB의 소행일 수가 없다. 영화 〈JFK〉에는 댈러스 경찰국, 비밀경호국, 린든 존슨 부통령, FBI, CIA, 반카스트로 쿠바 망명자, 조직 범죄, 특히 군산복합체를 포함한 거의 모든 사람이 연루되어 있다.[18] 모든 것이 음모이고 모두가 음모주의자라면 아무것도 설명되지 않는다.

이 문제에 대한 내 생각은 시간이 지남에 따라 바뀌었다. 이 주제에 대해 많이 읽지 않았을 때는 오즈월드의 단독 범행이라는 《워런위원회 보고서》의 결론이 옳다고만 생각했다. 하지만 짐 개리슨의 클레이 쇼 재판을 바탕으로 한 올리버 스톤의 영화를 본 후, 나는 이 이야기에 더 많은 것이 있을지도 모른다는, 심지어 대통령 암살을 위한 진짜 음모가 있을지도 모른다는 의심을 하게 되었다. 그것이 영화의 힘이다. 그리고 배심원을 위해 자프루더의 필름으로 케네디의 머리가 '뒤로, 왼쪽으로, 뒤로, 왼쪽으로' 꺾이는 장면을 반복해 보여주는 짐 개리슨 역의 케빈 코스트너를 누가 잊을 수 있겠는가.[19]

하지만 제럴드 포스너와 빈센트 부글리오시의 책을 읽은 후, 나는 내 선입견을 업데이트하고 2013년 암살 50주년을 맞아 가장 일반적인 음모론을 반박하는 〈스켑틱〉의 특별판을 편집하며 고독한 암살자 이론에 대한 신뢰를 다시 확립했다.[20] 일단 음모론자도 동의하는, 대통령 암살에 리 하비 오즈월드가 연루됐다는 분석부터 시작해 보자. 오즈월드에 관한 책, 다큐멘터리, 영화가 많이 있지만 그중에서도 PBS 방송사의 다큐멘터리 〈프론트라인〉 시리즈인 〈리 하비 오즈월드는 누구였나?〉가 가장 훌륭하다.[21] 그와 관련된 핵심적인 사실은 다음과 같다.[22]

◆◆◆

리 하비 오즈월드는 1939년 뉴올리언스에서 태어나 1950년대에 미 해병대에 입대하여 소총 사격 훈련을 받았다. 올리버 스톤의 영화의 한 인물이 오즈월드가 "매기의 서랍을 쐈다", 즉 과녁을 맞히지도 못했다고 말한 것과는 달리, 오즈월드는 소총 사격에서 두 번째로 높은 등급을 받아 명사수로 인정받았다. 딜리 플라자에 있는, 지금은 박물관이 된 옛 텍사스 교과서 보관소 건물 6층을 방문하여 저격수의 은신처에 있는 창문을 내다보면 총알이 대통령을 맞힌 지점과 얼마나 가까웠는지 확인할 수 있는데, 아래쪽 고속도로에 목과 머리에 맞은 것을 나타내는 두 개의 흰색 X 표시가 있다.

정치적으로 오즈월드는 1959년 러시아로 망명하여 민스크의 라디오 공장에서 2년간 일했고 마리나라는 러시아 여성과 결혼한 공공연한 공산주의자였다. 소련에 환멸을 느낀 그는 1962년 친구들에게 카스트로의 공산주의 혁명에 동참하기 위해 쿠바로 가고 싶다고 말한 직후 텍사스주 댈러스로 이주했다. 이러한 배경은 케네디 대통령이 반공주의자였고, 피그만 침공 사건의 실패 이후에도 반쿠바와 반카스트로를 분명히 했기 때문에 케네디를 살해한 동기를 확립하는 데 기여했다.

기질적으로 오즈월드는 정서가 불안정했고 유명해지려고 무슨 짓을 저지를 것이라고 사람들에게 말하는 등 과대망상에 시달렸다. 그는 소시오패스였을 가능성이 높으며 사이코패스, 나르시시즘, 마키아벨리즘이라는 성격적 특성—'세 가지 어두운 특성'—을 나타냈을 가능성이 높다. 여기서 '어두운'이라는 단어를 쓴 이유는 앞의 세 가지가 조합되면 사악한 행동으로 이어질 수 있기 때문이다.[23]

댈러스에 있는 동안 오즈월드는 반공주의자이자 퇴역 장군인 에드윈 A. 워커Edwin A. Walker를 만났는데 그는 한때 미국 대법관 얼 워런이 학교 내 기도 금지와 소수자 인권 증진을 통해 미국을 파괴하려는 음모를 꾸미고 있다고 비난했던 음모론자였다. 케네디를 암살하기 불과 8개월 전인 1963년 4월, 오즈월드는 워커 장군의 집 밖 약 100피트 지점에서 총격을 가해 그를 죽이려고 시도했다. 워커 장군은 팔뚝에 총알 파편을 맞았지만 목숨을 건졌다. 케네디 암살 사건 이후의 조사에서 오즈월드는 1963년 3월 우편 주문으로 구입한 이탈리아제 6.5mm 만리허-카르카노 볼트액션 소총과 38구경 스미스앤드웨슨 리볼버라는 총기를 두 사건에서 사용한 것으로 확인되었으며, 나중에 수사관들은 총기의 행방을 발견했다. 만리허-카르카노 소총은 텍사스 교과서 보관소 건물 6층에 있는 은신처 근처 상자 사이에서 발견되었다. 다 쓴 만리허-카르카노 탄창 3개가 은신처 바닥에 흩어져 있었다.

오즈월드는 워커 장군을 죽이려고 시도한 후, 이 일을 아내 마리나에게 말했다. 아내 마리나에 따르면 오즈월드는 당시 부통령인(미래에는 대통령이 되는) 리처드 닉슨을 암살할 계획을 세웠지만 마리나는 오즈월드가 그런 짓을 하지 못하게 화장실에 가두었다. (JFK 암살 이후 워런위원회는 워커 장군을 살해하려고 한 사람이 오즈월드라고 결론지었다.)

그해 여름, 오즈월드는 '쿠바를 위한 페어플레이'라는 친카스트로 단체의 뉴올리언스 지부를 만들었고(그가 유일한 회원이었다), 반카스트로 쿠바인들과 싸움을 벌이다 체포되었는데 이는 그의 폭력적인 성향을 보여주는 또 다른 증거이다.

1963년 9월, 아내의 만류로 쿠바행 비행기를 탈취하지 못한 오즈월드는 쿠바 여행 비자를 발급받기 위해 멕시코시티로 향했지만 쿠바 대사관은 가족과 함께 소련으로 돌아갈 경우에만 방문 비자를 발급하겠다고 했고 그는 이를 거부했다. 그래서 오즈월드는 소련 대사관으로 갔고 그곳에서 비밀 KGB 요원 3명을 만났는데 후에 이들은 오즈월드가 제정신이 아닌 것 같다고 보고하고 그를 돌려보냈다.

그 후 오즈월드는 댈러스로 돌아와 10월 16일 텍사스 교과서 보관소에서 일을 시작했다. 음모론자는 이 건물이 케네디 대통령의 퍼레이드 경로에 있었다는 사실에 주목했지만 그 경로는 오즈월드가 댈러스에 취직한 시기보다 훨씬 후인 대통령의 댈러스 방문 일주일 전까지 결정되지 않았다(이 책의 중심 주제인 많은 실제 음모는 운, 우연, 우발성에 달려 있다는 점을 다시 한번 강조한다).

직장 동료들은 JFK의 차량 행렬이 도착하기 직전에 텍사스 교과서 보관소 건물 6층에서 오즈월드를 목격했으며 암살 직후 오즈월드가 건물 밖으로 나가는 것도 봤다. 텍사스 교과서 보관소 건물 6층에 있는 저격수의 은신처는 상자로 만들어졌는데 거기에는 오즈월드의 지문이 묻어 있었다. 은신처에서 세 개의 탄피가 발견되었는데 이는 오즈월드가 세 발을 쐈다는 사실을 나타낸다. 딜리 플라자 목격자의 81퍼센트가 세 발의 총성을 들었다고 보고한 것과 일치한다.

이후 만리허-카르카노 소총을 사용한 실험, 특히 1979년 하원 특별위원회 보고서에 언급된 실험에 따르면 오즈월드가 총을 쏘는 데 걸린 8초(일부 연구자들은 10초라고 주장한다) 안에 3발을 쉽게 쏠 수 있는 것으로 나타났다. 첫 번째 총알이 이미 장전된 상태에서 세 발을 쏘는 데는 3.3초밖에 걸리지 않았을 것이다.

저격범의 은신처에서 발견된 세 개의 탄피에는 오즈월드의 소총에서 발사된 것으로 보이는 탄도 자국이 뚜렷하게 남아 있었다. 파크랜드 메모리얼 병원에서 회수된 총알 한 발은 케네디와 텍사스 주지사 코널리─JFK를 공격한 첫 번째 총알에 맞았다─가 입원했던 병원에서 발견되었는데 탄도 자국이 일치하여 해당 소총에서 발사된 총알임을 알 수 있다.

케네디를 암살한 후 오즈월드는 집으로 돌아가 38구경 스미스앤드웨슨 리볼버를 들고 다시 집을 나섰다. 얼마 지나지 않아 그는 댈러스 순찰대원 J. D. 티펫J. D. Tippet에게 제지당했다. 오즈월드는 그를 네 발의 총알로 살해했고 10명의 목격자가 이 장면을 봤으며 현장에 있던 총알 탄피는 오즈월드의 38구경 스미스앤드 웨슨 권총과 일치했다.

오즈월드는 현장을 빠져나와 돈을 내지 않고 근처 극장으로 숨어들었다. 경찰은 극장으로 출동하여 오즈월드와 대치했다. 오즈월드는 리볼버를 꺼내 첫 번째 경찰관을 쏘려고 했지만 총을 빼앗겼고, "이제 다 끝났어"라고 말하며 체포되었다.

이틀 후인 11월 24일 일요일 오전 11시 21분(중부 표준시) 댈러스 나이트클럽 운영자 잭 루비Jack Ruby가 오즈월드가 시 구치소로 이송되던 댈러스 경찰 본부 안으로 걸어들어와 오즈월드를 직사거리에서 총으로 쏴 죽이면서 정말 모든 것이 끝이 났다. 또 다른 섬뜩한 우연의 일치로 오즈월드는 파크랜드 메모리얼 병원으로 이송되어 사망 선고를 받았는데 이는 케네디 대통령이 같은 병원에서 사망한 지 이틀 뒤 바로 그 시간이었다.

◆◆◆

리 하비 오즈월드가 존 피츠제럴드 케네디를 저격했다는 사실에는 의심의 여지가 없으며 오즈월드를 위한 페어플레이위원회에 가입하려는 사람이라면 누구나 사실 확인이 필요하다. 음모주의자는 **다른 사람** 또는 **여러 사람**이 케네디를 저격했거나, 암살 지시를 모의했거나, 암살에 자금을 지원했거나, 딜리 플라자에서 총격범들을 조직했거나, 그 밖의 무언가를 했다고 주장한다. (오즈월드가 CIA, KGB, 마피아가 파놓은 함정에 걸려든 사람이라고 생각하는 사람들은 오즈월드에 대한 위의 사실을 떠올리며 '제정신이라면 이 정도 규모의 암살을 수행하기 위해 이렇게 불안정하고 미친 사람을 선택했을까?'라고 자문해 보기만 하면 된다.) 오즈월드 이외의 다른 사람을 지목하는 확실한 증거가 없기 때문에 음모주의자는 고독한 암살자 이론에 맞지 않는 무언가를 찾기 위해 변칙 사냥에 나서야 한다. 그런 변칙을 어떻게 처리해야 할까? 아무것도 할 게 없다. 모든 것을 설명할 수 있는 이론은 없으며 여기에는 우리의 음모주의 원칙이 적용된다. 절대로 무작위성이나 무능력으로 설명할 수 있는 것을 악의에 의한 것으로 간주하지 말라.

이에 대한 완벽한 사례는 바로 오즈월드를 쏘았던 잭 루비이다. 그는 특히 마피아에 연루되었다는 이유로 음모주의자가 주요 용의자로 지목한 인물이다. 루비는 수사관들에게 오즈월드를 쏜 이유를 정확히 말했다. "케네디 여사가 재판을 받기 위해 돌아와야 하는 불편함"을 덜어주기 위해서였다고. 루비는 자신이 대통령으로서 사랑했던 케네디에 대해 "어떻게 그런 위대한 인물을 잃을 수 있는지" 이해할 수 없었다고 말하면서 이틀 동안 슬픔에 잠겨 있다가 회복된 후 순간적인 충동에 의해 그런 결정을 한 것이라고 말했다. 루비를 아는 사람들은 그가 기질이 급하고 폭력적이었다고 언급했다. 빈센트 부글리오시는 오즈월드의 암살범에 대해 많은 사람이 말한 내용을 이렇게 요약했다. "FBI 요원들은 **루비를 잘 아는** 100명 가까운 사람을 인터뷰했을 것이며, 워런위원회의 보고서에서 루비의 성질이나 적어도 그가 얼마나 '매우 감정적'이었는지 언급하지 않은 인터뷰 대상자를 한 명도 찾기 어려울 것이다."[24]

음모론의 상당 부분은 목격자의 진술에 의존하는데 수십 년에 걸친 인지 심리학 연구를 보면 기억은 사건에 대한 정확하고 충실한 기록이 아니다. 심리학자 엘리자베스 로프터스Elizabeth Loftus가 실험과 실제 사례에서 보여준 것처럼 사람의 기억은 간단한 암시만으로도 쉽게 조작될 수 있다. 예를 들어 자동차 사고를 목격한 목격자가 '충돌한' 대신 '박살 난'과 같은 형용사를 선택하면 목격자가 기억하는 자동차의 주행 속도 추정치가 달라진다.[25] 로프터스의 가장 유명한 실험은 어렸을 때 쇼핑몰에서 길을 잃었다는 잘못된 기억을 성인에게 심어주는 것이었다. 실험 대상자의 3분의 1이 쇼핑몰에서 길을 잃었다고 '기억'했으며 대부분 쇼핑몰의 모습, 사람들이 무엇을 입고 있었는지, 무슨 일이 언제 일어났는지, 심지어 길을 잃었다가 다시 찾았을 때의 감정까지 상세히 기억했다.[26] 전혀 일어나지도 않은 사건에 대해 말이다!

감정적으로 격앙된 사건은 기억을 더욱 왜곡하며 총알에 머리가 날아간 대통령의 암살 현장에 있었다는 것은 분명히 충격적인 사건이다. 그래서인지 딜리 플라자의 관중은 당시 상황에 대해 서로 다른 설명을 했다. 어떤 사람은 케네디의 리무진 뒤에서 총소리가 들렸다고 했고, 또 어떤 사람은 리무진 앞쪽이나 오른쪽 잔디 언덕에서 총소리가 들렸다고 했다. 세 명의 목격자는 총성이 **대통령의 차 안에서** 들렸다고 말했다. 또 다른 목격자는 "사복을 입은 남자들이 반격하는 것을 보았다"라고 말했지만 그런 일은 일어나지 않았다. 케네디의 비밀경호국 요원 중 한 명이 사망했다는 초기 언론 보도도 있었지만 이 역시 사실이 아니었다. 딜리 플라자에서 암살 현장을 목격한 〈댈러스 모닝 뉴스〉의 휴 에인스워스Hugh Aynesworth 기자에 따르면 "어떤 장면을 봤다고 말하는 사람들을 인터뷰한 기억이 있는데 일부는 보았다고 했고, 일부는 보지 못했다고 했어요. 사람들은 무언가를 지어내고 있었죠. 한 젊은 부부를 인터뷰했는데 남자가 이것도 봤다, 저것도 봤다고 말하자 아내가 '당신은 못 봤어요! 그 일이 일어났을 때 우리는 주차장에 있었어요!'라고 말했던 기억이 납니다. 암살이 일어난 바로 그 때도요!"27

그럼에도 목격자의 81퍼센트는 세 발의 총성을 들었다고 답한 반면 5퍼센트만이 네 발의 총성을 들었다고 답했다.28 대부분의 JFK 음모론은 네 발에 기댄다. 그림 8.1은 목격자 증언이 세 발 이론으로 수렴하는 것을 시각적으로 보여주는 반면 네 발 이상을 들었다는 목격자는 5퍼센트에 불과하여 음모주의자가 변칙을 쫓는 예를 보여준다.

총격의 방향성은 완전히 다른 문제인데, 총기 조사 전문가는 소리만으로는 총격의 방향성을 판단하기가 매우 어렵다고 말하기 때문이다. 여기에 딜리 플라자는 건물과 벽으로 둘러싸여 있어 반향을 일으킬 수 있는 좁은 환경이라는 결과까지 더해지면 오해의 소지가 있다. 하지만 소수의 사람만이 여러 방향에서 총소리가 들렸다고 답했다.

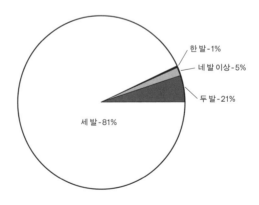

그림 8.1. 딜리 플라자에서 목격자가 들은 총성의 수 통계는 모든 JFK 음모론이 4발 이상의 총성을 들었다고 생각한, 5%라는 극소수에 의존하고 있음을 보여준다. 출처: 팻 린스의 그래프.

그리고 파크랜드 메모리얼 병원의 주치의와 간호사가 작성한 진찰 결과 소견에 따르면 상처의 특성상 총알의 방향을 쉽게 확정할 수 없었다. 어떤 사람은 대통령의 목에 총알이 들어간 입구 상처가 있는 것처럼 보였기 때문에 총격범이 케네디의 뒤가 아닌 앞에 있었다고 말했다. 다른 누군가는 《워런위원회 보고서》에 나온 대로 귀 위쪽이 아니라 뒤통수가 날아갔다고 보고했다. 그러나 케네디의 시신이 워싱턴 DC로 돌아온 후 더 공식적인 부검 결과, 두 발 모두 뒤에서 등 뒤와 머리로 들어갔고, 첫 번째 총알은 목을 빠져나와 코널리 주지사를 맞혔으며 두 번째 총알과 두개골 파편은 뒤에서 앞쪽으로 날아간 것으로 확인되었다.

가장 이상한 변칙은 루이 스티븐 위트Louie Steven Witt(일명 엄브렐러맨)였는데, 그는 케네디에 대한 정치적 항의의 표시로 우산을 들고 딜리 플라자에 갔다. 그가 이렇게 한 것은 JFK의 아버지 조지프 케네디가 우산을 자주 들고 다녔고 히틀러에게 유화 정책을 편 인물로 역사에 남은 네빌 체임벌린Neville Chamberlain 영국 총리의 지지자였다는 사실에서 연유한다. 음모주의자는 암살에서 엄브렐러맨의 역할에 집착해 왔지만 위트는 하원의 암살조사 특별위원회에서 "《기네스북》에 잘못된 시간에 잘못된 장소에 있었고 잘못된 일을 한 사람을 위한 카테고리가 있다면 근소한 차이의 2위도 없이 내가 1위가 될 것 같다"라고 말했다.[29] 그림 8.2는 일부 JFK 음모론자가 우산이 어떻게 무기로 사용되었을지 추측한 내용을 그림으로 나타낸 것이다.

그리고 댈러스의 의류 제조업자 에이브러햄 자프루더가 8mm 카메라를 들고 4.5피트 높이의 콘크리트 기둥 꼭대기에 앉아 지나가는 대통령을 촬영한, 반론의 여지 없이 역사상 가장 많이 분석

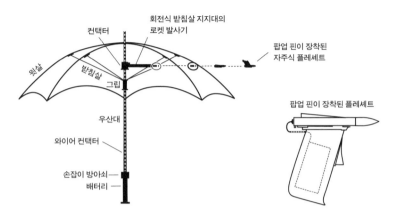

회전식 받침살 지지대의
로켓 발사기

컨택터

팝업 핀이 장착된
자주식 플레셰트

윗살

받침살

그립

팝업 핀이 장착된 플레셰트

우산대

와이어 컨택터

손잡이 방아쇠

배터리

그림 8.2. 우산을 총으로 사용한 두 번째 저격범으로 알려진 루이 스티븐 위트(일명 엄브렐러맨)의 암살 무기로 추정되는 우산. 그런 무기는 발견되지 않았다. 출처: 팻 린스의 렌더링.

된 살인 사건 기록인 자프루더 필름이 있다. 올리버 스톤 감독의 영화 〈JFK〉에서 짐 개리슨 역을 맡은 케빈 코스트너는 "이게 핵심 장면입니다"라고 말한다. "다시 보세요. 대통령이 왼쪽으로 돌아갑니다. 정면과 오른쪽에서 쐈죠. 보관소에서 쏜 것과 완전히 일치하지 않죠."

정말 그럴까? 총알과 신체가 상호 작용하는 방식에 대한 우리의 직관에 따르면 그렇다. 대부분의 사람이 의존하는, 필름에서 바로 그렇게 보인다. 그러나 이후 수많은 연구에 따르면 자프루더 필름에서 보이는 것은 뒤에서 총을 맞았을 때 사람에게 일어나는 현상, 즉 총알에 맞은 갑작스러운 통증과 충격에 대한 신체의 무의식적 반응으로 케네디의 머리가 처음에는 앞으로 밀려난 후 뒤로 젖혀지는 현상과 정확히 일치한다(게다가 케네디는 몸이 앞으로 젖혀지는 것을 방지하는 등 보호대를 착용하고 있었다). 총알 충격의 '운동량과 운동 에너지의 전달'에 대한 한 연구의 표현을 빌리자면,

그림 8.3. 자프루더 필름의 247번 프레임(위쪽)은 케네디의 목을 관통하여 고통스러운 표
정을 짓고 있는 코널리(JFK 앞에 앉아 있는)를 맞힌 오즈월드의 두 번째 총격에 해당한다.
275번 프레임(아래쪽)에서 코널리는 뒤에서 무슨 일이 일어났는지 보기 위해 고개를 돌린
다. 자프루더 필름 © 1967(1995년 복원판), 딜리 플라자 6층 박물관의 허가를 받아 사용됨.

"[자프루더] 필름에서 관찰된 케네디 대통령의 움직임은 물리적
으로 행렬의 후방에서 발사된 고속 발사체의 충격과 일치하며 이
는 순간적인 전방 충격력에 이어지는 지연된 후방 반동과 신경근
의 힘으로 인한 결과"라고 설명한다.[30]

오즈월드가 쏜 세 발에 대해 생각해 보자. 자프루더 필름의 정확한 시뮬레이션을 제작한 컴퓨터 애니메이터 데일 마이어스Dale Myers에 따르면 다음과 같다. 160번 프레임에서 첫 번째 총알이 발사되고 코널리 주지사가 오른쪽으로 몸을 돌리기 시작한다. 나중에 코널리는 총알이 뒤에서 날아왔다고 생각했음을 증언했다. 224번 프레임에서는 오즈월드의 두 번째 총알이 케네디의 등 뒤로 들어가 목구멍을 뚫고 나와 코널리를 강타할 때 코널리의 재킷이 튀어나오는 모양을 볼 수 있다.[31] 247번 프레임에서는 두 번째 총알에 맞은 케네디의 손이 목을 향해 올라가는 모습과 총에 맞은 후 고통에 몸부림치는 코널리의 반응을 볼 수 있으며 275번 프레임에서는 코널리가 뒤돌아서서 케네디에게 무슨 일이 있었는지 보는 모습을 볼 수 있다(그림 8.3). 두 사람 모두 같은 총알에 맞았는데 음모주의자는 이를 '마법의 총알 이론'이라고 부르지만 법의학 분석가는 '단일 총알 이론'이라고 부른다.

다음은 음모론을 부추기는 잘못된 정보의 또 다른 예이다. 음모주의자는 케네디와 코널리가 리무진에 완벽하게 나란히 앉았고 좌석 높이도 같았기 때문에 텍사스 교과서 보관소 건물 6층에서 발사된 총알이 케네디의 등에 들어가서 목을 빠져나와 우회전, 좌회전을 한 다음 코널리에게 들어가야 한다고 가정하는데 이는 분명히 불가능하다(그래서 '마법의 총알'이라고도 불린다). 그러나 마이어스가 시뮬레이션에서 보여준 것처럼 케네디의 리무진 설계도에 따르면 코널리는 대통령의 왼쪽으로 몇 인치, 그리고 대통령보다 3인치 낮은 곳에 위치한 작은 보조 좌석에 앉아 있었기 때문에 저격수의 은신처에서 발사된 총알이 케네디와 코널리의 상처와 완벽하게 일치하는 각도여서 총알이 '마술처럼' 휘고 비틀어지지 않

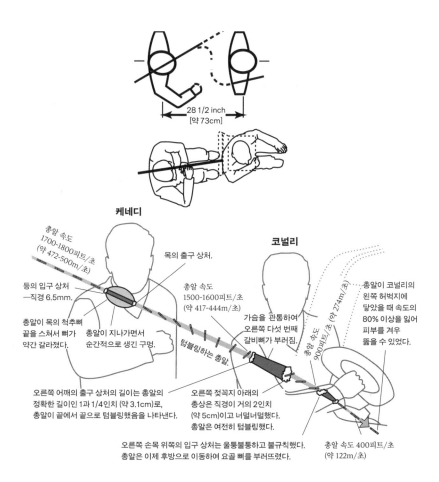

그림 8.4. 상단: 부정확한 단일 총알 이론에 따르면 코널리 주지사는 정면을 바라보고 케네디 대통령과 일직선상에 앉아 있다. 탄도도 정확하지 않은데 '마법 같은' 휨과 비틀림이 없었다면 코널리를 놓쳤을 극단적인 탄도 각도를 보여주기 때문이다. 중간: 그 대신에 데일 마이어스의 분석에 따르면 코널리 주지사는 케네디의 왼쪽으로 몇 인치 떨어진 작은 보조 좌석에 앉아 있었다. '단일 총알'이 발사되었을 때 코널리는 상체를 오른쪽으로 급격하게 움직였고 첫 번째 총성을 들었다. 하단: 케네디의 등 위쪽과 목을 통과한 후 코널리의 오른쪽 어깨를 맞히고 손목을 지나 다리를 관통한 이후의 속도와 회전 작용에 대한 표시가 있는 두 번째 총알의 경로. 출처: 로버트 그로든Robert Groden과 해리슨 에드워드 리빙스톤Harrison Edward Livingstone의 책 《반역High Treason》(New York: Basic Books, 1998)에서 상단 및 중간 이미지를 팻 린스가 다시 그림. 제럴드 포스너의 책 《사건 종결》(New York: Random House, 1993), 478-479쪽에서 하단 도표 및 총알이 두 개의 몸을 통과하는 장면을 표시한 캡션(팻 린스가 다시 그림).

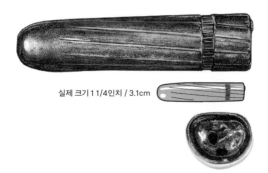

실제 크기 1 1/4인치 / 3.1cm

그림 8.5. 파크랜드 메모리얼 병원에서 발견된 것으로 알려진 소위 '깨끗한' 총알은 전혀 그렇지 않았다. 시신을 관통한 총알의 마모 자국이 그대로 드러나 있다. 출처: 팻 린스의 그림.

그림 8.6. 이 자프루더 필름의 313번 프레임 스틸컷에서는 뒤에서 총을 맞았을 때처럼 케네디의 피와 뇌, 두개골 조각이 위쪽과 앞쪽으로-올리버 스톤의 영화 〈JFK〉에서 주장한 것과 같이 뒤쪽과 왼쪽이 아니라-날아가는 치명적인 장면을 확인할 수 있다.
출처: 자프루더 필름 © 1967(1995년 복원), 딜리 플라자 6층 박물관의 허가를 받아 사용됨.

았다. 마이어스의 결론대로 '단일 총알 이론'은 '단일 총알 사실'로 이름을 바꿔야 한다.[32] 그림 8.4는 〈스켑틱〉의 아트 디렉터인 팻 린스가 그린 것으로, 두 번째 총알이 케네디와 코널리를 모두 관통했을 때 실제로 어떤 일이 일어났는지 보여준다.

음모주의자의 또 다른 주장은 파크랜드 메모리얼 병원에서 회수된 총알이 '깨끗한' 총알이었다는 것인데 그들에 따르면 이는 너무도 멍청해서 총알을 조금도 망가뜨리지 않은 채 요원들이 총알을 그곳에 심어 놓았다는 것을 보여주는 증거라는 것이다. 그러나 총알은 깨끗하지 않았고 소총에서 쏜 것임을 증명하는 탄흔이 있었다. 그림 8.5를 보면 총알이 마치 몸을 관통한 것처럼 납작한 모양을 하고 있는데 실제로 두 개의 몸을 관통했다.[33]

마지막으로 313번 프레임에서 케네디의 머리를 맞힌 세 번째이자 치명적인 총알은 온라인에서 쉽게 구할 수 있는, 디지털 고화질 슬로 모션 버전에서 느린 동작으로 볼 때 뒤에서 발사된 것이 분명하게 드러난다. 313번 프레임에서 영상을 일시 정지하면 (그림 8.6 참조) 두개골, 뇌, 혈액이 위쪽과 앞쪽 방향으로 튀어나오는 것을 볼 수 있는데 텍사스 교과서 보관소 건물의 6층에서 총이 발사된 것처럼 보인다(실제로 총이 발사되었다).[34]

이 책의 앞부분에서 나는 패턴성, 즉 의미 있는 잡음과 의미 없는 잡음 모두에서 의미 있는 패턴을 찾는 경향을 소개했다.[35] 딜리 플라자의 그림자, 특히 잔디 언덕 위에 숨어 있는 의도적인 요원의 패턴을 보는 JFK 음모주의자보다 이 현상을 더 잘 설명할 수 있는 사례는 아마도 없을 것이다. 그림 8.7은 에이브러햄 자프루더와 반대편에 서 있던 메리 앤 무어먼Mary Ann Moorman이 찍은 폴라로이드 사진을 보여준다. 암살 음모주의자는 무어먼의 흐릿하고 거친 사진에서 여러 명의 총격범이 있다는 증거를 발견했다고 주장한다. 여러분이 직접 찾아보라. 내가 본 건 패턴성뿐이다. 이 이미지는 또한 많은 음모론이 의존하는 것, 즉 다양한 방식으로

그림 8.7. 이 거친 폴라로이드 사진(이 페이지)은 등 위쪽과 목에 총을 맞은 케네디가 차량 뒷좌석에 앉아 있는 모습을 보여준다. 재키(그의 **왼쪽에** 앉은)는 무슨 일이 있었는지 알아보기 위해 케네디 쪽으로 몸을 기울이고 있다. 사진은 **가장 오른쪽**에 보이는 에이브러햄 자프루더와는 반대편 도로에 서 있던 메리 앤 무어먼이 콘크리트 기둥 위에 서서 찍은 것이다. 사진에서 동그라미로 표시된 부분을 확대한 이미지(다음 페이지)는 암살 음모론자가 무어먼의 흐릿한 사진에서 발견했다고 주장하는 여러 명의 총격범에 대한 '증거'를 나타낸다. 출처: 위키미디어의 사진, 팻 린스의 그림.

해석될 수 있는 저질의 데이터를 상징한다. 일단 마음이 그 일련의 정보가 무엇인지를 결정하면 그 사람은 그것을 다른 어떤 것으로도 볼 수 없다.

◆◆◆

나는 이런 방식으로 음모론 이후의 음모론에 대해 폭로하면서 몇 페이지 더 계속할 수 있다. 암살에 관한 수천 권의 책이 출판되

무어먼 사진에서 '발견된' 몇 명의 잠재적 암살자들.

▶ 로버트 그로든은 데이비드 리프턴David Lifton이 피터 모델Peter Model과 공동 저술한 책《JFK: 음모 사건JFK: The Case for Conspiracy》(1976)에서 데이비드 리프턴이 처음 발견한 부위와 동일한 부위를 분리해 냈다. 그로든은 '한 줄기 연기'의 윤곽을 그린 그림과 암살범으로 추정되는 인물에 대한 자신의 해석을 포함시켰다.

▼ 1988년 영국 다큐멘터리 시리즈 〈케네디를 죽인 남자들The Men Who Killed Kennedy〉에 나온 게리 맥스 Gary Macks의 '배지맨Badge Man'은 나중에 데일 마이어스에 의해 반박되었다.

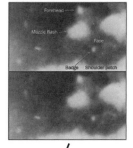

▲ 조사이어 톰슨Josiah Thompson의 저서 《댈러스에서의 6초Six Seconds in Dallas》(1976)에 나오는 언덕 저격범의 위치.

▲ 레이 마커스Ray Marcus는 1967년 리프턴의 5번 남자에 대한 글을 쓰면서 해석 그림을 제공했다. 그는 1990년대에 그 주제를 다시 다루었다.

잔디 언덕에 있던 두 사람: 에이브러햄 자프루더와 그의 보조, 마릴린 시츠먼Marilyn Sitzman

었지만 그중 약 95퍼센트는 명백해 보이는 사실에 회의적인 입장을 취하고 있다. 증거는 압도적으로 리 하비 오즈월드의 단독 범행에 의해 JFK가 날아가 버렸다는 결론을 가리키고 있다. 그런데도 이 명백한 결론을 이끌어내는 증거와 논리에도 불구하고 아주 많은 사람이 동의하지 않는다. 정치학자이자 JFK 암살 음모 연구자인 존 맥아담스John McAdams가 《JFK 암살 논리: 음모 주장에 대해 생각하는 방법JFK Assassination Logic: How to Think About Claims of Conspiracy》에서 주장했듯이, 우리가 목표로 삼을 수 있는 가장 큰 것은 사람들에게 음모에 대해 생각하는 방법을 가르칠 때 "사람들이 특정 증거 조각이나 은밀한 속임수의 단서가 될 수 있는, 감질나는 '답이 없는 질문'을 붙잡고 있을 때에도 많은 가짜 음모 주장과 증거를 거부하기를 바라는 것"이다.[36]

이 지점에서 음모론자는 '단순히 의문을 제기하는' 방식의 변칙 사냥이 아니라 두 번째 저격범에 대한 확실한 증거를 제시해야 하는 입증의 부담을 안고 있다. 그렇다면 왜 고독한 암살자라는 사실에 대해 회의론, 심지어 편집증까지 제기되는 것일까? 이 장을 마무리하면서 다룰 이 특정 음모론과 직접적으로 관련된 네 가지 이유가 있고, 다음 장을 시작하면서 다루게 될 진짜 음모와 관련된 또 다른 세 가지 이유가 있다. 이 모든 것은 지난 반세기 동안 음모론이 왜 그렇게 주류가 되었는지 이해하기 위한 발견술 역할을 한다.

1. **인지 부조화** 앞서 살펴본 바와 같이 인지 부조화는 음모론에서 특히 사건의 규모와 중대성 및 그 원인이라고 주장하는 것 사이에 불일치가 있을 때, 즉 비례성 문제가 있을 때 중요한 역할을 한다. 이 경우 리 하비 오즈월드와 같은 고독한 사이코패스가 세

계에서 가장 강력한 인물 중 한 명을 암살했다는 주장은 구체성이 없다. 따라서 FBI, CIA, KGB, 쿠바, 마피아, 군산복합체와 같은 음모적 행위자를 추가하여 인지적 척도의 균형을 맞출 필요가 있다.

2. **명성과 인기** 많은 살인 사건, 특히 맨슨 살인 사건을 재판한 빈센트 부글리오시는 이러한 문제와 관련하여 케네디 살인 사건은 그렇게 복잡하지 않다고 지적했다. "저는 개인적으로 피고인에 대한 증거가 오즈월드 사건보다 훨씬 더 정황에 불과하고 덜 강력한 여러 살인 사건을 기소했습니다"라고 말하며, 이렇게 덧붙였다. "'수년 동안 대도시 카운티의 지방 검사로서 피해자의 명성이 없었다면 오즈월드에 대한 사건은 2~3일 만에 재판이 끝날 수 있었을 것이며 한 가지 결과 외의 다른 결과가 나올 가능성은 거의 없었다고 말하는 데 주저함이 없다'라고 얼 워런 자신이 말했듯이 오즈월드 사건은 비교적 일상적인 사건입니다."[37]

3. **카멜롯**Camelot 유명인이 사망하면 팬과 지지자는 그를 신화적인 존재로 격상시킨다. JFK가 사망한 후 재키 케네디는 그가 브로드웨이 뮤지컬 〈카멜롯〉의 사운드트랙을 즐겨 들었다고 언급했고, 이 사운드트랙은 케네디가 가장 좋아했던 극 중 한 구절을 연상시키며 케네디 행정부에 대한 향수를 불러일으켰다. "한때 카멜롯으로 알려진, 잠깐의 빛나는 순간을 위해 / 자리가 있었다는 것을 잊지 마세요."[38] 만약 케네디가 살아서 두 번째 임기를 수행했다면 아마도 덜 신화적인 어조로 평가받았을 것이다. 그러나 거의 신에 가까운 지위로 격상되면서 그의 살해도 신화로 격상되었다.

4. **정치** 케네디가 동남아시아의 수렁에서 미국을 철수시키려 했다는 생각이 퍼진 때인, 베트남 전쟁의 혼란 이후에 JFK에 대한 많은 음모론 중 가장 인기 있는 음모론이 등장했다. 그 음모론

에 따르면 군산복합체는 전쟁을 수행하여 엄청난 돈을 벌고 있었기 때문에 케네디를 죽여야만 계속 돈을 벌 수 있었다. 실제로는 그 반대가 진실이다. 케네디는 암살 당일 댈러스 트레이드 마트에서 연설을 할 예정이었는데 이 연설에서 북쪽의 공산 반군에 맞서 남베트남을 보호하는 데 미국이 계속 참여하겠다는 약속을 선언하려고 했다. 그의 동생 로버트 케네디가 훗날 단언했듯이, "대통령은 베트남에 있어야 할 강력하고 압도적인 이유가 있었고 베트남에서 패배하면 동남아시아 전체를 잃는다는 것을 의미하기 때문에 베트남 전쟁에서 승리해야 한다고 믿었습니다. 이는 전 세계에서의 우리의 지위와 세계의 주요 지역에서의 우리의 지위에까지 심대한 영향을 미칠 것입니다." 형이 "철군을 고려한 적이 있느냐"라는 질문에 로버트 케네디는 "아니오"라고 퉁명스럽게 대답했다.[39]

다음 장에서는 진짜 음모에 관해 그리고 그것이 어떻게 사람들을 정부에 대한 건설적인 편집증으로 이끄는지에 관해 더 자세히 설명할 것이다. 여기서 중요한 점은 20세기 후반부터—그리고 21세기까지 계속해서—매우 많은 사람이 겉보기에 합리적인 이유로 JFK 단독 암살설을 의심해 왔다고 해서 놀라지 말아야 한다는 것이다. 그렇다고 해서 단독 암살설을 뒷받침하는 산더미 같은 사실이 바뀌는 것은 아니지만 이 특정 음모론에 대한 지속적인 관심—거의 집착에 가까운—은 설명된다.

9 장

진짜 음모

그들이 정말 당신을 노린다면 어떻게 해야 할까?

이전 장에서 존 F. 케네디 대통령이 리 하비 오즈월드라는 외로운 총잡이에 의해 암살당했다는 사실을 여러분에게 확신시켜 주었기를 바란다. 그 결과의 중요성에 비례하는 음모적 원인이 있어야 한다는, 즉 자유 세계의 지도자가 그의 위상이나 중요성에 상응하는 세력에 의해 암살당했어야 한다는 심리적 욕구를 인정하면서도 말이다. 그렇게 느끼는 것이 잘못되지는 않았지만 사실은 그렇지 않다고 말하며 우리는 감정이 아닌 사실을 따라야 한다.

이 장에서는 왜 그토록 많은 사람이 JFK 암살뿐만 아니라 다른 많은 암살 및 관련 정치 사건을 둘러싼 음모론에 심리적으로 이끌리는지 더 깊은 이유를 살펴보고자 한다. 이 장에서 내가—이 책의 앞부분에서 건설적인 음모주의라고 불렀던 것의 연장선상에서—제시하는 대답은 실제 음모가 존재하며 때로는 **음모가 정말 당신을 노리기** 때문이라는 것이다. 미국의 작가이자 시인인 델모어 슈워츠Delmore Schwartz가 지적했듯이 "편집증 환자에게도 진짜 적이 있다."[1] 세 가지 광범위한 역사적 경향부터 살펴보자.

진짜 정치적 암살

역사적으로 정치적 암살을 통한 정권 교체는 그리 드문 일이 아니었다. 범죄학자 마누엘 아이스너Manuel Eisner는 서기 600년에서 1800년 사이에 통치한 유럽 군주 1513명을 대상으로 한 연구에서 이 중 약 15퍼센트에 해당하는 227명이 쿠데타로 암살당했다는 사실을 발견했다.[2] 이는 지도자나 행정부의 전복을 꾀하는 배후 세력의 계략이 있다는, 건설적으로 음모론적인 생각을 갖기에 충분한 숫자이다. 이러한 특정 유형의 음모는 시해라는 이름이 붙을 정도로 흔하다.

제1차 세계대전을 촉발한, 1914년 여름 오스트리아 프란츠 페르디난트 대공 암살 사건은 두드러진 사례로 다음 장에서 음모가 실제로 어떻게 작동하는지에 대해 더 자세히 설명하겠다. 1917년 러시아에서 차르 체제를 전복한 레닌과 볼셰비키들은 1918년 7월 17일 이른 아침에 차르 니콜라스 2세와 그의 아내 알렉산드라, 다섯 자녀로 구성된 로마노프 일가를 암살했다. 올가, 타티아나, 마리아, 알렉세이, 그리고 가장 유명한 아나스타샤. 아나스타샤가 살아남아 그 후에도 장수했다는 음모론이 많다. 한동안 안나 앤더슨 Anna Anderson이라는 여성이 자신이 아나스타샤라고 주장하며 로마노프 시절의 삶을 '회상'하면서 언론의 호기심을 자극해 주목을 받기도 했다. 1990년대에 DNA 검사를 통해 무덤에 묻힌 시신 대부분이 일가족의 시신이라는 것이 확인되었지만 아나스타샤를 포함한 두 명의 자녀는 신원을 확인할 수 없었다.[3] 마침내 2007년 여름, 아마추어 고고학자 그룹이 로마노프 일가가 묻힌 큰 무덤 근처에 있는 두 번째 무덤에서 유해를 발견했고 이 시신들에 대한

DNA 검사를 통해 아나스타샤를 비롯해 로마노프 일가 중 암살에서 살아남은 사람은 아무도 없다는 것이 결정적으로 입증되었다.[4]

미국에서는 4명의 대통령, 에이브러햄 링컨, 제임스 가필드, 윌리엄 매킨리, 존 F. 케네디가 재임 중 암살당했다. 케네디가 암살되기 전까지 가장 유명한 정치적 암살은 링컨의 암살이었을 것이다. 링컨은 1865년 4월 14일 워싱턴 DC의 포드 극장에서 뒤통수에 총을 맞았는데 이는 의심할 여지 없이 유명 배우 존 윌크스 부스John Wilkes Booth가 공모자인 루이스 파월Lewis Powell, 데이비드 헤롤드David Herold, 조지 앳제로트George Atzerodt와 함께 계획한 음모에 의한 것이었다. 파월과 헤롤드는 윌리엄 H. 수어드William H. Seward 국무장관을, 앳제로트는 앤드루 존슨Andrew Johnson 부통령을 암살하는 임무를 맡았다. 이 음모는 남북전쟁으로 더 잘 알려진, 남부의 독립 전쟁을 재점화하기 위해 단순히 대통령을 제거하는 것이 아니라 링컨 행정부를 섬멸하려는 의도였다.

곧 보게 되겠지만 진짜 음모는 성공하기 어렵고 여기에서도 마찬가지였다. 오직 부스만이 그의 임무에 성공했다. 앳제로트는 이성을 잃고 술에 취해 존슨을 죽이려는 임무를 포기했다. 파월은 마차 사고로 침대에 누워 있던 국무장관 수어드의 집에 거짓말로 둘러대고 잠입했다. 수어드의 아들을 제압한 후 파월은 칼로 수어드를 찔렀지만 부상 부위를 보호하기 위해 목에 부목을 대고 있었기 때문에 칼이 경정맥을 찢지 못했고 수어드는 살아남았다. 파월은 "미쳤어, 미쳤다고"라고 외치며 문밖으로 뛰쳐나갔다. 12일간의 추적 끝에 부스는 헛간에서 포위되었고 인과응보에 따라 뒤통수에 총을 맞고 2시간 후 사망했다. 다른 공모자들은 그달 말에 체포되어 재판에서 유죄 판결을 받아 처형되었으며 암살을 방조한 공동 공모자로 유죄 판결을 받은 메리 서랏Mary Surratt은 미국 정부에 의해 처형된 최초의 여성으로 기록되었다.[5]

제임스 가필드 대통령은 1881년 7월 2일 휴가를 떠나기 전 연설을 하려던 워싱턴 DC의 볼티모어 앤드 포토맥 철도역에서 총에 맞았다. 그는 79일 후 임기 6개월이 겨우 되어가던 9월 19일에 부상이 악화하여 사망했다. 찰스 기토라는 외로운 미치광이에 의한 죽음이었다. 기토는 가필드가 율리시스 S. 그랜트Ulysses S. Grant를 선거에서 이긴 데 대해 자신이 기여했는데도 그에 대한 보상을 받지 못했다고 생각했다. 5년 전, 그의 가족은 그를 정신병원에 영구 입원시키려 했으나 그는 탈출했다. 그 후 기토는 "나의 정당성은 신에게 맡긴다"라며 미국 대통령을 암살하는 임무를 스스로 맡았다. 가필드를 쏜 후 기토는 "나는 충신 중의 충신이다! 내가 저질렀으니 체포되길 원한다! 이제 아서가 대통령이다!"라고 외치며 부통령 체스터 A. 아서Chester A. Arthur를 언급했다. 이 자백으로 인해 아서가 암살의 배후라는 음모론이 제기되기도 했지만 증거에 의해 뒷받침되지는 못했다. 기토는 재판 과정에서 새로 도입된 정신 이상 탄원을 들먹이며 무죄 판결을 받은 후 직접 대통령 선거에 출마할 계획이라고 말했다. 그는 유죄 판결을 받고 1882년 6월 30일 군중에게 손을 흔들며 "나는 주님께로 간다"라는 제목의 자작시를 낭송한 후 교수형에 처해졌다.[6]

윌리엄 매킨리 대통령은 1901년 9월 6일 뉴욕 버펄로에서 열린 범미 박람회에서 암살당했다. 매킨리가 악수하는 줄에 서 있던 리언 촐고츠Leon Czolgosz라는 아나키스트가 대통령을 쏜 것이다. 매킨리는 8일 후 부상으로 사망했고 촐고츠는 전기 의자 사형 선고를 받았다. 얼마 지나지 않아 의회는 미래의 모든 대통령에 대해 비밀경호국의 경호를 요구하는 법안을 통과시켰다. 촐고츠는 19세기 후반에 왕실 인사 6명을 암살했거나 암살을 시도했던 유럽 아나키스트의 전통을 따르고 있었다. 촐고츠가 처형된 후 버펄로 경찰은 촐고츠의 단독 범행이 아니라고 발표했으며 다른 아나키스트 몇 명을 공범 혐의로 체포했다. 이 혐의자들은 법정 증거가 제시되지 않아 결국 모두 석방되었지만, 이후 아나키스트에 대한 의혹은 감시 프로그램을 만들어냈고 1908년 FBI가 설립되는 계기가 되었다.[7]

실패한 암살 시도에는 앤드루 잭슨, 시어도어 루스벨트, 프랭클린 루스벨트, 제럴드 포드, 로널드 레이건 대통령에 대한 암살 시도가 있으며 이는 모두 정신이 불안정한 고독한 소시오패스에 의한 것이었다.[8] 이들이 성공하지 못한 것은 주로 운과 상황 때문이었다.

1835년 1월 30일, 앤드루 잭슨 대통령은 정신 질환을 앓고 있던 리처드 로렌스Richard Lawrence라는 페인트공에 의해 미국 의사당 건물 밖에서 총격을 받았는데 그의 권총은 비 오는 날씨에 두 번이나 불발되었다. 데이비 크로켓Davy Crockett 하원의원이 이 암살 미수범을 땅에 쓰러뜨렸고 잭슨 대통령은 지팡이로 그를 때렸다. 암살 시도에 대한 음모론이 제기되어 잭슨의 최대 라이벌인 존 C. 컬훈John C. Calhoun 상원의원이 배후로 지목되었다. 하지만 음모의 증거는 발견되지 않았고 로렌스는 정신병원에서 여생을 보냈다.

1912년 10월 14일, 시어도어 루스벨트 전 대통령은 제3당인 진보당(혁신의 상징인 수컷 사슴에서 따와 불 무스당이라는 별명으로도 불렀다)의 후보로 다시 선거에 출마했다. 위스콘신주 밀워키에서 선거운동을 하던 루스벨트는 술집 주인인 존 슈랭크John Schrank의 총에 맞았다. 루스벨트는 총알이 강철 안경 케이스와 두 번 접은 50페이지 분량의 연설 원고를 통과해 속도가 느려진 덕분에 목숨을 건졌고 피에 젖은 셔츠를 입은 채 모든 사람이 볼 수 있도록 연설했다. "신사 숙녀 여러분, 제가 방금 총에 맞았다는 사실을 충분히 이해하셨는지 모르겠지만 불 무스를 죽이려면 그 이상의 것이 필요합니다"라는 그의 첫 문장은 널리 회자된다.[9] 슈랭크는 법적으로 정신 이상자로 판명되어 사망할 때까지 시설에 수용되었다.

1933년 2월 15일, 불만을 품은 이탈리아 이민자 주세페 장가라Giuseppe Zangara는 플로리다 마이애미에서 무개차 안에서 연설을 하던 프랭클린 루스벨트 대통령 당선인에게 5발을 발사했지만 모든 총알이 의도한 표적을 빗나갔다. 한 발은 시카고 시장인 안톤 세르막Anton Cermak을 명중해 사망하게 했기 때문에 '진짜' 표적이 누구인지에 대한 음모론이 제기되었다. 장가라는 유죄를 인정하고 암살 시도를 자백했다. "내 손에 총이 있습니다. 왕과 대통령을 먼저 죽이고 그다음에는 모든 자본가를 죽일 것입니다"라고 말했다. 한 달 후, 그는 전기 의자형으로 처형되었다.

1975년 9월 5일, 찰스 맨슨 패밀리의 광신도였던 리넷 '스퀴키' 프롬Lynette 'Squeaky' Fromme은 캘리포니아 새크라멘토에서 환경 오염에 항의하기 위해 제럴드 포드 대통령을 향해 총을 쐈지만 빗나갔다. 그녀는 여생의 대부분을 감옥에서 보내며 맨슨에 대한 변함없는 헌신을 선언했다. "우리 모두에게 장막이 내려질 것이며 즉시 모든 것을 찰리에게 넘기지 않으면 그때는 너무 늦을 것입니다."

1981년 3월 30일, 존 힝클리 주니어John Hinckley Jr.는 워싱턴 DC에서 로널드 레이건 대통령을 총으로 쐈으며 영화 〈택시 드라이버〉를 보고 영화에 나온 조디 포스터에게 깊은 인상을 주려고 일을 벌였다고 말했다. 힝클리는 암살 시도 당시 자신이 미쳤다고 주장했다. 정부에서 선임한 세 명의 정신과 의사는 정치적 암살을 시도하는 데 필요한 광범위한 사전 계획으로 인해 그가 제정신이라고 판단했지만 변호인이 선임한 정신과 의사는 조현병 스펙트럼 장애와 역설 분노를 포함한 몇 가지 심각한 정신 장애를 앓고 있다는 진단을 내렸다. 배심원단은 변호인의 의견에 동의했다. 힝클리는 대통령을 쏜 혐의로 수감되는 대신 워싱턴 DC의 정신병원인 세인트 엘리자베스 병원으로 보내져 심리 관찰과 치료를 받게 되었다.

모든 미국 대통령은—전 세계 국가 원수와 마찬가지로—일상적으로 살해 위협을 받고 있으며 광범위한 보안이 필요하다. 어떤 경우에는 세계 지도자를 노리는 '그들'이 홀로 활동하는 정신 나간 망상적 사이코패스로 밝혀지기도 하지만 폭력을 통한 정권 교체를 초래하는 정치적 음모의 사례는 충분히 많기 때문에 이들을 경계하는 것은 편집증적이지 않다. 다음의 두 가지 광범위한 역사적 경향은 후자의 예이다.

정치적 암살에 대한 미국의 개입

제2차 세계대전 이후, CIA와 미국의 정부 기관들은 비밀리에 국제적인 정치적 암살과 정권 교체에 관여하게 되었다. 이는 미국이 서명한 유엔 헌장에 위반되는 행위였지만 1970년대에 폭로될 때까지 수십 년 동안 계속되었다.

앞서 언급했듯이 케네디 행정부는 피델 카스트로를 암살하기 위해 007 영화에서나 나올 법한 방법을 논의했다. 폭발하는 시가, 독이 든 시가, 결핵균이 박힌 스쿠버 다이빙 잠수복, 카스트로가 다이빙을 즐겨하던 해저에서 폭발하는 소라 껍질, 독이 미리 장전 된 피하 주사기가 들어 있는 볼펜, 심지어 악명 높은 마피아 샘 지 안카나Sam Giancana와 산토 트라피칸테Santo Trafficante를 동원한 마피 아 암살까지 말이다. 카스트로는 "암살에서 살아남는 것이 올림픽 종목이라면 내가 금메달을 땄을 것"이라는 유명한 말을 남겼다.[10]

그리고 '노스우드 작전'이라고 불리는 케네디 시대의 문서가 있는데 공식 제목은 '쿠바에 대한 미군 개입의 정당성'이다.[11] 여기 에는 카스트로를 죽이고 공산 정권을 전복하기 위한 구실로 사용 하기 위한 수많은 위장 작전이 포함되어 있다. 관타나모만의 미군 기지에 대한 가짜 공격, 가짜 러시아 미그기를 사용하여 미국 민 간 여객기 교란, 비행기 납치, 미국 선박에 대한 공격을 쿠바인이 저지른 것으로 위장, 마이애미, 플로리다, 심지어 워싱턴에서 공산 주의 쿠바 테러 캠페인을 전개하여 미국 시민을 괴롭히고 이에 대 한 비난을 카스트로에게 돌리는 것 등이 있다. 합동참모본부가 작 성한 이 문서에는 "이 계획의 실행을 통해 원하는 결과는, 미국은 성급하고 무책임한 쿠바 정부로부터 고충을 겪고 있다는 입장에 놓이게 하고, 서반구의 평화를 쿠바가 위협하고 있다는 국제적 이 미지를 만드는 것"이라고 적혀 있었다.

케네디 대통령이 이 모든 제안을 거부했다는 것은 여기서 논외 로 하겠다. 9/11 테러가 '내부자 소행'이며 미국이 주도한 이라크 정권 교체를 정당화하기 위한 위장 작전이라는 트루서의 음모론 은 틀렸지만 '노스우드 작전' 문서는 건설적 음모주의의 불을 지 폈다. 아이러니하게도 '노스우드 작전'은 1997년에야 총 1521페이지에 달하는 방대한 분량의 JFK 암살 관련 비밀 기록 중 일부가 공개되면서 세상에 알려졌다.[12] 미국 국방부의 다음과 같은 경고는 음모가 실제로 어떻게 작동하는지 이해하기 위한 흥미로운 사실을 알려준다. "이 모든 인위적인 상황은 민주주의 시스템에서 지극히 위험하며 사후에 보안을 유지하는 데 매우 큰 어려움을 겪을 수 있다. 만약 인위적 상황을 수행하기로 결정해야 한다면 미국 요원의 참여는 가장 신뢰도가 높은 비밀 요원들로 제한해야 한다."[13] 다시 말해 이 정도 규모의 진짜 음모는 비밀을 유지하기가 지극히 어렵다.

이 문서에서 밝혀진 또 다른 중요한 사실은 린든 존슨이 워런 위원회가 JFK 암살 사건에 관해 오즈월드의 단독 범행이라는 결론을 내리기를 간절히 원했다는 것인데 이는 그가 음모론에 대해 알고 있었기 때문이 아니라(자신이 음모에 가담했기 때문은 더더욱 아니고) 수사관들이 케네디 행정부의 카스트로 살해 음모를 발견하여 소련과의 갈등이 격화되고 심지어 파국적인 핵 전쟁으로 이어질 수 있다는 두려움 때문이었다는 것이다. 카스트로만이 CIA의 유일한 목표는 아니었다. 수십 년 동안 CIA는 콩고의 파트리스 루뭄바, 도미니카 공화국의 라파엘 트루히요, 남베트남의 응오 딘 디엠, 인도네시아의 수카르노 대통령, 칠레의 살바도르 아옌데 대통령, 칠레의 르네 슈나이더 장군 등 미국과 미국의 이익에 우호적이지 않은 국가의 지도자를 제거하려는 많은 계획에 관여해 왔다.[14]

이러한 음모의 대부분은 1976년 아이다호주의 프랭크 처치 Frank Church 상원의원이 위원장을 맡은 외교 및 군사 정보에 관한 상원 특별위원회 보고서(처치위원회 보고서라고도 한다)에서 밝혀졌다.[15] 이에 따라 이듬해 제럴드 포드 대통령은 행정명령 11905호에 서명했으며 이는 나중에 로널드 레이건 대통령의 행정명령 12333호에 이렇게 명시되었다. "미국 정부에 고용되거나 정부를 대신하여 활동하는 사람은 암살에 관여하거나 암살을 공모해서는 안 된다."[16] 포드는 기자회견에서 "이 행정부는 어떤 상황에서도 암살 시도를 용납하지 않는다는 점을 먼저 말씀드리고 싶습니다"라고 말했다.[17] 그럼에도 미국은 1986년 리비아의 무아마르 카다피, 1999년 세르비아의 슬로보단 밀로셰비치, 2003년 이라크의 사담 후세인 대통령 등 독재자를 타도하는 정권 교체에 지속적으로 관여해 왔다. 비록 유엔을 통한 준합법적 수단과 의회의 승인 하에 이루어졌지만 말이다. 그러나 행정명령의 허점은 여전히 남아 있다. 걸프전 당시 조지 H. W. 부시 대통령은 개전 후 사담 후세인을 적군으로 간주하여 암살을 명령할 수 있었다. 부시는 "그가 죽어도 아무도 울지 않을 것"이며 "그가 없어도 유감스럽지 않을 것"이라고 말했지만 중동은 '정글의 법칙'이 아닌 '법의 지배'에 의해 통치되어야 한다고 단언했다.[18,19]

처치위원회는 또한 국가안보국NSA이 주요 통신사로부터 외국인과 미국 시민에 대한 정보와 첩보를 입수하는 '샴록 작전'과 CIA와 FBI가 당사자에게 수색 영장이나 통보도 없이 수십만 통의 우편물을 개봉하고 사진을 찍는 '우편물 커버' 프로그램도 적발했다. 처치위원회는 국가가 국내외 잠재적 적에 대한 정보를 필요로 한다는 점을 인정하면서도 다음과 같은 주의 경고를 덧붙였다.

만약 이 정부가 독재 국가가 된다면, 이 나라에 독재자가 집권하게 된다면, 정보 기관이 정부에 부여하는 기술적 역량으로 인해 정부는 완전한 폭정을 행사할 수 있으며 아무리 사적으로 이루어졌다고 해도 정부에 저항하기 위해 힘을 합치는 가장 신중한 노력도 정부가 알 수 있는 범위 내에 있기 때문에 반격할 방법이 없을 것이다.[20]

이 글은 인터넷과 위키리크스가 조지 W. 부시 행정부와 오바마 행정부가 미국 시민을 감시한 사실을 폭로하기 훨씬 전인 1975년에 쓰여졌다는 점을 기억하라.

정부에 대한 대중의 신뢰를 약화시킨 진짜 음모들

이제 나는 건설적 음모주의—위험한 사람이나 상황에 대한 편집증—가 합리적이라는 생각을 더 발전시키고 싶다. 왜냐하면 많은 진짜 음모가 역사의 흐름에 극적인 영향을 미쳤고 현대 정치, 경제, 금융, 비즈니스 및 국제 문제에서 여전히 작동하고 있을지도 모르기 때문이다. 이러한 음모는 종종 복잡한 음모이며 우리 눈앞에서 식별하기 어려운 방식으로 일어나는 것처럼 보인다.

미국 대법원의 유구한 역사에서 가장 유명한 판결 중 하나인 1919년 솅크 대 미합중국 사건의 판결로 시작해 보자. 올리버 웬델 홈즈Oliver Wendell Holmes 판사는 언론을 검열해야 하는 장소와 시기에 관한 만장일치 의견을 작성하면서 유명하고 자주 인용되는 다음과 같은 구절을 발표했다.

언론 자유에 대한 가장 엄격한 보호라도 극장에서 **거짓으로 불이야! 소리치고**(강조 추가) 공황 상태를 일으키는 사람을 보호하지 않는다.

모든 경우에서 문제는 사용된 단어가 그러한 상황에서 사용되었고 의회가 예방할 권리가 있는, 실질적인 악을 초래할 **명백하고 현존하는 위험**(강조 추가)을 야기할 수 있는 성격을 지니고 있는지 여부이다.[21]

홈즈 판사가 명백하고 현존하는 위험에 해당한다고 우려한, 거짓으로 소리친 발언은 무엇이었나? 그것은 제1차 세계대전 당시 징집 대상 남성에게 배포된, '당신의 권리를 주장하라'고 독려하는 내용으로 된 1만 5000장의 전단이었다. "여러분의 권리를 주장하고 지지하지 않는다면 여러분은 미국의 모든 시민과 거주자가 지켜야 할 엄숙한 의무를 부정하거나 폄하하는 것을 돕는 것입니다." 무엇에 대한 권리? 자유. 무엇으로부터의 자유? 노예 제도. 노예 제도라고? 1919년에? 그렇다. 그 전단 배포자들—필라델피아 사회당 집행위원회 위원이었던 찰스 셴크Charles Schenck와 엘리자베스 베어Elizabeth Baer—에 따르면 군 징병은 수정헌법 제13조에서 엄격하게 금지하는 비자발적 노역에 해당한다. 이들은 "미국 헌법 만세"라는 대자보에서 이렇게 썼다. "한 남자를 징집하여 그의 의지에 반하여 해외에 나가 싸우도록 강요하는 것은 가장 신성한 개인 자유의 권리를 침해하는 것이며 자유를 대니얼 웹스터Daniel Webster가 '최악의 형태의 독재'라고 부르는 것으로 대체한 것이다."[22]

징병제(그리고 미국의 제1차 세계대전 참전)에 대해 반대를 표하는 이 '반역적' 행위로 인해 셴크와 베어는 미국의 제1차 세계대전 참전 직후 통과된 1917년 간첩법 3조를 위반한 혐의로 유죄 판결을 받았는데 이는 정부의 군대 모집 방해를 금지하고 전시 중 군대 내 불복종이나 미국의 적을 지원하는 것을 막기 위한 것이었다.[23] 이 법은 신문 편집자 빅터 버거, 노동 지도자이자 미국 사회 당 대선 후보였던 유진 뎁스, 무정부주의자 엠마 골드만과 알렉산더 버크만, 공산주의자 줄리어스와 에델 로젠버그, 《펜타곤 페이퍼》 폭로자 대니얼 엘스버그 같은 사회주의자를 침묵시키기 위해 사용되었던, 미국 역사의 어두운 시기의 낡은 법처럼 들릴 수 있다. 이 법은 오늘날에도 외교 전문 유출자 첼시 매닝Chelsea Manning 과 국가안보국 계약직 직원 에드워드 스노든Edward Snowden과 같은 내부 고발자를 때리는 곤봉으로 사용되었다. 스노든은 미국 정부 가 미국 시민과 외국 인사(앙겔라 메르켈 독일 총리 포함)를 감시했다 는 위키리크스 폭로로 인해 러시아에 망명 중이다.[24]

미국 정부가 한 거짓말의 심각성에 대한 한 가지 예로서, 1945 년부터 1967년까지 미국이 베트남에 정치 및 군사적으로 개입한 역사에 대한 정부 보고서인 《펜타곤 페이퍼》의 몇몇 구절과 동남 아시아 국가에 미국이 개입하는 동안 대중에게 알려진 내용과 실 제 상황 사이의 차이를 살펴보자.[25] 1963년 12월 21일, 백악관 기 자회견에서 로버트 맥나마라Robert S. McNamara 국방부 장관은 언론 에 "우리는 1964년 남베트남의 계획과 우리 군사 고문들의 작전 계획을 매우 상세히 검토했습니다. 우리는 계획이 성공할 것이라 고 믿을 이유가 있습니다." 그러나 맥나마라는 같은 날 린든 B. 존 슨 대통령에게는 전혀 다른 내용의 메모를 보냈다. "상황은 매우 불안합니다. 현재의 추세가 향후 2~3개월 내에 반전되지 않는다 면 기껏해야 중립화되거나 공산주의가 지배하는 국가가 될 가능 성이 큽니다."

1964년 8월 4일 대국민 텔레비전 연설에서 전쟁 확전을 촉발 한 통킹만 사건(미국의 베트남 추가 개입을 정당화하기 위해 실제로 일어난 일을 과장한 것)에 대해 존슨 대통령은 "우리는 여전히 확전을 추구하지 않습니다"라고 미국 국민을 안심시켰다. 이 성명은 그 이전 몇 달 동안 실제로 벌어진 일과 모순되었다. "1964년 2월 1일, 미국은 새로운 행동 방침에 착수했다. 그날, 미국 군부의 지시에 따라 북베트남에 대한 정교한 비밀 군사 작전 프로그램이 시작되었다."

2년 후인 1966년 1월 13일, 존슨 대통령은 연두교서에서 의회와 미국 국민에게 "적은 더 이상 승리에 가깝지 않습니다. 시간은 더 이상 적의 편이 아닙니다. 미국의 헌신을 의심할 이유가 없습니다. 확고한 입장을 견지하려는 우리의 결정은 평화를 향한 우리의 열망과 일치합니다"라고 말했다. 5일 후 존 맥노튼John McNaughton 국방부 차관보는 메모로 로버트 맥나마라 국방부 장관에게 "현재 베트남에서 미국의 목표는 굴욕을 피하는 것입니다. 우리가 베트남에 이 정도까지 개입하게 된 이유는 다양합니다. 하지만 지금은 실리가 없습니다"라고 말했다.

이 정도 수준의 거짓이라면 사람들이 선출직 공무원의 말을 믿지 않는 것에 놀랄 이유가 있을까? 정치인들의 공개적인 발언과 실제 상황에 대한 그들의 진실한 믿음 사이의 신뢰도 격차는 골짜기처럼 벌어졌다. 필립 글래스Philip Glass의 사운드트랙으로 더욱 잊히지 않는 에롤 모리스의 다큐멘터리 〈전쟁의 안개The Fog of War〉에서 로버트 맥나마라의 과오를 공개적으로 드러낸 것만큼 이 문제를 신랄하게 드러낸 사례는 없을 것이다.[26] 몇 가지 명대사만 봐도 알 수 있다.

우리는 모두 실수를 합니다. 우리는 실수를 한다는 것을 압니다. 정직하면서도, 자신이 실수하지 않았다고 말할 수 있는 군 지휘관을 나는 알지 못합니다. '전쟁의 안개'라는 멋진 문구가 있습니다. '전쟁의 안개'란 전쟁은 너무 복잡해서 인간의 정신으로는 모든 변수를 이해할 수 없다는 뜻입니다. 우리의 판단과 이해는 적절하지 않습니다. 그리고 우리는 불필요하게 사람들을 죽입니다.

얼마나 많은 사람이 불필요하게 죽었을까? 맥나마라는 이를 이렇게 정량화했다.

자신이나 상대방에게 정직한 군 지휘관이라면 누구나 군사력 사용에서 실수를 저질렀다는 사실을 인정할 것입니다. 그는 실수나 판단 착오로 인해—자신의 군대나 다른 군대나—불필요하게 사람들을 죽였습니다. 백 명, 수천 명, 수만 명, 어쩌면 십만 명까지도요. 하지만 그는 국가를 멸망시키지는 않았습니다. 그리고 같은 실수를 두 번 하지 말고 실수로부터 배우라는 것이 전통적인 지혜입니다. 그리고 우리는 모두 실수를 합니다. 같은 실수를 세 번 할 수도 있지만 네 번이나 다섯 번은 하지 않기를 바랍니다.

모리스가 10년 후 도널드 럼즈펠드 국방부 장관이 이라크 침공, 아부 그라이브의 수감자 고문과 학대 등에 대해 대중에게 했던 거짓말에 관한 영화 〈알아도 모르는 것The Unknown Known〉을 만들었다는 것은 통치 시스템 자체에 고질적인 문제가 있다는 점을 시사한다.[27] 참으로 건설적인 음모주의다.

2019년 영국 정부는 에콰도르 대사관이 수년간의 보호 끝에 망명을 계속 허용하지 않자 위키리크스 창립자 줄리안 어산지Julian

Assange를 런던에서 체포했다.[28] 무엇으로부터 그를 보호하는 것일까? 무엇보다도 수백만 건의 비밀 문서를 유출한 혐의로 그를 반역죄로 재판에 회부한 미국 정부로부터 보호하는 것이다. 문서 일부는 해외 정보 요원을 위험에 빠뜨리거나 무고한 이라크 민간인을 살해하는 등 미군의 도덕적, 법적으로 의심스러운 행동을 드러냈다.[29] 다음은 위키리크스가 일반 대중에게 공개하지 않은 문서 중 일부이다.[30]

- 미군이 쿠바 관타나모만 수용소에서 사용한 238페이지 분량의 《캠프 델타 표준 운영 절차》 사본에는, 국제적십자위원회가 수용소를 조사하러 왔을 때 일부 수감자를 접근 금지자로 지정하는 등 수용소 수감자들에 대한 제한이 명시되어 있다.
- 2007년 7월 12일 바그다드에서 발생한 일련의 헬리콥터 공격으로 로이터 통신 직원 2명을 포함해 12명 이상이 사망한 것을 담은 미군의 기밀 영상이 '부수적 살인'이라는 웹사이트에 게시되었다. 이 영상에는 헬리콥터 승무원이 "죽은 놈들"을 비웃으며 서로에게 "불을 붙여!" "계속 쏴, 계속 쏴"라고 부추기는 모습이 담겨 있다.
- 2004년부터 2009년까지 아프가니스탄 전쟁과 관련된 문서 9만 2000여 건에는 '아군 사격'과 민간인 사상자 사례가 포함되어 있다. 이 문서들은 이라크에서 10만 9000명 이상의 사망자가 있음을 입증했으며 연합군의 전투 관련 손실은 포함하지 않았다. 그중에는 무고한 민간인 3700명이 '아군 사격'으로 사망한 사례도 포함되었다.
- 이라크 전쟁과 관련된 40만 건의 문서로 구성된 '전쟁 일지'에는

미국 정부가 바그다드 외곽의 아부 그라이브 교도소에서 고문을 불법적으로 자행했다는 보고를 무시했다는 정보가 포함되어 있어 이라크에서의 미국의 어두운 이면을 드러냈다. 작업복과 티셔츠 차림에 숏컷을 한 여군 병사가 이라크인 수감자를 목줄에 묶은 채 복도를 끌고 내려가는 장면이 있었다. 벌거벗은 남성들이 부끄러움에 고개를 숙인 채 피라미드를 이루었고 두 명의 미군이 의기양양하게 활짝 웃고 있었다. 벌거벗은 남성들이 방 안에서 불편하게 있고 가방을 머리에 뒤집어쓰고 손으로 성기를 가리기 위해 애쓰고 있었다. 두 이라크 남성의 가짜 구강 성교 장면도 있었다. 두 명의 건장한 군인이 간신히 붙들고 있는, 입마개를 하지 않은 셰퍼드 개 두 마리가 겁에 질린 수감자를 갈기갈기 찢어놓기 직전이었다. 그리고 지금은 상징적인 장면이 된 전기 십자가 처형 장면도 있었는데 두건을 쓴 남자가 상자 위에 올라타 팔을 죽 뻗고 목에 전선을 감은 채로 손에서 전류가 흘러 어디론가 사라지는 장면이 있었다.

나는 여기서 스노든과 어산지 사건을 판단할 수 없다. 그들의 행동이 없었다면 우리 정부가 우리의 승인이나 인지 없이(의회의 승인은 말할 것도 없고) 외국 세력과 국민에 대한 조치를 취하고, 심지어는 우리의 승인이나 인지 없이 자국민을 감시하려는 음모를 어느 정도까지 공모했는지 대중은 알지 못했을 것이라고 말하면 충분할 것이다. 이것은 일종의 음모이다. 민주주의 국가는 국가 안보를 위해 투명성과 비밀 유지 사이에서 균형을 잡아야 한다는 데 거의 모든 사람이 동의한다. 우리의 핵 코드를 러시아와 공유하는 것은 분명히 수정헌법 제1조 언론의 자유와 출판의 자유에 해당하지 않는다. 그러나 NSA가 의회 승인 없이 미국 시민을 감시하는 것은 그 정당성을 떠나 투명한 민주주의의 훌륭한 예가 될 수 없다. 내 요점은 제1차 세계대전 이후 각국이 종종 투명성을 희생하면서까지 정보를 통제하려는 음모를 꾸몄다는 것이다.

다음 장에서는 역사상 가장 치명적인 음모라고 할 수 있는 제1차 세계대전을 촉발한 진짜 음모에 대해 자세히 살펴볼 것이다.

10 장

역사상 가장 치명적인 음모

제1차 세계대전의 도화선과 음모가
실제로 작동하는 방식

음모주의의 대부분은 권력에 의해 추동된다. 즉 누가 권력을 갖는지, 누가 갖지 못하는지, 그러한 인식의 차이가 음모와 음모론에 대한 사람들의 생각을 오염시키는 데 어떤 영향을 미치는지에 의해 추동된다. 큐어넌에서부터 20세기를 거슬러 올라가 역사상 가장 치명적인 음모까지 말이다. 1914년 6월 28일, 발칸 반도의 작은 지역 보스니아-헤르체고비나의 수도 사라예보에서 맑고 화창한 새벽이 밝았다. 1908년에 합병된 이 나라는 오스트리아-헝가리 제국의 지배하에 있었으며 노쇠한 합스부르크 황제 프란츠 요제프가 통치하고 있었다. 프란츠 요제프의 후계자인 51세의 조카 프란츠 페르디난트 대공은 부인 조피 초테크 공작 부인과 함께 군대의 여름 작전을 시찰하고, 새로운 국립 박물관을 개관하고, 지역 치안 판사를 방문하기 위해 이 도시에 머물고 있었다. 또한 세르비아계가 패배의 굴욕을 당한 1389년 코소보 전투의 기념일인 성 비투스의 날을 인정하기 위해 방문한 것이었기 때문에 마을의 모든 사람이 그의 방문을 축하하지는 않았다.

이 부부는 그래프 앤 슈티프트 더블 페이톤 스포츠 쿠페를 타고 수많은 축하객이 새로운 왕족을 볼 수 있도록 지붕을 내린 채 유서 깊은 아펠 부두 아래쪽으로 운행했다. 이 부부는 당시로서는 호사스러운 차림새를 하고 있었다. 남편은 파란색 튜닉과 은색 별 3개가 달린 금색 칼라, 녹색 공작 깃털이 달린 헬멧으로 구성된 기병대 제복을 입었고, 아내는 빨간색과 흰색 직물 장미가 달린 긴 흰색 실크 드레스에 흰색 모자와 베일을 썼다. 이들은 전날 테러 공격이 있을지 모른다는 경고를 받았음에도 불구하고 여행을 강행했다. 조피는 호스트 중 한 명에게 "우리가 이곳에서 가는 곳마다 세르비아 사람들이 너무나 친절하게 대해주었고, 너무나 진심 어린 마음과 가식 없는 따뜻함으로 맞아주어 매우 행복해요!" 라고 말했다.[1]

왕실 부부를 따뜻하게 맞이할 생각이 없었던 사람 중에는 오스트리아-헝가리 제국의 신민이 되는 것이 달갑지 않았던 세르비아 민족주의자들이 있었다. 1908년 합병은 일부 세르비아 민족주의 단체의 급진화로 이어졌다. 3년 후인 1911년 3월 3일, 베오그라드의 한 아파트에서 '검은 손'이라는 비밀 결사체가 결성되었다. 1878년 베를린 회의에서 세르비아의 독립이 인정되었지만 보스니아계 세르비아인은 세르비아와의 통일을 통해 대세르비아를 건설하는 것을 꿈꿨다. 보스니아계 세르비아인은 프란츠 페르디난트가 황제로 즉위하는 것이 그들의 민족 통일주의 계획에 위협이 될 것으로 생각했다. 이에 급진화된 검은 손 무장 요원들은 대공의 차량 행렬에 있던 차량 6대가 대로를 따라 미끄러져 내려올 때 군중 사이에 암살자를 배치했다. 암살자들의 목표는 두 번째 차량에 있었다. 암살자들은 많은 환영 인파를 확보하기 위해 퍼레이드 경로가 지역 신문에 공개되었기 때문에 어디로 가야 할지 알고 있었다. 보안 병력도 없었다.

암살자 중에는 헤르체고비나 출신의 목수인 28세의 무하메드 메흐메드바시치Muhamed Mehmedbašić, 사라예보의 학생인 18세의 크브제코 포포비치Cvjetko Popović, 역시 사라예보의 학생인 17세의 바소 츄브릴로비치Vaso Čubrilović, 그리고 음모의 핵심 인물로 밝혀진 19세 청년 3명이 포함되었다. 정교회 사제의 아들이었던 트리프코 그라베즈Trifko Grabež, 베오그라드의 인쇄소에서 일하던 고등학교 중퇴자 네델코 차브리노비치Nedeljko Čabrinović, 세르비아 게릴라 전사들과 함께 피난처를 찾아 언젠가 남부 슬라브족을 모두 해방하겠다는 꿈을 꾸었던 고등학교 중퇴자 가브릴로 프린치프Gavrilo Princip이다. 프린치프는 훗날 재판에서 "나는 유고슬라비아 민족주의자로서 모든 유고슬라비아인의 통일을 목표로 하며 어떤 형태의 국가든 상관하지 않지만 오스트리아로부터 자유로워야 한다"라고 진술했다.[2]

프린치프가 암살의 핵심 주범이었기 때문에 후속 수사의 대부분은 19세 소년을 중심으로 그의 행동 뒤에 숨은 음모 가능성을 조사했다. 그는 누구였으며 음모는 어디까지 진행되었을까? 이것이 탐사 언론인 팀 버처Tim Butcher의 저서 《더 트리거: 세계를 전쟁으로 몰아넣은 암살자 추적The Trigger: Hunting the Assassin Who Brought the World to War》의 주제이다.[3] 가브릴로 프린치프는 1894년 보스니아 서부의 작은 마을에서 두 명의 지역 영주가 사실상 '소유'하고 있던 가난한 봉건 농노의 아들로 태어났다. 보스니아 사람들은 자신들의 땅을 점령한 외세로 여겼던 오스트리아-헝가리에 대해 오랜 기간 분노를 품고 있었다. 당시에는 드물지 않았지만 가브릴로의 형제 중 여섯 명이 출산 중 사망했다. 1907년 그는 끝없는 가난을 피해 사라예보로 이주해 학교를 다녔다. 버처가 가브릴로의 학교 성적표를 추적한 결과, 처음에는 A 학점을 받았지만 "오스트리아-헝가리를 없애 버리겠다는 상상할 수 없는 일을 감히 생각하는 다른 젊은 급진주의자들과 어울리면서" 이후 성적이 떨어졌다고 한다. 따라서 프린치프가 결국 오스트리아-헝가리 제국의 멸망을 초래하는 계기가 될 것이라는 점은 예견된 일처럼 보였다.

역사학자 크리스토퍼 클라크Christopher Clark는 《몽유병자들: 1914년 유럽은 어떻게 전쟁에 나섰는가The Sleepwalkers: How Europe Went to War in 1914》에서 암살 음모가 어떻게 진행되었는지에 대한 자세한 설명을 제공했다.[4] 암살자들에게는 세르비아 국가 무기고에서 검은 손 요원들(정확히 누구인지는 밝혀지지 않았다)이 훔친 브라우닝 권총 4정과 12초짜리 도화선이 달린 소형 수류탄 6정, 혁명 임무 수행 후 자살할 수 있도록 청산가리 가루가 든 종이 봉지가 함께 제공되었다. 차량 행렬이 암살 구역에 진입하자 수류탄으로 무장한 메흐메드바시치와 권총과 수류탄으로 무장한 츄브릴로비치, 두 명의 암살자는 주눅이 들어서 행동에 나서지 못했다. 츄브릴로비치는 나중에 이렇게 해명했다. "공작부인이 거기 있는 것을 봤기 때문에 권총을 꺼내지 못했어요. 그녀가 불쌍하다는 생각이 들었어요."

다음 차례는 차브리노비치가 수류탄을 들고 가로등 기둥에 부딪혀 기폭장치를 작동시킨 후 12초 동안 조준하여 목표물인 두 번째 차량에 던졌다. 운전자는 날아오는 무기를 흘낏 보고 가속 페달을 밟았고 수류탄은 폭발하기 전에 차량 뒤쪽을 가로질러 뒤따라오던 차량 아래에 떨어지면서 승객과 군중 속에 있던 경찰과 행인 다수가 부상을 입었다. 프란츠 페르디난트는 무사했지만 조피는 뺨에 작은 상처를 입었다. 차브리노비치는 지시에 따라 청산가리를 삼킨 후 인근 밀자카 강으로 뛰어들었는데 익사하기에는 너무 수심이 얕았다. 청산가리는 심한 구토만 일으켰고 그는 군중에게 붙잡혀 구타당한 후 경찰서로 끌려갔다.

차량들은 안전한 곳으로 질주했고 나머지 세 명의 암살자는 패배감에 휩싸인 채 살금살금 달아났으며 암살 음모는 긴장감과 공감, 불운에 의해 좌절되었다. 아무리 잘 준비한 음모라도 계획대로 전개되는 경우는 드물지만 이 사건은 아직 끝나지 않았다. 놀랍게도 그리고 지금 생각해 보면 어리석게도 프란츠 페르디난트는 건설적 음모주의를 조금도 염두에 두지 않은 채 "갑시다. 저 친구는 분명히 미쳤으니 우리는 하던 일이나 진행합시다"라고 말했다. 대공과 그의 동료들은 그를 위한 시청 환영식장으로 계속 이동했고 사라예보 시장은 손님 암살 미수 사건 직후 자신의 말이 어떤 반향을 일으켰는지 전혀 의식하지 못한 듯 원래의 환영 연설을 더듬더듬 이어갔다. "수도 사라예보의 모든 시민은 영혼이 행복으로 가득함을 발견하고 전하의 빛나는 방문을 진심 어린 환영으로 열렬히 맞이합니다."

프란츠 페르디난트는 "나는 당신의 손님으로 이곳에 왔는데 당신네 사람들이 폭탄으로 나를 맞이하네요!"라며 주최자를 질책했다. 그런 다음 대공은 연설을 시작하며 청중들의 얼굴에서 자신이 본 것을 인정했다. "암살 시도가 실패한 것에 대한 기쁨의 표정"이었다. 그다음에 일어난 일은 어떻게 성공적인 음모가 우발적 상황에 좌우되는지 잘 보여준다. 프란츠 페르디난트는 부상당한 사람들이 치료받고 있는 병원을 방문하기로 결정했다. 조피는 시청에서 무슬림 여성 대표단을 만나기로 한 계획을 포기하고 남편과 함께하는 것이 최선이라고 생각했고 이는 또 다른 운명적인 결정이었다. 대표단은 다시 한번 아펠 부두를 따라 병원으로 가려했지만 이번에는 부부의 차가 프란츠 요제프 거리에서 우회전하여 국립박물관으로 향했다. 운전자는 박물관 행사가 취소되었다는 사실을 몰랐다. 잘못 방향 전환한 실수를 깨달은 운전자는 차를 멈추고 아펠 부두로 후진하려고 후진 기어가 없는 대공의 쿠페를 중립에 놓았다.

한편, 실패한 음모에 낙담한 가브릴로 프린치프는 아펠 부두와 프란츠 요제프 거리 모퉁이에 있는 모리츠 실러Moritz Schiller의 식품가게 주변에서 서성였는데 잘못된 방향 전환의 순간, 프린치프는 자신의 앞에 멈춰 선 표적을 보고 깜짝 놀랐다. 벨트에서 수류탄을 꺼낼 수 없었던 그는 9mm 반자동 브라우닝 권총을 꺼내 차량문으로 첫발을 발사하여 조피의 복부를 맞히고 동맥을 관통하여 남편의 무릎에 쓰러지게 만들었다. "한 여성이 옆에 앉아 있는 것을 보고 총을 쏠지 말지 잠시 고민했습니다"라고 프린치프는 나중에 재판관에게 설명하면서 의도한 표적은 오로지 대공뿐이었다고 주장했다. 프린치프는 공작 부인을 언급하며 "동시에 이상한 느낌이 들었다"라고 덧붙였다. 프린치프는 망설이는 순간을 지나 다시 총을 쐈고 이번에는 프란츠 페르디난트의 목 경정맥을 명중시켰다. 차가 질주할 때 대공은 아내에게 외쳤다. "조피, 조피, 죽지말아요. 우리 아이들을 위해 살아 있어요." 깃털 달린 헬멧이 머리에서 벗겨지자 그는 동료들에게 "아무것도 아니야, 아무것도 아니야"라고 말했다. 이 말은 그와 그의 아내가 의식을 잃고 피를 흘리며 얼마 지나지 않아 사망하면서 남긴 마지막 말이었다.

프린치프는 훈련받은 대로 권총으로 자신을 쏘고 청산가리를 삼키려고 했지만 군중이 그의 팔다리를 붙잡고 마구 때리기 시작했다. 그는 경찰에 의해 구조되어 구치소로 끌려가 재판을 받고 수감되어 20년 독방 수감형을 선고받았다. 그는 4년 후 사망했는데 "골격 결핵으로 몸이 심하게 피폐해져 오른팔을 절단해야 할 정도였다." 프린치프가 체포된 직후 세르비아 정부 고위층이 대공을 암살하기 위해 음모를 꾸몄다는 새로운 음모론이 등장했으니 참으로 안타까운 일이 아닐 수 없다. 프린치프의 전기 작가인 팀 버처가 제1차 세계대전을 촉발한 음모론에 대해 쓴 글은 다음과 같다.

지난 세기 동안 프란치프의 목소리는 더 강력한 세력, 특히 암살을 구실로 삼아 작지만 골칫거리인 이웃 세르비아를 공격하려고 필사적이었던 빈에 의해 묻혀 거의 들리지 않았다. 이를 위해 오스트리아-헝가리는 프린치프의 암살 음모를 세르비아 정부의 소행으로 돌리기 위해 노력했다. 역사 기록에는 이러한 주장을 뒷받침할 만한 설득력 있는 증거가 전혀 없는데, 이 사실만으로도 가브릴로 프린치프의 진실에 대한 가장 큰 왜곡이 아닐 수 없다.[5]

〈사라예보Sarajevo〉라는 단순한 제목으로 이 사건을 다룬 영화는 당시의 정치적 분위기를 이해하려면 꽤 볼 만한데 암살범을 추적하는 임무를 맡은 레오 페퍼Leo Pfeffer라는 오스트리아 판사의 눈을 통해 이 음모의 실마리를 따라가 보며 역사학자 크리스토퍼 클라크가 페퍼의 조사 결과를 자세히 설명한다.[6,7]

처음에 프린치프는 차브리노비치의 수류탄 폭발음에 놀랐으며 자신의 단독 범행이라고 주장했다. 차브리노비치는 **자신이** 베오그라드의 한 무정부주의자로부터 폭발 장치를 입수한 단독 암살범이라고 주장했다. 그러나 다음 날 차브리노비치는 말을 바꾸어 자신과 프린치프가 베오그라드에서 함께 암살을 계획한 공범이라고 시인하고 익명의 베오그라드 빨치산으로부터 무기를 입수했다고 설명했다. 이제 그의 해명이 의심받게 되자 프린치프는 자신이 차브리노비치와 한패였다는 사실을 인정했다. 그들은 러시아 소설에서 배운 노크 암호를 통해 감옥에서 의사 소통을 하면서 입을 맞췄다.

경찰의 끈질긴 추적 끝에 검은 손 요원 중 한 명인 다닐로 일리치Danilo Ilić가 체포되었는데 그는 프린치프와 차브리노비치가 유일한 암살자가 아니라는 사실을 비롯해서 더 많은 음모를 폭로하는 대가로 사형을 피하려고 형량 협상을 시도했다. 일리치는 다른 암살자의 실명을 거론하고 그들의 소재를 확인해 주었다. 경찰은 공모자 7명 중 총 6명을 검거했다.

수사의 다음 단계는 이 음모를 세르비아 정부까지 추적할 수 있는지 확인하는 것이었다. 권총은 세르비아산이고 폭탄은 세르비아 무기고에서 가져온 것이었기 때문에 시사하는 바가 적지는 않았다. 많은 세르비아인은 미움을 받던 프란츠 페르디난트 대공이 살해되어 합스부르크 제국에 타격을 입힌 것에 대해 기뻐했지만 추가 정보 수집 결과 세르비아 국가와 직접적인 연관성은 발견되지 않았다.

페퍼 판사는 세르비아 정부가 공식적으로 승인한 암살이 아니라고 결론 내렸지만 오스트리아-헝가리 외무장관 레오폴트 폰 베르히톨트Leopold von Berchtold는 합스부르크 왕가와 사이가 좋지 않은, 강력한 슬라브 동맹국 러시아의 지원을 받는 세르비아의 떠오르는 야망을 꺾을 구실을 찾고 싶어 했다. 암살 이틀 후인 6월 30

일, 베르히톨트는 오스트리아 황제인 84세의 프란츠 요제프에게 '세르비아에 대한 최종적이고 근본적인 판단'을 제시했고, 그는 동맹국인 독일의 카이저 빌헬름과 협의하기로 동의했다. 7월 5일, 카이저는 베르히톨트에게 오스트리아-헝가리가 세르비아를 공격할 경우 지원하겠다는 이른바 '백지 수표' 약속을 했다.

이러한 근본적인 흐름을 고려할 때, 7월 13일 오스트리아-헝가리 외무부의 또 다른 수사관인 프리드리히 폰 비스너Friedrich von Wiesner가 베르히톨트에게 분명한 조사 결과를 발표한 것은 문제가 되지 않았을 것이다. "세르비아 정부가 범죄 유도, 준비, 무기 제공을 한 공범이라는 것을 증명하거나 추정할 수 있는 증거는 없습니다. 오히려 세르비아가 관련 없다는 증거는 있습니다."[8] 이 모든 것이 의미하는 바는 오스트리아-헝가리가 암살에 세르비아가 공모했다고 가정한 것은 실수였을 가능성이 매우 높거나 더 나쁜 경우 이미 결심한 전쟁 개시를 정당화하기 위한 음모론이었으며 따라서 당시까지 인류 역사상 가장 잔혹한 전쟁은 무의미한 전쟁이었다는 것이다. 수천만 명의 목숨을 앗아간 제1차 세계대전이 없었다면 20세기가 얼마나 다르게 전개되었을지 상상해 보라. 게다가 제1차 세계대전이 없었다면 히틀러도, 나치도, 제2차 세계대전도, 홀로코스트도 없었을 것이 분명하다. 상상해 보라.

◆◆◆

1914년 6월 28일 사라예보에서 일어난 사건의 결과는 과장될 수 없으며, 암살 이후 전개된 사건의 세부 사항은 음모의 결과뿐만 아니라 역사가 얼마나 우발적이고 때로는 비극적인 결과를 초래할 수 있는지에 대해 곱씹게 한다. 당시 유럽의 강대국들은 조약과 동맹을 통해 영국, 프랑스, 러시아의 삼국 협상과 이탈리아, 독일, 오스트리아-헝가리의 삼국 동맹이라는 두 개의 대연합으로 나뉘어 있었다. 오스트리아-헝가리는 프란츠 페르디난트 암살 음모가 세르비아에 의해 조직된 것이며 불량 조직인 검은 손의 소행이 아니라고 판단하자 한 달 후인 7월 28일 세르비아 수도 베오그라드를 포격하여 보복했다.

러시아는 조약에 따라 세르비아를 지원할 의무가 있었기 때문에 7월 30일 군대를 동원했다. 다음 날 오스트리아-헝가리와 독일은 러시아의 군사 증강에 대응하기 위해 동원되었다. 8월 1일, 독일은 오스트리아-헝가리를 지원하기 위해 러시아에 선전포고를 했다. 오스트리아-헝가리는 5일 후인 8월 6일 러시아에 선전포고를 했다. 프랑스는 러시아를 지원하기 위해, 8월 2일 총동원을 명령했다. 두 개의 전선에서 전쟁을 원치 않았던 독일은 4주안에 프랑스를 격파한 후 러시아 전선에 집중할 수 있기를 바라며 중립국인 벨기에를 통해 프랑스를 침공했다. 조약에 따라 벨기에를 방어할 의무가 있던 영국은, 프랑스를 지원하기 위해 8월 4일에는 독일에, 8월 12일에는 오스트리아-헝가리에 선전포고를 했다. 본격적인 대륙 전쟁이 시작된 것이다.

전쟁 바이러스가 확산되자 일본은 삼국 협상의 편에 서서 중국과 태평양의 독일 영토를 점령했다. 이후 몇 달, 몇 년 동안 1917년 미국을 포함한 세계의 많은 국가가 세계 최초의 세계대전에 참전했고, 4년 후 총 900만 명의 전투원과 700만 명의 민간인 사망자, 그리고 대량 학살과 약해진 인구를 덮친 1918년의 끔찍한 인플루엔자 대유행으로 수천만 명이 더 사망한 채 끝이 났다.

사라예보의 길모퉁이에서 벌어진 6초 동안의 사건에서 보듯 진짜 음모는 때로 재앙을 초래할 수 있다. 이것이 바로 음모가 **실제로** 작동하는 방식이며 음모는 실시간으로 우발적인 상황에 따라 전개되는 지저분한 사건으로, 자질구레한 우연과 인간의 실수로 인한 기발한 사건으로 이어지기도 한다.

이전 장에서 9/11 테러에 대한 두 가지 음모론, 즉 조지 W. 부시 대통령이 일부러 테러를 일으켰다는 주장(미홉)과 일부러 테러가 일어나도록 놓아두었다는 주장(리홉)에 대해 설명했다. 오스트리아-헝가리가 프란츠 페르디난트와 조피 초테크가 암살된 후 세르비아를 공격한 행위에는 이 중 어느 것도 적용되지 않는다. 그대신 오스트리아-헝가리는 많은 국가가 비도덕적이거나 불법적이거나 둘 다에 해당할 수 있는 목적을 달성하고자 할 때 해왔던 것처럼, 다른 이유로 발생한 사건을 유리하게 활용했다. '일어난 일을 의도적으로 활용하는 것'을 카우홉capitalized on what happened on purpose, COWHOP이라고 부르자.

그렇다면 9/11 음모에 맞선 실제 대응은 미홉도 리홉도 아니었다. 그것은 사실 '다른 수단에 의한 정치'라고 생각할 수 있을 정도로 역사상 매우 흔한 카우홉이었다. 1991년 이라크의 쿠웨이트 침공을 성공적으로 격퇴한 1차 걸프전 이후 국무부는 사담 후세인의 국민이 조만간 그를 전복할 가능성이 높으며 이러한 정권 교체는 외부가 아닌 내부에서 이루어지는 것이 더 낫다고 판단했다. 이런 일은 일어나지 않았고 후세인이 권력을 되찾고 독가스를 사용하는 등 자국민에게 계속해서 해를 끼치자 그의 학대적이고 위험한 독재 체제를 전복하고 민주주의를 수립하려는 강력한 유인이 생겼다. 국가는 더 이상 법적으로는 전쟁을 시작하고 다른 나라를 침공할 수 없기 때문에—그 이유는 곧 설명하겠다—미국은 9/11 비극을 활용했다. 첫째, 진짜 공모자가 숨은 아프가니스탄을 침공하고 둘째, 9/11과는 아무 관련이 없는 이라크를 침공함으로써 말이다. 조지 W. 부시는 의도적으로 일어난 일을 활용했고 미국 역사상 가장 긴 전쟁 이후 중동의 불안정한 상황은 이 전체 기획이 정당하지 않은 것처럼 보이게 만들었다.

◆◆◆

1928년에 전쟁이 불법화되었다는 사실을 처음 들었을 때 나도 그랬던 것처럼 이 책을 읽는 대부분의 독자는 놀랄 것이다. 뭐라고? 예일대학교 법학자인 우나 해서웨이Oona Hathaway와 스콧 샤피로Scott Shapiro는 2017년 출간한 저서《국제주의자들: 전쟁을 불법화하려는 급진적 계획은 어떻게 세계를 재편했는가 The Internationalists: How a Radical Plan to Outlaw War Remade the World》에서 이런 일이 어떻게, 왜 일어났는지에 대해 설명했다.[9] 그들은 17세기의 변호사, 입법자, 정치인의 왜곡된 법적 계략을 시작점으로 보며 이것이 프로이센의 군사 이론가 카를 폰 클라우제비츠Carl von Clausewitz의 말처럼 그들은 전쟁을 "다른 수단을 통한 정치의 지속"으로 만들었다는 것이다. 그 수단에는 다른 사람을 죽이고, 물건을 빼앗고, 땅을 점령할 수 있는 면허장이 포함된다. 합법적으로. 어떻게 이런 일이 일어났을까?

1625년, 네덜란드의 저명한 법학자 후고 그로티우스(Hugo Grotius, 네덜란드어로는 휘호 더 흐로트Hugo de Groot)는 네덜란드와 포르투갈이 전쟁 중일 때 네덜란드가 포르투갈 상선 산타 카타리나

호를 나포한 것에 대한 500페이지 분량의 법적 정당화 논리를 작성했다. 이 문서의 제목은 《전쟁과 평화의 법The Law of War and Peace》으로, 간단히 말해 개인이 법원을 통해 방어할 수 있는 권리가 있다면 국가는 전쟁을 통해 방어할 수 있는 권리가 있다고 주장했다. 왜 그랬을까? 국가 간 분쟁을 판결할 세계 법원이 없었기 때문이다. 그 결과, 4세기 동안 국가들은 '정당한 전쟁'에 대한 '정당한 명분'을 설명하는 법적 선언문인 '전쟁 선언문'을 통해 호전성을 합리화할 수 있는 자유를 누려왔다. 해서웨이와 샤피로는 이러한 문서 400여 개를 수집한 후 내용 분석을 수행했다. 즉 각국이 전쟁을 해야 한다고 말한 이유에 대한 목록을 작성했다. 전쟁에 대한 가장 일반적인 합리화는 자위(69퍼센트), 조약 의무 이행(47퍼센트), 불법적 상해에 대한 보상(42퍼센트), 전쟁법 또는 국가법 위반(35퍼센트), 힘의 균형을 방해하는 자의 저지(33퍼센트), 무역 이익 보호(19퍼센트) 등이었다.[10]

이러한 전쟁 선언문은 한마디로 확증 편향, 후판단 편향 및 기타 인지적 발견술을 사용하여 미리 정해진 목적을 정당화하는 동기 부여된 추론의 실천이라고 할 수 있다. "왔노라, 보았노라, 이겼노라"가 아니라 "나는 내 일을 생각하고 있었을 뿐인데 그가 나를 위협했다. 나는 그를 공격함으로써 내 자신을 방어한다"라는 식이다. 이런 처리 방식에는 분명한 문제가 있다. 이것을 **도덕화 편향**이라고 부르자. 이것은 자신의 대의는 도덕적이고 정당하며 이에 동의하지 않는 사람은 단순히 틀린 것이 아니라 부도덕한 사람이라는 믿음을 말한다.

1917년, 제1차 세계대전의 대학살이 만천하에 드러나자 시카고 기업 변호사였던 새먼 레빈슨Salmon Levinson은 "살인이나 독살하는 법이 없는 것처럼 우리에게는 지금처럼 전쟁하는 법이 아니라 전쟁**에 반대하는** 법이 있어야 한다"라고 생각했다.[11] 미국 철학자 존 듀이, 프랑스 외무장관 아리스티드 브리앙, 독일 외무장관 구스타프 슈트레제만, 미국 국무장관 프랭크 B. 켈로그의 지원으로 레빈슨의 전쟁 금지에 대한 꿈은 1928년 파리에서 체결된─평화 조약 또는 켈로그-브리앙 조약으로도 알려져 있는─전쟁 포기를 위한 일반 조약(흔히 부전조약으로 줄여 부르기도 함-옮긴이)으로 결실을 맺었다. 전쟁이 불법화되었다.

1928년 이후 일어난 전쟁─그중 가장 중요한 것은 이전의 전쟁을 능가하는 대학살이 벌어진 제2차 세계대전이었다─의 수를 고려해 볼 때 무슨 일이 일어났는가? 도덕화 편향이 만개하고 있었지만 강제력도 부족했다. 제2차 세계대전이라는 파괴 이후 '따돌림'이라는 개념이 자리 잡고 그 대표적 예로 경제 제재가 등장했다. 예전이라면 규칙을 위반한 국가를 공격하는 것을 수반했겠지만 해서웨이와 샤피로는 "규칙을 위반한 국가에 무언가를 하는 대신에 따돌림을 행하는 국가들은 규칙을 위반한 국가**와 함께** 무언가를 하는 것을 거부한다."라고 지적했다.[12] 이러한 배제의 원칙이 항상 통하는 것은 아니지만(오늘날 쿠바와 러시아를 생각해 보라) 때로는 통하는 경우도 있으며(오늘날 터키와 이란을 생각해 보라), 거의 항상 전쟁보다 낫다. 그 결과 "국가 간 전쟁이 급격히 감소하고 정복이 거의 완전히 사라졌다"라고 연구자들은 말했다. 그럼에도 따돌림이 북한에 대해서는 아직 효과가 없다. 일부 사람에게는 군사적 대응이 유혹적일 수 있지만 북한의 지리적 위치를 고려할 때 피트 시거Pete Seeger의 베트남 전쟁 항의 노래에 나오는 가사에 귀를 기울여야 할 것이다. "우리는 큰 진흙탕에 허리 깊이 빠졌지만

/ 큰 바보가 계속 가라고 했어요."[13] 우리는 그 결과가 어떠했는지 잘 알고 있다.

전쟁을 **불법화**하는 것이 전쟁을 **없애지** 못했다는 이유로 불법화를 포기한다는 것은 살인율이 0으로까지 떨어지지 않았다는 이유로 살인 금지법을 없애야 한다는 주장과 다를 바 없다. 실제로 살인율은 국제 전쟁과 마찬가지로 수 세기에 걸쳐 급격히 감소해 왔으며 불완전하더라도 시스템은 작동하고 있다. 예를 들어 군사적 분쟁에 관한 가장 철저하고 훌륭한 데이터를 모은 '전쟁의 상관관계 프로젝트'에 따르면 두 국가가 서로 교역을 많이 할수록 전쟁을 일으키려는 경향이 줄어드는 것으로 나타났다. 비슷한 맥락에서 두 국가가 더 민주적일수록 서로 싸울 가능성도 줄어든다.[14] 이러한 상관관계가 완벽한 것은 아니며 예외도 있지만 민주적이고 경제적으로 상호 의존적인 국가일수록 정치적 긴장이 분쟁으로까지 확대될 가능성이 낮다.

해서웨이와 샤피로는 전쟁의 상관관계 프로젝트의 데이터를 사용하여 다양한 계산을 수행했다.[15] 그 결과 1816년부터 1928년까지 평균적으로 10개월마다 약 1건, 즉 1년에 1.21건의 정복이 있었다는 사실을 발견했다. 이를 개념화하는 또 다른 방법은 이 기간에 한 국가가 정복당할 확률이 1.33퍼센트였다는 것인데 이는 보통 사람의 일생에 한 번꼴로 영토를 상실한다는 의미로 해석할 수 있다. 상실된 부동산의 평균 면적은 연간 29만 5486제곱킬로미터(18만 3606제곱마일)로, 한 세기가 넘는 기간 동안 매년 약 11개의 크림 반도를 상실한 셈이다. 엄청난 땅이다! (비교하자면, 캘리포니아는 16만 3696제곱마일, 텍사스는 26만 8597제곱마일이다.) 1929년부터 1948년까지도 1년에 1.15퍼센트의 확률, 즉 10개월에 한 번

씩 정복하고 평균 24만 739제곱킬로미터(14만 9588제곱마일)를 상실하는 등 그다지 나은 상황은 아니었다. 그러나 제2차 세계대전 이후 모든 것이 바뀌었는데, 그때에는 주로 경제 제재를 통한 따돌림이 효과를 발휘했고 평균 정복 횟수는 연간 0.26회, 즉 3.9년에 한 번으로 감소했으며, 평균 상실 면적은 연간 1만 4950제곱킬로미터(5772제곱마일)에 불과했다. 해서웨이와 샤피로가 결론 내렸듯이 "개별 국가가 평균적으로 한 해에 정복을 당할 가능성은 연간 1.33퍼센트에서 1949년부터 [0].17퍼센트로 급감했다. 1948년 이후에는 평균적으로 한 국가가 정복을 당할 확률이 일생에 한 번에서 **1000년에 한두 번**으로 떨어졌다."[16]

다음 장에서는 20세기를 거쳐 21세기에도 계속되고 있는 수많은 음모와 음모론에 대해 살펴볼 것이다. 이러한 음모론은 제1차 세계대전 직후부터 시작되었으며 정부와 기업의 권력이 커지면서 그 인기가 가속화되었다. 이를 살펴보면서 1887년 액턴 경Lord Acton으로 더 잘 알려진 역사학자 존 에머릭 에드워드 달버그 액턴 John Emerich Edward Dalberg Acton이 편지에 남긴 말에 귀를 기울여 보자. "권력은 부패하는 경향이 있고 절대 권력은 절대적으로 부패한다. 위인은 거의 항상 나쁜 사람이다."[17] 그는 민주주의 국가들이 20세기 중반에 영향력과 권력이 절정에 달했던 절대 군주제 및 기타 독재 국가들의 가파른 절벽을 오르며 발판을 마련하기 위해 싸웠지만 음모적 계략이 계속되면서 자유 민주주의 국가들조차 그 뒤를 따르도록 유혹받던 시기에 이 말을 썼다.

11장

현실의 적과 상상의 적

현실에서의 음모와 우리 상상의 음모

이 책의 핵심 주제는 음모론이 진실인 경우가 많기 때문에 특히 권력을 가진 사람과 조직에 대한 신뢰가 낮을 때 건설적으로 음모론을 펴는 것은 무리가 아니라는 점이다. 이는 역사학자 캐스린 옴스테드가《진짜 적들: 음모론과 미국 민주주의, 제1차 세계대전부터 9/11 테러까지》에서 잘 설명한 현실이다.[1] 옴스테드에 따르면 제1차 세계대전 이전에는 음모론이 주로 종교적, 민족적, 인종적 소수자, 특히 유대인을 겨냥했는데 이는 주로 이러한 외부인이 자신의 목적을 위해 정부를 이용하려는 음모를 꾸미고 있다는 두려움에 기인했다.

제1차 세계대전 이후 "음모론자는 더 이상 외국의 세력이 연방 정부를 점령하려는 음모를 꾸미고 있다고 우려하지 않았고 그 대신에 연방 정부 자체가 음모자라고 주장했다."[2] 그런 다음 그녀는 제1차 세계대전 이전의 음모론과 그 이후의 음모론의 차이점을 설명했다. "현대 미국 정부의 제도화된 비밀주의는 새로운 유형의 음모론에 영감을 주었다. 이러한 음모론은 정부 관리가 시민에게 거짓말을 하며 평화로운 미국 국민을 어리석은 전쟁에 끌어들인 다음 전쟁 반대자를 감시하고 탄압한다고 주장했다.”미국 정부 기관이 **이러한 일을 저질렀고 21세기에도 이러한 관행이 계속되고 있는** 상황에서 시민이 정부에 회의적인 태도를 보이는 것은 비합리적이지 않다. 20세기 내내 그리고 현재에 이르기까지 사례는 매우 많다.

◆◆◆

존 F. 케네디 암살 이후 미국은 베트남 전쟁의 격동기를 겪었다. 《펜타곤 페이퍼》와 기타 문서를 통해 연방 정부가 마틴 루터 킹 주니어에 대한 FBI 도청을 포함해 얼마나 많은 거짓말을 하고 시민을 감시했는지 밝혀졌다. 연방 정부는 마틴 루터 킹의 혼외정사를 녹음하고, 이것으로 그에게 자살하라고 암시하는 등 그를 협박해 침묵을 강요했지만 결국 실패로 끝났다. 따라서 1968년 제임스 얼 레이James Earl Ray라는 단독 암살자가 저지른 마틴 루터 킹 암살 사건도 의심스러워 보였고, JFK의 동생 바비, 즉 로버트 케네디가 대통령 선거를 위한 캘리포니아 예비 선거에서 승리한 직후 시르한 시르한Sirhan Sirhan이라는 수상한 인물의 총에 맞아 살해된 사건도 의심스러워 보였다. JFK와 마찬가지로 이 암살 사건에서도 음모가 입증되지는 않았지만 중요한 것은 아주 많은 사람이 음모가 있다고 의심하는 것이 무리가 아니었다는 점이다.

워터게이트 사건과 리처드 닉슨의 비밀 오디오 테이프는 대중에게 주류 정치와 정치인의 추악한 면, 특히 대통령의 유대인 혐오를 비롯한 인종차별적이고 편협한 음모론을 폭로하는 데 큰 영향을 미쳤다. 옴스테드는 닉슨 행정부하에서 "편집증, 음모, 음모론이 행정부의 기본 운영 원칙이 되었다"라고 지적했다.[3] 닉슨은 합동참모본부에게 중요한 정보를 알려 주지 않았고 이에 대한 대응으로 그들은 국가안전보장회의NSC 직원에게 헨리 키신저 국무장관의 서류 가방에서 문서를 훔쳐 행정부에서 무슨 일을 꾸미는지 알아내도록 지시했다. 정부는 자기 자신을 감시하고 있었고 헌법을 보호하고 수호하도록 설계된 이 신성한 기관에 대한 신뢰는 더욱 약화되었다! 닉슨을 보좌한 백악관 수석 밥 홀드먼Bob Haldeman은 《펜타곤 페이퍼》에 대해서 "일반인에게 이 모든 것은 터무니없는 말일 뿐"이라고 말했다. (여기서 주목할 점은 《펜타곤 페이퍼》가 케네디 행정부와 존슨 행정부에 관한 것이지 닉슨 행정부에 관한 것이 아니었지만 닉슨의 초기 대응은 몹시 놀라고 당황스러워했다는 점이다.) 옴스테드는 이렇게 덧붙였다. "하지만 그런 멍청한 짓 때문에 정부를 믿을 수 없고, 정부가 하는 말을 믿을 수 없으며, 정부의 판단에 의존할 수 없다는 것이 매우 분명해졌다. 그리고 미국에서 받아들여 온 대통령의 암묵적 무오류성은 이번 사건으로 큰 타격을 입었는데, 이는 잘못된 일이더라도 대통령이 하고 싶어 하는 일을 사람들이 하며, 대통령이 잘못일 수 있다는 점을 보여주기 때문이다." 딥스테이트 정부를 신뢰할 수 없다는 큐어넌 음모론의 근본적인 믿음을 다시 한번 생각해 보자. 이런 맥락에서 보면 그렇게 미친 소리처럼 들리지 않는다. 심지어 어느 정도 합리성도 있다.

1976년 프랭크 처치의 의회위원회 보고서에 의해 CIA의 비밀 불법 프로그램인 MK 울트라가 폭로되었는데 1950년대부터 이 기관은 심문에 사용할 수 있는 약물과 절차를 개발하기 위해 아무런 의심도 하지 않는 사람들에게 LSD와 기타 정신을 변화시키는 약물을 투여하는 정신 통제 실험을 수행했음이 드러났다.[4] 부지불식간에 희생된 사람 중 한 명인 미 육군 생화학자 프랭크 올슨Frank Olson은 뉴욕시 호텔 창문에서 뛰어내려 사망했다. 그는 떠밀려서 그랬을까? 그의 아들 에릭 올슨Eric Olson은 오랫동안 CIA가 아버지를 살해했다고 의심해 왔다. 영화감독 에롤 모리스가 제작한 이 흥미진진한 다큐 드라마 시리즈(〈웜우드〉라는 제목인데 셰익스피어의 《햄릿》에서 어머니가 아버지 살해에 연루되었다는 사실을 깨달았을 때 사용한 단어에서 따온 제목이다)는 자살과 살인이라는 두 가지 시나리오를 보여주며 끝을 맺는다.[5] 1994년 올슨의 시신을 발굴한 부검 보고서에 따르면 올슨이 쓰러지기 전에 두개골 부상을 입었을 수 있다는, 즉 먼저 기절했을 수 있다는 주장이 제기되었지만 정부는 살인죄를 인정하지 않고 그 대신에 LSD 실험을 할 때 올슨의 사전 동의를 얻지 않았다는 이유로 가족에게 75만 달러를 지급했다. 어느 쪽이든 간에, 사람들이 권력 기관에 대한 음모론을 믿는 이유를 이해하기 위해 우리가 알아야 할 것은, CIA가 아무런 의심도 하지 않는 시민에게 정신을 변화시키는 약물을 투여했다는 사실이다. 미국과 소련 사이에 이른바 '미사일 격차'가 있다는 것과 유사하게 일부 사람은 우리 정보 기관과 다른 국가, 특히 소련, 공산주의 중국, 북한 사이에 '정신 통제' 또는 '세뇌' 격차가 있다고 믿었는데 이들 국가는 한국 전쟁 중에 미군 포로를 대상으로 실험을 했다.[6]

1980년대 로널드 레이건 대통령 시절의 이란-콘트라 스캔들은 미국 정부가 의회의 승인 없이, 그것도 자국민도 모르게 행한 일에 관한 대중의 신뢰를 더욱 약화시켰다. 행정부 고위 관리들은 무기 금수 조치로 인해 당시에는 불법이었던 이란에 대한 무기 판매를 비밀리에 추진했다. 이 비밀 판매 수익금은 니카라과의 콘트라에 자금을 지원하는 데 사용되었다. 콘트라는 미국의 외교 정책에 적대적인 사회주의 정부에 맞서 싸우는 반산디니스타 무장 조직이라는 점에서 미국의 이익에 더 우호적인 것으로 인식되었기 때문이었는데 의회는 이러한 단체에 대한 지원을 금지했다. 옴스테드가 지적했듯이 이란-콘트라는 "제1차 세계대전 이후 음모론자가 가장 두려워했던 것, 즉 궁극적인 권력 찬탈을 대표했다. 이란-콘트라 음모자는 정부를 전복한 것이 아니라 정부 **자체였다.**"[7]

1980년대 후반, 대통령 지지율과 의회 지지율은 자유 낙하를 거듭했고, 대니얼 패트릭 모이니한Daniel Patrick Moynihan 상원의원은 미국 역사상 "신뢰와 진실성이 이토록 크게 훼손된 적은 없었다"라고 논평했다.[8] 이러한 신뢰와 투명성의 결여는 특히 공공 및 민간 기관 모두에 대한 음모적 인식을 불러일으켰다. 1990년대에 TV 시리즈 〈X파일〉이 방영될 당시에는 담배를 피우는 남자들이 뒷방에서 외계인 지배자의 도움을 받아 세계를 운영한다는 다소 터무니없는 줄거리가 많은 미국인에게 그다지 우스꽝스러워 보이지 않았고 이 드라마는 큰 인기를 끌었다.

◆◆◆

이제 분명해졌듯이, 이러한 유형의 거짓 음모론과 진실을 구별하는 데 있어 문제는 정부가 거짓말을 하고 은폐한다는 것이다. 2021년 중반에 이 책을 완성할 때 다시 한번 수면 위로 떠오른 UFO에 관한, 꾸준히 인기 있는 일련의 음모론이 대표적인 예이다. 영공을 보호해야 하는 미국 정부 기관에서도 알 수 없는, 물리학과 공기역학을 뒤집는 놀라운 능력을 발휘하는 항공기가 등장하는 미확인 공중 현상UAP 동영상이 다시 유포되기 시작했고 나는 다른 지면에서 이에 대해 광범위하게 글을 썼다.[9] 그런데 여기서 특히 미군이 촬영한 영상이 '진짜'라고 인정된 이후 정부가 이 영상에 대한 정보를 숨기고 있다는 음모론이 다시금 확산하고 있다는 점이 주목할 만하다. 단어는 여기서 많은 일을 한다. '진짜'라는 단어를 들으면 우리의 뇌는 국가를 위협하는 '외계인' 또는 '러시아나 중국의 장비'로 자동 수정하지만 정부는 그 단어로 단순히 동영상 자체가 가짜나 사기가 아닌 진짜임을 말했을 따름이다. 2021년 6월 말, 국가정보국장실은 마침내 오랫동안 기다려 온 UAP에 대한 보고서를 발표했지만, 예상대로 외계인이든 외국인이든 그 어떤 확실한 결론을 내리지 못했다.[10] 이 보고서는 추가 연구를 요구했으며 당연히 더 많은 자금을 요청했다. 다음은 몇 가지 주요 내용이다.

- UAP를 포착한 다양한 형태의 센서는 일반적으로 올바르게 작동하고 초기 평가가 가능하도록 충분한 실제 데이터를 담아내지만 일부 UAP는 센서 이상에 기인할 수 있다.
- 개별 UAP 사건을 분석하면 다음 다섯 가지 잠재적 설명 범주 중 하나로 분류된다. 레이더의 이상 신호, 자연 대기 현상, 미국 정부 또는 미국 산업 개발 프로그램, 적국의 시스템, 포괄적인 '그 밖의' 통 같은 물체.
- 우리는 보고된 한 건의 UAP를 높은 신뢰도로 식별할 수 있었다. 이 경우, 우리는 이 물체가 공기가 빠지는 대형 풍선임을 확인했

다. 나머지는 아직 밝혀지지 않았다.

- UAP 목격은 또한 미국의 훈련 및 시험장 주변에 집중되는 경향이 있지만 이는 해당 지역에 관심이 집중돼 있고 최신 센서가 더 많기 때문에 수집 편향으로 인한 것일 수 있다고 평가한다.
- 현재로서는 UAP가 외국의 정보 수집 프로그램의 일부이거나 잠재적 적의 주요 기술임을 나타내는 데이터는 부족하다.

이 보고서는 "사회문화적 낙인과 평판의 위험으로 인해 많은 관찰자가 침묵을 지킬 수 있으며 이 주제에 대한 과학적 탐구를 복잡하게 만들 수 있다"라고 결론지었다. 이러한 낙인이 왜 존재하는지 이해하기 위해 최근의 UFO 목격 사건을 역사적 맥락에서 살펴보자.

우리의 이야기는 1947년 7월 7일, 뉴멕시코주 로스웰 외곽에서 일하는 목장주 윌리엄 W. '맥' 브래절William W. 'Mac' Brazel이 땅에 흩어져 있는 특이한 파편을 발견하면서 시작된다. 브래절은 "비행 접시 중 하나"의 잔해를 발견한 것 같다고 지역 보안관에게 알렸다.[11] 이 사건은 1947년 6월 24일, 케니스 아널드Kenneth Arnold가 워싱턴주 캐스케이드산맥 상공을 개인 비행기로 비행하던 중 하늘을 가로질러 빠르게 움직이는 반짝이는 물체 9개를 목격하면서 시작된 일련의 UFO 목격 사건과 관련 있었다. 아널드는 처음에 그 물체가 "대형을 이룬 기러기처럼" 날아갔다고—아마도 그랬을 것이다(나도 그런 'UFO'를 본 적이 있다)—설명했지만 나중에 그 물체가 "초승달 모양"이었고 "접시 모양 물체를 던져 물 위로 물수제비를 뜰 때처럼 움직였다"라고 덧붙였다. 이를 다룬 AP 통신의 기사에서는 아널드가 목격한 물체를 '날아다니는 접시'라고 묘사한 것으로 잘못 인용했다. 아널드는 나중에 "그들은 내가 그것이 접시 같았다고 말했다고 썼습니다. 나는 그것이 **접시 같은 모양**으로 날았다고 말했습니다"라고 불평했다. 하지만 대부분의 언론 오보 정정 사례와 마찬가지로 이 사건 역시 대중의 사실 확인 레이더망에 포착되지 않았다.

'비행 접시' 밈은 150개 이상의 신문사가 AP의 기사를 다시 보도하면서 퍼지기 시작했다. 얼마 지나지 않아 수백 건의 비행 접시 신고가 등장했고, 아널드의 제보 이후 몇 주 동안 850건의 목격담이 기록됐다. '맥' 브래절이 전한 7월 7일의 이야기는 곧바로 로스웰 육군 비행장RAAF에 전달되었고 이 시점에서 월터 하우트 Walter Haut 중위는 목장에서 '비행 디스크'가 회수되었다는 보도 자료를 보냈다. 사실 하우트 중위는 파편을 직접 보지 못했기 때문에 역사상 가장 유명한 UFO 사건인 로스웰 사건의 왜곡이 여기서 시작된다. 이 사건은 외계 지성체와는 아무런 관련이 없으며 사실은 지상 감시와 관련이 있다. 다음 날인 1947년 7월 8일, 뉴스 매체 〈로스웰 데일리 레코드〉는 유명한 머리기사 표제를 달았다. "RAAF, 로스웰 지역 목장에서 비행 접시 포착"

다음 날인 7월 9일, 〈로스웰 데일리 레코드〉는 목장에서 발견된 것에 대해 좀 더 객관적인 설명을 제공했다. "잔해들을 모았을 때 은박지, 종이, 테이프, 막대기는 길이 약 3피트, 두께 약 7~8인치의 다발이었고, 고무는 길이 약 18~20인치, 두께 약 8인치의 다발을 만들었다. 그(브래절)는 전체 무게가 5파운드 정도였을 것이라고 추정했다."(기술적으로 발달한 외계인이 은박지, 종이, 테이프, 막대기로 만든 우주선을 타고 성간 공간의 광활한 거리를 모두 고무로 고정한 채 횡단했다고 진지하게 상상하는 사람이 있을까?)

군 당국은 이 잔해를 기상 풍선의 잔해라고 설명했고 이후 30년 동안 로스웰은 UFO를 좇는 레이더에서 사라졌다. 1967년, UFO 이론가 테드 블로처Ted Bloecher가 발간한 보고서 《1947년의 UFO 파동UFO Wave of 1947》은 그해 853건의 UFO 신고를 기록했다. 로스웰은 목록에도 없었다! 생각해 보라. 역사상 가장 유명한 UFO 사건이 사건 발생 당시나 20년이 지난 후에도 UFO론자의 머릿속에 없었다는 사실을.

로스웰은 1980년 잡지 〈내셔널 인콰이어러〉가 선정적인 UFO 이야기를 보도한 후 인기 TV 다큐멘터리 〈UFO는 실재한다〉가 방영되면서 시작된 현대 신화 창조이다. 이 이야기는 뉴멕시코 사막에서 추락한 외계 우주선 발견에 대한 정부의 은폐를 다룬 찰스 벌리츠Charles Berlitz와 윌리엄 L. 무어William L. Moore의 저서 《로스웰 사건The Roswell Incident》을 통해 더욱 확고해졌다. 얼마 지나지 않아 케빈 랜들Kevin Randle과 도널드 슈미트Donald Schmitt의 《로스웰에서의 UFO 추락UFO Crash at Roswell》, 돈 베를리너Don Berliner와 스탠턴 프리드먼Stanton Friedman의 《코로나에서의 추락Crash at Corona》 등 많은 베스트셀러가 출판됐다.[12] 그 이후로 수천 개의 기사, 책, 텔레비전 프로그램, 다큐멘터리가 로스웰 신화를 계속 이어갔다.

다음은 실제로 일어난 일이다. 로스웰의 목장에서 발견된 잔해는 군의 보고대로 기상 풍선의 잔해가 아니었다. 그것은 '모굴 프로젝트'라는 프로그램의 일환으로 대기권 상공에서 소련 핵폭탄 실험의 음향 신호를 탐지하기 위해 고안된 실험용 고고도 스파이 풍선이 추락한 잔해였다. 1994년, 모굴 프로젝트의 과학자였던 찰스 무어Charles B. Moore는 '맥' 브래절의 목장에 추락한 것이 NYU 4호라는 특정 스파이 풍선임을 확인해 주었다.

목격자들이 설명한 잔해—발사 스틱, '은박지', 파스텔톤의 분홍빛 보라색 꽃이 그려진 테이프, 탄 냄새가 나는 그을린 회색 풍선 고무, 구멍, 질긴 종이, 직경 4인치 알루미늄 조각, 블랙박스—와 우리의 비행 풍선 무리에 사용된 재료와의 유사성 및 바람 정보를 함께 고려할 때, NYU 4호가 W. W. 브래절이 1947년 포스터 목장에서 발견한 잔해의 출처라는 것을 배제하기는 어려울 것 같습니다.[13]

UFO론자는 정부가 로스웰에서 일어난 일에 대해 거짓말을 하고 군사 기밀을 UFO 증거로 착각했다는 사실을 중시한다. 그럼에도 당시는 냉전 시대였기 때문에 미국 정부는 소련의 핵 프로그램을 감시하고 있다는 사실을 공개적으로 발표하는 일을 당연히 꺼렸다.

51구역은 훨씬 더 신비에 싸여 있는데 그것은 고립되어 있기에 선택된, 네바다주 라스베이거스에서 북쪽으로 90마일 떨어진 이 장소에서 무슨 일이 일어나고 있는지 UFO론자, 호기심 많은 기자, 그리고 나와 같은 회의주의자가 내부를 뒤지는 것을 오랫동안 금지해 온 극비 군사 시설이었기 때문이다. 2013년이 되어서야 정보공개법 요청에 따라 CIA는 51구역이 어떤 용도로 사용되었는지 처음으로 대중에게 공개했다.[14] 1955년, 정부는 소련 및 쿠바와 같은 소련 동맹국의 군사 활동을 기록하기 위해 고해상도 카메라를 장착한 고고도 첩보기인 U-2 첩보 비행기의 시험 비행을 위해 마른 호수 바닥에 긴 활주로를 건설했다. 프랜시스 게리 파워스Francis Gary Powers가 조종한 U-2가 소련 상공에서 격추된 후, CIA는 차세대 첩보 비행기—록히드 A-12—를 개발하기 위한 또 다른 극비 프로그램인 '프로젝트 옥스카트'를 시작했고 이는 결국 전설적인 SR-71 '블랙버드'가 되었다. 이 비행기는 시속 2000마일 이상으로 빠르게 날 수 있으며 9만 피트 높이까지 솟아올라 상업용 여객기보다 3배 높은 고도로 비행한다는 사실을 기억하라. 51구역과 주변 지역에서 옥스카트 A-12 비행이 2850회 이상 이루어졌기 때문에 경험 많은 상업용 비행기 조종사조차 당황해하고 신비롭게 여기는 목격 사례가 많은 것은 당연한 일이다. 한 51구역 베테랑은 말했다. "옥스카트의 모양은 전례가 없었는데 원반처럼 생긴 넓은 동체는 방대한 양의 연료를 실을 수 있도록 설계되었습니다. 해질녘 네바다 상공을 비행하는 상업용 비행기 조종사들은 고개를 들어 시속 2000마일 이상으로 윙하고 지나가는 옥스카트의 바닥을 보곤 했습니다. 총알처럼 빠르게 움직이는 이 항공기의 티타늄 기체는 태양 광선을 반사하여 누구나 UFO라고 생각할 수 있을 정도였지요."

거의 모든 UFO 목격 사례에는 이와 같은 진부한 설명이 있다. 설명할 수 없는 현상의 잔여물에서 음모론적 인식이 시작된다. 예를 들어《UFO: 장군, 조종사, 정부 관료들이 기록에 남다UFOs: Generals, Pilots and Government Officials Go On the Record》에서 UFO론자 레슬리 킨Leslie Kean은 다음과 같이 언급했다.

UFO 목격의 약 90~95퍼센트는 기상 풍선, 조명탄, 풍등, 편대 비행하는 비행기, 비밀 군용기, 태양을 반사하는 새, 태양을 반사하는 비행기, 섬광, 헬리콥터, 금성 또는 화성으로 설명될 **수 있다**. 유성 또는 운석, 우주 쓰레기, 인공위성, 늪지대 가스, 회전하는 소용돌이, 환일幻日, 구상球狀 번개, 얼음 결정, 구름의 반사광, 지상의 불빛 또는 조종석 창에 반사된 불빛, 온도 반전, 구멍 뚫는 큰 소리 등 그 목록은 계속된다![15]

따라서 UFO와 UAP를 설명하는 외계인 가설은 위의 목록이 모두 소진된 후 남은 데이터 잔여물을 기반으로 한다. 무엇이 남았는가? 많지 않다. 그러나 자연과 정부의 정상적인 운영으로 더 잘 설명할 수 있는 것을 음모로 돌리는 음모론적인 마음을 과소평가하지는 말자.

•••

이러한 음모론은 재미있으며 비교적 무해하고 호텔 회의실에서 만나는 UFO론자나 텔레비전 드라마 작가에게는 좋은 이야깃거리이다. 다른 음모론은 훨씬 더 불안하고 심지어 치명적일 수도 있다. 20세기 역사에서 오늘날까지도 그 영향이 남아 있는 문제를 일으킨 두 가지 사례를 살펴보자.

첫 번째는 제2차 세계대전이 끝난 직후 나치 전범의 반인류적 범죄가 드러난 뉘른베르크 재판에서 시작되었다. 1930년대 중반부터 나치 정권은 지적장애, 심신미약, 조현병, 조울증, 신체 기형과 같은 유전병에 걸리기 쉬운 것으로 판명된 수만 명의 독일인을 불임 수술했다.[16] 나치의 방어 전략 중 하나는 불임 프로그램의 선례로 미국을 지목하는 것이었다. 20세기 초, 사람들은 소위 저능한—새로 개발된 지능 테스트 분야에서 지적 사다리의 최하위에 있는—미국인들이 유전자 풀을 고갈시키고 국가를 몰락시킨다고 믿었다. 당시 우생학 정책은 불임 수술을 요구했고 1907년부터 1928년까지 약 9000명의 미국인이 불임 수술을 받았다. 가장 유명한 사례는 어머니와 함께 버지니아주 조현병 환자 및 지적장애인 집단 거주지에서 살았던 캐리 벽Carrie Buck의 경우이다(그렇다. 실제로 미국에는 그런 명칭의 시설이 있었다). 캐리와 그녀의 어머니는 둘다 지적장애로 분류되었다. 캐리는 곧 사생아 딸을 낳았다. 당시과학에 따르면 측정 가능한 형질이 3대에 걸쳐 연속적으로 나타나면 유전적 원인을 구성하는 증거로 간주되었기 때문에 캐리는불임 수술을 받아야 한다고 결정되었다. 이 결정은 이의가 제기되어 버지니아 대법원으로 갔고 1925년 이 결정은 유지되었다. 다시이의가 제기된 이 사건은 미국 대법원에서 다투게 되었고 대법원판사들은 불임 수술에 찬성하는 판결을 내렸다. 올리버 웬델 홈즈판사는 캐리 벽에게 다음과 같은 냉혹한 말로 판결을 내렸다. "범죄로 인해 타락한 자손을 처형하거나 무능함으로 인해 굶어 죽도록 기다리는 대신 사회가 명백히 부적합한 사람들이 그 종족을 이어가는 것을 막을 수 있다면 모든 세상을 위해 더 낫다. 의무 예방 접종을 유지하는 원칙은 나팔관 절단까지 포함할 정도로 광범위하다. **지적장애인으로 3대를 이었으면 충분하다**(강조 추가)."[17] 캐리벽은 버지니아주 거주지에서 다른 1000여 명과 함께 불임 수술을받았고 1930년대 중반까지 미국 내 불임 수술 건수는 총 약 2만건에 달했으며 대부분 대상자 모르게 또는 동의 없이 이루어졌다. 이것이 음모이다.

두 번째 사례는 1932년부터 1972년 사이에 미국 공중보건국이환자 모르게 또는 동의 없이 의도적으로 600명의 아프리카계 미국인 남성의 매독 치료를 보류한 사건이다. 이들은 앨라배마 터스키기 대학에서 연구에 참여하면 의료 서비스, 식사, 그리고—끔찍하게도—무료 장례 보험을 제공한다는 약속을 받고 모집된 소작

농이었다. 지금은 악명 높은《흑인 남성의 치료되지 않은 매독에 대한 터스키기 연구》가 바로 이 보고서의 소름 끼치는 제목이다.[18] 1972년에 연구가 끝날 때까지―그리고 한 내부 고발자가 이 사연을 밖에 알려서 〈뉴욕 타임스〉 1면에 실렸을 때까지―600명의 남성 중 74명만이 생존해 있었다. 이들 대부분은 매독이나 매독 합병증으로 사망했으며 남편에게서 매독에 감염된 아내 40명 이상과 선천성 매독을 갖고서 태어난 자녀 19명 이상이 사망했다.

이 끔찍한 이야기의 한 가지 유산은―헌법에 의해 보호받아야 할 권리를 가진―아프리카계 미국 시민에 대한 이 음모로 인해 과학 연구와 실험 및 임상 연구 대상자 보호(예컨대 사전 동의 및 진단에 대한 의사 소통)에 관한 법률과 규정이 크게 변경되었다는 것이다. 또 다른 유산은―이러한 비극적인 역사로 인해―20세기 후반에 아프리카계 미국인 사회가 도시 빈민가에 사는 흑인에게 특히 큰 타격을 입힌 크랙 코카인 유행의 배후에 연방 정부가 있다는 음모론을 받아들였다는 것, 21세기 코로나19 팬데믹 기간에 아프리카계 미국인이 백신 접종을 주저했다는 것(여러 이유로 백인 미국인보다 더 많지는 않지만)이다.

◆◆◆

지금까지 이 장에서는 주로 정치 및 군사적 음모와 음모론에 초점을 맞추었지만, 대기업도 음모론의 고리에서 벗어나지 않도록 하자. 질문으로 시작해 보자. 담배, 식품 첨가물, 화학 난연제, 탄소 배출의 공통점은 무엇일까? 답은 이와 관련된 산업과 그 악영향이 과학적 증거에도 불구하고 대중의 마음에 의심을 심는 데

놀랍도록 일관되고 불안할 정도로 효과적이었다는 점이다. 이러한 산업과 그 산업에 속한 기업들은 순진한 고객에게 미치는 해로운 영향에 대해 알고 있으면서도 그 정보를 은폐하여 대중에게 해를 끼치는 것을 공모했다는 점에서 이는 음모에 해당한다.[19]

음모는 담배가 폐암을 유발한다는 과학적 증거가 쌓이기 시작하자 담배 산업에서 발원했다. 1969년 브라운 앤 윌리엄슨 담배 회사의 한 임원이 작성한 메모에는 다음과 같은 문구가 포함되어 있었다. "의심은 일반 대중의 마음속에 존재하는 '사실들'과 경쟁할 수 있는 가장 좋은 수단이기 때문에 우리의 제품이다."[20] 담배 업계는 수십 년 동안 담배의 건강 위험성에 대해 대중을 속이기 위해 공모했다. 1999년에 법무부는 담배 회사들을 공갈죄로 고소하여 수년간의 기만 행위에 대한 대가를 치르게 했다. 2006년 미국 지방 판사 글래디스 케슬러Gladys Kessler는 담배 회사에 유죄 판결을 내리고 준엄한 의견을 발표했다.

피고는 이러한 사실 중 상당수를 최소 50년 이상 알고 있었다. 알고 있음에도 불구하고 피고는 엄청난 기술과 정교함을 동원하여 일관되고 반복적으로 대중과 정부, 공중 보건 커뮤니티에 이러한 사실을 부인해 왔다. 또한 피고는 회사의 경제적 점유율을 유지하기 위해 18세 미만의 어린이와 18세에서 21세 사이의 젊은이에게 제품을 마케팅하고 광고했는데 이는 고령 흡연자가 사망, 질병, 금연으로 인해 흡연을 중단함에 따라 '대체 흡연자'를 공급하기 위해서였다. 피고는 이런 사실 역시 부인했다. 요컨대 피고는 자신의 재정적 성공에만 초점을 맞추고 성공으로 인한 인간적 비극이나 사회적 비용을 고려하지 않은 채 열성적으로, 기만적으로, 치명적인 제품을 마케팅

하고 판매해 왔다.[21]

담배 모델은 이후 다른 업계에서도 모방했다. 베테랑 담배 로비스트인 피터 스파버Peter Sparber는 "'담배처럼 할' 수 있다면 홍보에서 거의 모든 것을 할 수 있다"고 말했다.[22] 홍보는 문제를 부정하고, 문제를 최소화하고, 더 많은 증거를 요구하고, 책임을 전가하고, 데이터를 선별하고, 메신저를 때리고, 대안을 공격하고, 업계에 우호적인 과학자를 고용하고, 위장 단체를 만드는 등의 전술을 이용하는 동일한 각본에 따라 작동하는 것 같다. 다큐멘터리 감독 로버트 케너Robert Kenner는 우리가 먹는 식품에 포함된 유해화학 물질과 방부제에 관한 다큐멘터리 〈식품, 주식회사Food, Inc.,〉를 촬영하면서 이 마지막 전략을 접했다.[23] "나는 '소비자 자유 센터'와 같은 단체와 계속 부딪혔는데 이들은 우리가 먹는 음식에 무엇이 들어 있는지 알 수 없도록 모든 노력을 기울이고 있다." 케너는 이러한 단체가 과학적 진실을 추구하는 중립적인 비영리 싱크탱크처럼 보이지만 그들이 조사하는 문제와 관련된 영리 산업으로부터 자금을 지원받기 때문에 이들을 '오웰리언'(조지 오웰의 작품《1984》는 완벽히 국민을 통제하는 전체주의 사회를 그리고 있는데 여기서 파생된 표현-옮긴이)이라고 불렀다.

담배로 인한 주택 화재 문제를 처리하기 위해 화학 및 담배 회사에서 일부 자금을 지원하여 만든 위장 단체 '화재 안전을 위한 시민 모임'을 생각해 보라. 케너는 내가 전문가 증인으로 출연한 2014년 다큐멘터리 〈의심의 상인Merchants of Doubt〉을 촬영하면서 이 사실을 알게 되었다.[24] 이 다큐멘터리는 과학 사학자 나오미 오레스케스Naomi Oreskes와 에릭 콘웨이Erik Conway가 2010년 출간한 같

274

은 제목의 책을 바탕으로 제작되었다. 담배 업계는 규제 당국과 대중을 담배와 주택 화재 사이의 연관성에서 멀어지게 하려고 위에서 언급한 담배 로비스트인 피터 스파버를 고용하여 전미 주 소방국장협회와 협력하여 실내 장식에 화학 난연제를 사용하라고 홍보했다. 유출된 메모에는 "담배를 둘러싼 세상을 난연으로 만들어야 한다"라는 문구가 적혀 있었다. 갑자기 미국인의 가구는 독성 화학 물질로 넘쳐났다.

기후 변화는 이러한 음모주의 팔아먹기의 최신 분야이며, 선두 그룹은 클리메이트디포닷컴 climatedepot.com으로, 셰브론과 엑손이 부분적으로 자금을 지원하고 마크 모라노 Marc Morano라는 파란만장한 인물이 이끌고 있는데 그는 영화 〈의심의 상인〉에서 케너에게 "나는 과학자는 아니지만 가끔, 아니 그보다 더 자주 TV에서 과학자 역할을 합니다"라고 말하기도 했다. 과학적 훈련을 받지 않았다고 인정한 모라노가 기후 과학에 도전할 때의 모토는 '짧게, 단순하게, 재미있게'였다. 과학에는 모든 결론이 잠정적이라는 회의주의가 그 안에 내재해 있기 때문에 의심을 만드는 일은 어렵지 않다. 하지만 오레스케스와 콘웨이는 저서에서 "우리가 **모든 것**을 알지 못한다고 해서 **아무것도** 모른다는 뜻은 아니다"라고 말했다. 우리는 많은 것을 **알고** 있으며 일부 사람은 **우리가 알기를 원치 않지만** 우리가 알고 있다는 것이 문제의 핵심이다. 이러한 형태의 음모주의에 대해 우리가 할 수 있는 일은 무엇일까?

〈의심의 상인〉에서 출중한 마술사 제이미 이안 스위스 Jamy Ian Swiss가 반복적으로 말하는 마술사의 속담이 있다. "한번 드러나면 절대 숨길 수 없다." 영화에서 스위스는 선택한 카드를 다시 덱에 섞고 테이블 위 술잔 밑에 놓는 카드 마술로 이 공리를 증명했다.

이 마술이 어떻게 이루어졌는지 보는 것은 사실상 불가능하지만 두 번째 볼 때 일단 그 움직임이 강조되면 그 이후에는 그것을 보지 **않는** 것이 사실상 불가능하다. 기후 변화와 같은 중대한 문제와 관련하여 명백한 정치적 함의를 내포하고 있는 이러한 형태의 기업 음모주의에 대한 나의 희망은 음모의 실체를 폭로하고 이러한 의심의 마술사의 속임수가 더 이상 유효하지 않기를 바라는 것이다.

•••

이 절을 마무리하면서 정치학자 러셀 뮤어헤드Russell Muirhead와 낸시 L. 로젠블럼Nancy L. Rosenblum이 《많은 사람들이 말하고 있다: 새로운 음모주의와 민주주의에 대한 공격A Lot of People Are Saying: The New Conspiracism and the Assault on Democracy》에서 지적한 새로운 유형의 음모주의에 있는 문제점을 짚어보고자 한다.[25] 고전적 음모론은 주장과 증거에 근거를 두고 있는 반면 최근의 음모론은 대개 이를 뒷받침할 사실 없이 단순히 주장만 한다. 이 새로운 음모주의는 2016년 대선과 도널드 트럼프가 반복적으로 사용했던 "많은 사람이 말하고 있다"는 선언에서 따온 책 제목에 담겨 있으며 일반적으로 그런 선언에 대한 증거는 전혀 없다. 뮤어헤드와 로젠블럼은 이 새로운 음모주의를 특징짓는 설명을 제시했다.

증거에 대한 꼼꼼한 요구도, 지칠 정도로 증거를 모으는 일도, 패턴을 긋기 위해 필요한 점도, 그림자 속에서 음모를 꾸미는 자에 대한 면밀한 조사도 없다. 새로운 음모주의는 설명의 부담을 덜어준다. 그 대신에 빈정거림과 언어적 제스처가 있다. '많은 사람이 무엇무

엇이라고 말하고 있다.' 또는 '조작이야!'라는 노골적인 선언만. 이것은 이론이 없는 음모론이다.[26]

그렇다면 이러한 음모주의는 어떻게 확산되고 자리를 잡을 수 있을까? 반복을 통해서다. 소셜 미디어 시대에 중요한 것은 증거가 아니라 리트윗과 리포스트이다. 경제학자, 학자, 오피니언 페이지 편집자, 문화 평론가, 온갖 이데올로그는 말할 것도 없고 정치인도 여러 세대에 걸쳐 증거가 부족한 주장을 해왔다는 점에서 새로운 음모론은 결코 도널드 트럼프만의 산물이 아니다. 비록 트럼프라는 (그가 소셜 미디어에서 쫓겨날 때까지) 우두머리 음모론자의 명령을 받은 6천만 명의 트위터 팔로어가 없었더라도 말이다. 더 중요한 것은 트럼프의 음모론적 주장은 수용자 없이는 아무 데도 가지 못할 것이기 때문에 새로운 음모주의의 악영향에 대한 비판은—소셜 미디어, 대안 미디어, 심지어 소셜 미디어와 대안 미디어에 빼앗긴 광고비를 되찾기 위해 선정적인 헤드라인을 강화한 일부 주류 언론 매체까지—훨씬 더 널리 퍼져야 한다는 점이다.

음모론의 확산에서 가장 불안스러운 것은 인터넷 트롤과 봇이며 이것은 특정 음모론을 지지하는 사람이 실제보다 훨씬 더 많다는 잘못된 인상을 준다. 이를 **다원주의적 무지** 또는 침묵의 나선이라고 하는데 실제로는 극소수의 사람만이 무언가를 믿는데도 모든 사람이 그것을 믿는다고 생각하는 현상이다.[27] 이런 일이 발생하면 대부분의 개별 구성원이 지지하지 않는 특정 아이디어가 여전히 집단을 장악할 수 있다.[28] 2009년 사회학자 마이클 메이시Michael Macy와 동료들이 수행한 연구에 따르면 "사람들은 사회적 압력 때문이 아니라 진정한 믿음에 따랐다는 것을 보여주기 위해 인기 없는 규범을 강요한다"라는 사실이 확인되었다.[29] 이 논문에서 언급된 실험은 다음 사실을 입증했다. 사회적 압력을 받고 규범을 준수하는 사람은 규범에서 벗어난 사람을 공개적으로 처벌할 가능성이 더 크며 그것은 자신의 진정한 충성심을 가식적으로 연기하는 대신 진짜로 알리기 위한 한 방법이다.

지구 온난화를 중국의 음모라고 말하는 것은 자신의 정치적 부족에게 자신이 확고한 팀 플레이어라는 것을 알리는 하나의 방법이다. 큐어넌과 '조작된 선거'라는 큰 거짓말에 대한 사람들의 믿음을 지지하는 것도 마찬가지이다. 이는 이성적인 사람이 비합리적인 것을 믿는 것처럼 보이는 이유를 설명하는 데 도움이 된다. 인지 과학자 위고 메르시에Hugo Mercier는 비합리적인 것을 믿는 것처럼 보이는 대부분의 사람이 정작 그것에 대해 무언가를 해야 할 때 자신의 믿음에 대한 용기를 갖지 못한다고 지적했다.[30] 앞서 언급했듯이 워싱턴 DC의 한 피자집 지하에서 활동하는, 비밀리에 사탄 숭배를 하는 소아성애자 집단이 있다고 진정으로 믿는다면 지역 경찰에 조사를 요청하거나 직접 가서 확인한 다음 당국에 연락하여 해산시켜야 하지 않을까? 에드거 웰치는 코멧 핑퐁 피자집을 습격했을 때 그렇게 했지만 대부분의 사람은 온라인으로 레스토랑에 별점 1점짜리 리뷰를 남기고 피자 맛을 불평했다. 범죄가 일어나고 있다고 진정으로 믿었다면 그런 일은 일어나지 않을 것이다.

메르시에는 또한 전능한 정부 기관과 공개적으로 목소리를 내는 사람을 침묵시킬 검열 권한을 가진 기업에 대한 믿음을 주장하는 음모주의자가 그럼에도 호텔 컨퍼런스에서 공개적으로 만나고 이메일을 통해 아이디어를 교환하며 책, 잡지, 다큐멘터리 영화에 음모론을 공개적으로 발표한다고 지적했다. 음모가 실재하는 북한과 같은 독재 국가의 반체제 인사는 투옥이나 사형에 대한 두려움 때문에 공개적으로 말할 수 없을 것이다. 심리학자 스티븐 핑커는 메르시에와 심리학자 당 스페르베Dan Sperber를 인용하며 현실 사고방식과 신화 사고방식을 구별하는데, 나는 이를 반증과 검증이 가능한 경험적 진리 주장과 반증과 검증이 불가능한 신화적 진리 주장 사이의 차이로 규정한다.[31] "어떤 명제가 참이라고 가정할 근거가 전혀 없을 때 그것을 믿는 것은 바람직하지 않다"라는 버트런드 러셀의 말에 대해 핑커는 이는 기본 입장이 아니라 인류 역사에서 예외적인 경우라고 지적했다. "먼 세계에 대한 명제가 참이라고 가정할 근거는 없다. 그러나 먼 세계에 대한 믿음은 힘을 실어주거나 영감을 줄 수 있으며 따라서 충분히 바람직한 것이었다." 음모론은 진실을 추구하고 현실을 이해하도록 진화하지 않은 우리 뇌의 신경망을 점령한다. 따라서 핑커는 이렇게 설명했다. "러셀의 격언은 과학, 역사, 저널리즘, 아카이브 기록, 디지털 데이터 세트, 첨단 기기, 그리고 편집, 사실 확인, 동료 평가 공동체 같은 진실 추구 인프라를 갖춘 기술적으로 진보된 사회의 사치이다. 우리 계몽주의의 자식들은 보편적 실재론이라는 급진적 신조를 받아들인다. 우리의 **모든** 신념은 현실 사고방식에 속해야 한다고 생각한다."

이것이 신종 음모주의가 문제가 되는 이유이다. 대부분의 음모론자는 적어도 사실과 논리를 동원해 음모가 진행되고 있다고 설득하려고 노력한다. 수년 동안 내가 음모주의자와 서신을 주고받을 때 그들은 이성과 경험주의를 통해 자신들이 건설적인 음모론을 펼치는 것이 옳다는 것을 설득하는 수많은 문서, 기사, 책, 논문은 물론 웹사이트, 다큐멘터리, 시위 링크까지 정기적으로 내게 보냈다. 2016년 이후 등장한 새로운 음모주의자는 이런 시도조차 하지 않는다. 그들에게 음모는 '많은 사람이 말하고 있다'라는 주장에 의한 진실이다. 그리고 만약 증거를 요구하는 것에 정치적 또는 사회적 결과가 따른다면, 그렇지 않다고 목소리를 냄으로써 침묵의 나선을 끊을 수 있는 권력의 위치에 있는 사람들은 두려움 때문에 그렇게 하지 않는다.

2020년 11월 대선 이후, 2021년 1월 6일 국회의사당 폭동 이후, 2021년 1월 20일 바이든 대통령의 취임 연설 이후 이 모든 것이 사라지리라고 생각했더라도(나는 그렇게 생각했다), 사정은 그렇지 않은 것 같다. 내가 이 글을 쓰는 2021년 여름에도 공화당원 중 적지 않은 수(29퍼센트)는 여전히 '폭풍'이 다가오고 있으며 도널드 트럼프가 조만간 백악관으로 돌아와 정당한 권좌에 앉을 것이라고 믿고 있다.[32]

◆◆◆

다행히도 다원주의적 무지와 침묵의 나선을 끊을 방법이 있다. 지식과 투명성이다. 예를 들어 마이클 메이시와 동료들은 상호 작용과 소통의 기회가 충분한 사회를 컴퓨터로 시뮬레이션한 결과, 회의주의자가 진정한 신자 사이에 흩어져 있을 때 사회적 연결성이 인기 없는 규범에 의한 장악을 방지하는 보호 장치 역할을 한다는 사실을 발견했다.[33]

지식과 투명성은 신종 음모주의를 포함한 음모와 음모론 모두와 싸우는 열쇠이다. 자유로운 탐구, 표현의 자유, 특히 출판의 자유는 모든 시민이 이용 가능한 모든 지식에 접근할 수 있는 자유 민주주의의 안정에 필수적이며, 정치인은 음모가 사회를 부패시키지 않고 음모론이 사회를 절대 부패시키지 않도록 보장하기 위해 우리 모두가 들여다볼 수 있는 투명한 돔 아래에서 활동해야 한다.

나는 지식과 투명성을 통해 과거의 음모와 음모론과 마찬가지로 오늘날의 음모와 음모론도 그 실체가 드러날 것이며, 우리 문명은 (모든 형태의 편협함과 편견을 제거하지 못하더라도) 도덕적 세계의 궤적이 계속해서 진리, 정의, 자유를 향해 구부러지면서 긴 진보의 길을 이어갈 것이라고 확신한다. 제3부에서는 개별 음모 신봉자와 대화하고, 우리 각자가 개인적으로—그리고 일반적으로 자유 민주주의가—무엇을 진리로 믿어야 할지 결정할 때 따르는, 제도에 대한 신뢰를 재건하기 위해 우리가 무엇을 할 수 있는지 생각해 볼 것이다.

3부

음모주의자와 대화하고
진실에 대한 신뢰 회복하기

지식의 헌법은 인류 역사상 가장 성공적인 사회적 설계이지만 가장 반직관적이기도 하다. 지식, 자유, 평화를 얻는 대가로 우리의 감각과 우리의 부족을 불신하고, 우리의 신성한 믿음에 의문을 제기하며, 확신이 주는 안락함을 포기하라고 요구한다. 그것은 우리의 오류 가능성을 받아들이고, 비판을 감수하고, 비난을 견디고, 낯선 사람들로 구성된 글로벌 네트워크에 현실을 위탁하라고 주장한다. 형태를 바꾸기는 해도 결코 후퇴하지 않는 적들에 맞서 매일, 영원히 지식의 헌법을 지키는 것은 지치고, 화나고, 심한 스트레스를 받는 일일 수 있다. 나의 가장 큰 걱정은 링컨의 가장 큰 걱정과 같다. "파괴가 우리의 운명이라면 우리 자신이 그 실행자이자 종결자가 되어야 한다."

조너선 라우시Jonathan Rauch, 《지식의 헌법The Constitution of Knowledge》, 2021.

12 장

음모론자와 대화하는 방법

우리가 동의하지 않는 사람들과 관계 맺기

수년 동안 음모론을 취재하면서 수많은 음모론자와 대화하고 연락을 주고받았다. 〈스켑틱〉에서 9/11 '진실 운동'에 대한 탐사 기사를 발표하고 그들의 주장을 분석한 후―물론 부족한 점이 많았다―나는 나의 회의론이 잘못되었으며 우리 모두 9/11에 대한 정부의 공식적인 설명을 의심해야 한다고 주장하는 많은 9/11 트루서를 만났다. 공개 행사에서 9/11 트루서는 질의응답 시간에 나타나 자기들 생각에 설명 불가능한 세계무역센터 7번 건물 붕괴나 펜타곤에 대한 미사일 공격과 같은, 2001년 9월 11일의 공격에 있는 이른바 몇몇 변칙에 대해 설명하라고 내게 도전하곤 했다.

나는 음모주의자에게 상당한 양의 서신을 받기도 하는데 그 공통된 주제는 나 자신이 음모주의자이며 대중을 '진실'로부터 멀어지게 하려고 허위 정보를 퍼뜨리는 음모를 꾸미고 있다는 것이다. 비단 9/11 트루서뿐만이 아니다. 정부가 외계 우주선과 시체를 숨기고 있다거나 미 해군의 UAP 동영상에 대한 정보를 숨기고 있다는 그들의 주장에 대해 내가 회의적인 입장을 표명할 때 UFO론자는 나를 의심해 왔다. 홀로코스트 부정론자는 내가 유대인이며 (나는 유대인이 아니다) 시온주의자 로비(그들이 누구든)의 대가를 받고 있다고 생각한다. 9/11 테러 음모에 대해 〈사이언티픽 아메리칸〉에 칼럼을 쓰고 나서 18년 동안 월간 칼럼을 쓰면서 받은 것보다 더 많은 메일이 쏟아졌다(조직적인 노력이 아닐까 생각한다).[1] 음모주의자의 마음을 들여다볼 수 있게 몇 가지 서신을 발췌해 보겠다. 어떤 사람은 "방송과 인쇄 매체는 우리 정부의 사악한 사업 배후에 있는 시온주의 범죄자에 의해 거의 완전히 통제되고 있습니다. 그들은 협박과 뇌물로 활동하며 중동으로 세력을 확장하려고 이 정부와 외교 정책을 완전히 장악했습니다"라고 말했다.

안타깝게도 시온주의자를 공모자로 지목한 것은 그 사람만이 아니었다. "당신의 9-11 보고서는 과학적이지도 미국적이지도 않고 종교적이고 시온주의적이니 제발 〈사이언티픽 아메리칸〉의 구독 취소를 받아주세요. 부끄럽고, 부끄럽고, 부끄럽네요. 이스라엘 지배자에 빌붙은 부역자." 이것도 마찬가지이다. "9-11에 대한 당신의 눈가림은 효과가 없습니다. 당신의 시온주의 전선 사람은 독자를 바보로 취급하고 있습니다. 저는 귀사 잡지의 평생 구독자였고 1971년 이후 모든 호를 소장하고 있습니다. 외세(이스라엘)에 대한 당신의 반역적 충성 때문에 구독을 취소하겠습니다." 편지를 쓴 또 다른 사람은 나와 잡지를 음모의 일부로 지목했다.

〈사이언티픽 아메리칸〉이 이런 말도 안 되는 기사로 명성을 떨어뜨릴 수 있다는 사실에 깊은 충격을 받았습니다. 차라리 달에 사는 작은 녹색 인간에 관한 기사를 실으세요. 그따위 저질 기사를 쓰는데 이 정도는 아무것도 아니잖아요? 과학계가 당신네를 비웃기 시작해도 놀라지 마세요. 과학계가 비웃기 시작하고 판매가 줄어들어도 놀라지 마세요. 이런 헛소리를 퍼뜨리면서 평판을 유지할 수는 없으니까요. 여러분은 군산복합체의 하수인에 불과합니다.

어떤 친구는 조지 W. 부시 대통령이 테러 당시 교실에서 아이들에게 염소에 관한 책을 큰 소리로 계속 읽어준 것으로 보아 테러에 대해 미리 알고 있었다고 판단했다.

부시 대통령의 부커초등학교 방문 사실이 3일 전에 언론에 발표되었는데, 몇 기인지도 모를 비행기가 미국 상공을 날아다니며 건물에 충돌하고 공항이 불과 4마일 떨어진 곳에 있는 상황에서 미국 비밀경호국은 염소 이야기나 읽는 부시가 안전하다는 사실을 어떻게 알았을까? 부시를 방탄 리무진에 태우고 어떤 방향으로든 차를 몰고 가면서 폭탄이 들어올 가능성을 차단할 필요가 없다는 사실을 어떻게 알았을까? 부시가 목표가 아니라는 사실을 어떻게 알았을까? 가능한 유일한 대답은 그들이 이미 목표가 무엇인지 알고 있었다는 것이다.

다른 대담자가 나에게 간청했다.

제발, 제발, NWO(신세계 질서)의 하수인이 되어 9-11의 진실에 대한 정당한 이론을 반박하지 마세요. 지적이고 사고력이 있는 사람이라면 9-11에 대한 공식적인 설명도 이론일 뿐이며 그 이론에 엄청난 구멍이 많다는 사실을 분명히 알아야 합니다. 정부가 빈 라덴이 범인이라고 선언했을 때 전 세계는 '어떻게 알았습니까?'라고 물었습니다. 정부는 '우리를 믿어라, 증거가 있다'라고 답했습니다. 그리고 정부는 아프가니스탄을 공격했습니다. 그러다 순전히 운과 우연으로 빈 라덴의 자백 테이프가 발견되었습니다. 자, 여기 있어요. 빈 라덴이 그랬어요. 문제는 그 테이프가 가짜라는 것이 쉽게 밝혀졌다는 것입니다.

음모론적 편집증에 사로잡힌 〈9-11 진실을 위한 세계〉라는 한 사이트는 전체 섹션을 할애하여 나를 반박했다. 또 다른 사이트는 "마이클 셔머, 지금 당장 그 잘난 척하는 입에서 미소를 지우라"라고 말하기도 했다. 편지를 쓴 어떤 사람은 으르렁거리며 "셔머 씨, 세계무역센터 7번 건물에 대해 설명해 주세요. 그것은 여전히 남아 있는, 말해서는 안 되는 47층짜리 금기이죠"라고 말했다.

내 파일에는 이런 편지가 수백 통 더 있지만, 이 장과 이 책의 요지는 음모론자가 어떤 사건에 대해 특정한 설명을 머릿속에 떠올리면 사실 여부와 상관없이 마음을 바꾸기가 매우 어렵다는 것이다. 그럼에도 불구하고 할 수 있다. 그것은 어떤 것에 대해 누구와도 어려운 대화를 나누는 방법, 내 견해와 완벽하게 일치하지 않는 사람과 수십 년 동안 대화하면서 내가 연마한 기술을 배우는 것뿐 아니라, 추론하고 생각하는 방법, 다른 사람에게 그렇게 하도록 가르치는 방법을 이해하는 것에서 시작된다.[2]

◆◆◆

다음은 중요한 주제에 대해 자신과 다른 의견을 가진 사람과 대화하는 방법, 특히 대부분의 음모론처럼 감정적으로 두드러지는 주제를 논할 때 내가 수년 동안 개발한 몇 가지 도구이다.

1. **감정이 오가게 하지 말라** 부정적인 감정은 특히 파괴적이다. 당신의 피가 끓어오르거나 상대방이 눈에 띄게 열이 오르는 경우 잠시 휴식을 취하라.

2. **사람을 공격하지 말고 아이디어를 논의하라** 이성적인 대화는 아이디어를 지지하는 사람이 아니라 아이디어에 초점을 맞춰야 한다. 개인의 믿음이 아닌 개인을 공격하는 것은 '인신 공격의 오류'라고 알려진 논리적 오류이다. 최근 몇 년 동안 의견이 더욱 양극화됨에 따라 (오래된 오류의) 새로운 명칭으로 '히틀러 논증'이라는 이름이 붙여졌다. 누군가의 믿음을 히틀러나 나치의 믿음과 동일시하거나 누군가를 노골적으로 나치라고 부르는 순간, 대화는 끝나고 만다.

3. **존중을 표하고 최선의 의도를 가정하라** 내가 존중받기를 원하고 내 생각의 동기에 대해 의심받지 않기를 원하는 것처럼 다른 사람도 마찬가지이다. 의견이 맞지 않는 사람과의 대화에서 우리는 사소한 것까지 파악하려 하고 상대방이 전달하려는 내용에 관해 최악의 상황을 가정하는 경향이 있다. 반대로 상대방이 좋은 의도를 가진 선한 사람이고 최악의 경우 부도덕하거나 악한 사람이 아니라 단순히 잘못을 저지른 것이라고 가정해 보라.

4. **당신이 동의하지 않는 의견을 다른 사람이 유지하는 이유를 당신이 이해하고 있음을 알려라** 이는 상대방에 대한 존중과 최선의 의도를 가정한다는 것을 보여준다. 또한 상대방에게 내가 상대방의 의견을 경청하고 있다는 신호이기도 하다. 예를 들어 총기 규제에 관한 토론에서 나는 "저는 총과 함께 자랐기 때문에 당신이 총기 규제를 철폐해야 한다고 생각하는 이유를 충분히 이해합니다"라고

말한다. 또는 "저도 한때 지구 온난화에 회의적이었기 때문에 당신도 왜 그런지 알 것 같지만 시간이 지나면서 과학을 주의 깊게 살펴보고 나서 과학을 받아들였습니다"라고 말한다. 또는 "예전에는 다른 사람의 생명을 빼앗으면 자신의 생명도 포기해야 한다는 생각에 사형 제도를 찬성했지만 DNA 증거로 무죄 판결을 받고 풀려난 사형수가 너무 많다는 사실을 알게 되었습니다"라고 말하기도 한다. 이와 같은 고백은 상대에게 마음을 바꿔도 괜찮으며 오히려 그런 전환이 미덕이 될 수 있다는 신호를 보내는 것이다.

5. **상대방에게 자신의 입장을 더 자세히 설명해 달라고 요청하라** 예를 들어 "나는 오바마케어에 반대합니다"라고 말하는 경우 오바마케어가 정확히 무엇인지 물어보라. 종종 당황하는 모습을 보게 될 것이다. 이러한 문제에 대한 입장은 대개 경험적이고 이성적인 이유가 아니라 정치적으로 부족적인 이유에서 비롯되는 경우가 많다. 이민, 해외 원조, 비판적 인종론, 트랜스젠더 문제와 같이 자세히 아는 사람은 거의 없지만 거의 모든 사람이 강한 의견을 가지고 있는 다른 뜨거운 쟁점도 마찬가지이다. 북미자유무역협정 NAFTA에 반대한다고 말하는 경우, 무역 협정에서 반대하는 내용이 무엇인지 물어보라. 그들은 실제로 NAFTA에 어떤 내용이 있는지 전혀 모르고 있으며 그것에 반대하는 것은 경험적인 주장이라기보다는 정치적 호오 주장에 가깝다는 점을 알 수 있다.

6. **문제의 반대편에서 논증을 해보라** 이렇게 하면 상대방에 대한 이해를 높일 수 있을 뿐만 아니라 자신의 입장을 강화할 수 있다. 예를 들어 내가 가르치는 학생 대부분은 정치적 자유주의자이기 때문에 낙태 문제에 대해 찬성하는 입장이다. 나는 학생들에게 낙태 반대의 입장에서 가장 좋은 논증을 제시해 달라고 요청한다.

대부분의 학생은 그러한 논증을 모르기 때문에 제시하지 못한다. 존 스튜어트 밀이 말했듯이, "사건에 대해 자기 입장만 아는 사람은 그 사건에 대해 거의 알지 못하는 것이다."[3] 당신은 개인적으로 이 작업을 수행해야 할 수 있지만 이는 합리성을 기르는 좋은 연습이 될 수 있다. 마음을 바꾸지 않더라도 당신의 입장을 뒷받침해줄 수 있다.

7. **적극적으로 경청하는 연습을 하라** 다른 사람의 말을 이해할 수 있는 방식으로 경청하라. 말과 행동을 통해 상대방의 말에 귀 기울이고 있다는 것을 전달하고 상대방이 이를 인지하도록 확실히 하라. 빤히 쳐다보지 말라. 하지만 시선을 다른 곳으로 돌리거나 발밑을 내려다보지 말고 상대의 얼굴, 특히 눈을 자주 바라보라. 상대방이 말할 때 주의 깊게 고개를 끄덕여 주라. 이는 또한 우리 모두가 원하는 존중의 표시이므로 상대방도 당신의 말에 적극적으로 귀를 기울일 것이다.

8. **상대방의 입장을 '강한 논증'으로 만들라**(즉 상대방이 하는 것처럼 상대방의 논증을 명확하게 표현하라). 상대방이 말하는 내용을 자신의 말로 반복하라. 예를 들어 "저는 당신이 말하는 내용을 확실히 이해하고 싶습니다"로 시작한 다음 자신의 말로 상대방의 논증을 다시 말하라. 한 단어 한 단어 반복하여 상대방의 입장을 완벽하게 반영하라는 뜻이 아니다. 상대방이 말한 내용을 **자신의 말**로 되풀이하라. 대부분의 대화에서 우리는 상대방의 믿음과 의견을 '약한 논증', 즉 허수아비 치기로 만드는, 반박하기 쉬운 방식으로 잘못 규정하는 경향이 있으므로 상대방의 입장을 '강한 논증으로 만듦'으로써 상대방의 입장을 더 깊이 이해할 수 있다. 다시 말하지만 이것은 존중을 보여준다.

9. **당신 내면의 소크라테스를 찾아보라** 고대 그리스 철학자 소크라테스는 "성찰하지 않는 삶은 살 가치가 없다"라고 말한 적이 있다. 소크라테스가 삶을 성찰하는 방법은 물음을 통해 이루어졌으며 오늘날 이를 소크라테스적 방법이라고 부른다. 철학자처럼 질문하는 것의 요점은 두 대화 상대에게서 최고의 것을 이끌어내고 그 과정에서 무엇이 진리인지를 발견하는 것이다. 피터 보고시안 Peter Boghossian과 제임스 린제이James Lindsay는《불가능한 대화를 하는 방법How to Have Impossible Conversations》에서 의견이 다른 상대방과 대화하기 위한 여러 가지 도구를 설명했다. 소크라테스적 방법의 관점에서 그들은 대화 상대에게 물어볼 수 있는 물음 유형을 여러 가지 제공한다.[4]

- **명확성에 대한 질문** "정말 확실해요?" "그게 사실인지 어떻게 알아요?" "왜 그렇게 말하나요?" "이것이 우리 토론과 어떤 관련이 있나요?"
- **출처와 가정에 대한 질문** "그 사실에 대한 출처는 무엇인가요?" "그것 대신에 무엇을 가정할 수 있을까요?" "정말 그렇게 흑백인가요, 아니면 그 사이에 회색 음영이 있을 가능성이 있나요?"
- **근거와 증거를 조사하는 질문** "그 믿음에 대한 어떤 증거가 있나요?" "그 믿음에 대해 몇 퍼센트의 확신을 가지고 있나요?" "그게 관련 증거 전부인가요, 아니면 당신 믿음을 뒷받침하기 위해 취사 선택한 건가요?"
- **관점과 시각에 관한 질문** "X에 대한 대안은 무엇인가요?" "X를 바라보는 또 다른 관점은 무엇인가요?"
- **함축과 결과를 조사하는 질문** "무엇을 함축하고 있나요?" "그 가정

에 따른 결과는 무엇인가요?"

10. **결함이 있거나 정직하지 못한 주장을 식별하라** 대화 중 한 사람 또는 두 사람 모두의 주장에 결함이 있거나 정직하지 못한 주장으로 인해 대화가 옆길로 빠지는 것보다 더 빠르게 대화를 방해하는 것은 없다. 누군가의 의도나 동기는 분명히 중요하지만 그 사람 내면의 마음 상태보다는 그 사람의 논증이 가진 문제점에 초점을 맞추면 대화가 궤도를 유지할 수 있다. 보고시안과 린제이가 저서에서 제시한(내 표현을 빌리자면 강한 논증으로 만들어진) 예는 다음과 같다.[5]

- **상대방의 동기에 대해 질문하기** 대화는 의도가 아닌 아이디어에 관한 것이어야 하므로 자신이나 상대방이 특정 주장을 하는 이유가 아니라 논의 중인 주제에 집중하도록 노력해야 한다.
- **상대방의 권위에 의문을 제기하기** "당신은 그것에 대해 언급할 자격이 없습니다"라고 말하는 것은 불공평하다. 이력, 업적, 직함에 대해 대화하는 것이 아니기 때문이다. 아이디어에 대해 대화해야 하므로 상대방의 직함이나 자격이 아니라 논의 중인 내용에 집중하라.
- **권위를 얻기 위해 한 집단의 구성원이어야 한다는 주장** 이는 일종의 권위 자랑으로, X의 구성원인 사람만이 X에 대해 말할 자격이 있다는 것을 의미한다. 다시 말하지만 대화는 특정 집단에 소속되어 있거나 어떤 집단이 가장 자격이 있는지가 아니라 아이디어에 초점을 맞춰야 한다. 전자는 그 자체로 고정관념이나 편견의 한 형태이다. 특히 인종, 성별, 종교, 정당에 따른 모임에 대해 이야

기할 때는 더욱 민감한 주제이므로 원활한 대화에 더 큰 문제가 될 수 있다.

- **주제 바꾸기** 이 경우 발견하기가 까다로울 수 있으므로 주의하라. 지구 온난화가 실제 존재하는지, 아니면 인간이 초래한 것인지에 대해 활발한 토론을 하던 중 갑자기 사회주의와 정부 규제에 대해 이야기하게 되었다고 가정해 보자. 이 두 가지는 같은 주제가 아니다! 첫 번째는 지구의 기온이 상승하고 있고 온난화가 인간에 의한 것이냐 아니냐는 사실과 관련된 문제이고 두 번째는 이에 대해 어떻게 대처해야 하는지에 관한 문제이다.

- **사람과 생각을 분리하기** 예를 들어 '당신의 의견' 대신 '그 의견'이라고 말하거나 '당신의 진술' 대신 '그 진술'이라고 말한다. '우리'와 같은 협업 언어를 사용한다. "당신은 그것을 어떻게 아나요?"라고 묻는 대신 "우리는 그것을 어떻게 아나요?"라고 질문한다. 자신의 의견을 제시하거나 상대방의 의견을 반박하기 전에 상대방의 의견을 먼저 인정한다. '알겠다' '이해한다' '무슨 말인지 알겠다' '왜 그렇게 생각하는지 알겠다'라고 말하라. 그리고 대화 상대가 친구라면 의견과 우정을 분리하라.

11. **대화 상대가 자신의 믿음을 얼마나 확신하고 있는지 알아보라**
보고시안과 린제이는 "1에서 10까지의 척도에서 X가 사실이라고 얼마나 확신하십니까?"라고 질문할 것을 제안했다. 또는 "100퍼센트를 절대적으로 확신하는 백분율로 볼 때, X가 사실이라고 얼마나 확신하십니까?"라고 질문할 것을 제안했다.[6] 이 전략은 대부분의 믿음이 100퍼센트 진실에 다소 미치지 못한다는 점을 감안할 때 상대방이 말하는 내용에 대해 어느 정도 확신하고 있는지를 파악할 수 있도록 도와준다. 또한 대화를 더 분석적이고 덜 감정적인 방향으로 이끌 수 있다.

12. **기꺼이 당신의 마음을 바꾸고 대화 상대에게도 자신의 의견을 바꿔도 괜찮다고 제안하라** 예를 들어 "당신이 정말 좋은 지적을 해 주셔서 제 생각을 바꿔야 할지 고민이 됩니다"라고 말할 수 있다. 또는 "제가 틀린 것 같습니다"라고 말할 수도 있다. 또는 "당신 말이 맞아요! 당신이 저를 설득했어요!" 이렇게 하면 상대방이 용기를 얻고 자신의 믿음에 대해 오만함을 갖게 될 수도 있지만 자신의 의견을 바꾸거나 적어도 더 신중하고 열린 마음으로 당신의 말을 경청하게 될 수도 있다. 나는 총기 규제, 사형제, 심지어 기후 변화와 같은 첨예한 쟁점에 대해 입장을 여러 차례 바꾼 적이 있다. 많은 것을 인정하면 두 가지 효과가 있다. 첫째, 현재 입장과 반대되는 반박할 수 없는 사실에 직면했을 때 마음을 바꿀 수 있다는 것을 대화 상대에게 보여준다. 둘째, 이는 모순되는 증거가 있을 때 마음을 바꾸는 것이 가능할 뿐만 아니라 대니얼 패트릭 모이니한, 존 메이너드 케인스 등의 명언에서처럼 존경받아야 할 미덕이라는 것을 나타내는 사회적 증거의 한 형태이기도 하다. "사실이 바뀌면 저는 마음을 바꿉니다. 어떻게 하시겠습니까, 선생님?"[7]

13. **사실의 변화가 반드시 세계관의 변화를 의미하지는 않는다는 것을 보여주려고 노력하라** 어떤 사람이 어떤 믿음에 깊이 뿌리박고 있다면, 즉 그 믿음이 그 사람과 그 사람이 옹호하는 것의 의미를 실질적으로 정의할 정도로 강력하다면 이성만으로는 그 믿음을 버리게 할 수 있는 확률이 거의 없다. 우리편 편향의 힘을 기억하고 해당 세계관에 대한 우회 작전을 써서 그 편향을 피하도록 노

력하라. 예를 들어 진화론에 대해 무엇을 믿어야 할지 확신이 서지 않는 기독교인과 대화할 때 나는 그들에게 다윈을 받아들일지, 예수를 받아들일지 선택하도록 하지 않는다. 왜냐하면 진화론의 현자는 매번 패배하기에 그것은 쉬운 결정이기 때문이다. 다윈은 생명의 다양성에 대한 과학적 설명을 제공하고, 예수는 영생을 제공한다. 그 대신 내가 그들에게 프랜시스 콜린스Francis Collins의 저서 《신의 언어The Language of God》를 추천하는 이유는 그가 오늘날 진화론을 가장 명쾌하게 설명하는 사람 중 한 명인 동시에 복음주의 기독교인(국립보건원 원장이자 인간 게놈 프로젝트의 책임자이기도 하다)이기 때문이다.[8] 그의 신앙은 그를 기독교인 부족에 속하게 만들며 자아 정체성의 일부를 포기하지 않고도 진화론을 뒷받침하는 과학을 인정하는 일을 더 쉽게 받아들일 수 있게 한다. 특정 음모론이 더 큰 진실을 대신하는 대리 음모주의의 한 측면 때문에 음모론자와 대화할 때는 이 점을 기억하라. 기본 개념을 반박하려는 시도는 신자의 자아 정체성에 대한 공격처럼 느껴질 수 있다.

◆◆◆

최근 몇 년 동안 음모론이 얼마나 논쟁의 대상이 되었는지를 고려할 때, 음모주의자와의 대화, 특히 가족이나 친구라고 생각하는 사람과의 대화에 관한 조언은 미국의 3대 대통령이자 독립선언서의 작성자인 토머스 제퍼슨의 많은 업적 중에서 나온 것이다. 제퍼슨은 오랜 공직 생활 동안 수천 명의 사람과 서신을 주고받았고, 미국 건국 당시 당대 최고의 지성들과 교류한 이성적인 대화의 모델이다. 정치적으로 적대적이었던 사람들과 어떻게 우정을 유지할 수 있었느냐는 질문에 제퍼슨은 "나는 결코 정치, 종교, 철학에 대한 의견 차이를 친구를 멀리하는 이유로 생각해 본 적이 없었습니다"라고 답했다.[9]

제퍼슨이 국가 수립과 관련된 가장 논쟁적인 주제에 대해 대화할 때 그 길을 따르는 것은 쉬운 일이 아니었다. 그럼에도 그렇게 하는 것이 음모주의자와 논쟁적인 대화를 이끌어가는 열쇠이다. 여기서 원칙은 우정과 의견을 분리하는 것이다. 즉 대화가 어떤 방향으로 진행되든, 상대방이 어떤 의견이나 입장을 밝히든, 친구인 사람은 여전히 친구로 남아 있을 것이라는 점을 자기 자신에게 미리 알려야 한다. 우정은 합의가 아니라 상호 존중, 상호 관심사, 친절, 정직, 공감, 신뢰에 관한 것이다. 반면에 아이디어에 대한 의견은 단지 의견일 뿐이며 동의하지 않는다고 해서 모욕이 되는 것은 아니다. 여기서 공리는 '사람은 틀릴 수 있다'는 것이다. 그럼에도 그들은 자신이 틀렸다고 생각하지 않으며 그렇지 않으면 자신이 하는 일을 말하지 않을 것이다. 이것이 요점이다.

말은 우리의 생각을 표현할 수 있는 유일한 수단이기 때문에 신중하게 선택하고 전략적으로 전달해야 한다. 음모론이 투사하는 감정적 가치(일반적으로 부정적이다)를 고려할 때 이 원칙은 특히 음모주의자와 대화할 때 대부분의 다른 사람보다 더 많이 적용된다.

13 장

어떻게 진실에 대한 신뢰를 회복할 것인가

현실에 기반한 공동체에서의 이성, 합리성, 경험주의

21세기의 30년으로 접어들어 여론 조사에 따르면 개인 생활과 공공 생활을 안전하게 영위하는 데 필요한 진실을 제공하는 전통적인 기관과 당국에 대한 신뢰가 부족하다는 사실이 계속 드러나고 있다. 2020년 9월 미국 등록 유권자 9100명을 대상으로 한 퓨 여론 조사에 따르면 조지 W. 부시 행정부와 버락 오바마 행정부를 거쳐 도널드 트럼프 행정부에 이르기까지 수년 동안 "연방 정부에 대한 대중의 신뢰가 거의 사상 최저치를 기록하고 있다"라고 답했으며, 응답자의 20퍼센트만이 워싱턴 DC 정부가 대부분의 경우에 "올바른 일을 할 것"을 믿는다고 답했다.[1] 이러한 신뢰 부족에 대한 설명은 2020년 10월 〈뉴스위크〉가 미국 등록 유권자 3100명을 대상으로 한 설문 조사에서 찾을 수 있는데, 응답자의 대다수가 미국 정치에서 거짓말이 용인되고 있는 것으로 믿는다고 답했다.[2]

신뢰 문제의 초점과 방향성은 고도로 정치화되어 있다. 우파에서는 보수주의자들이 할리우드, 학계, 과학계, 특히 주류 미디어가 기후 변화, 백신, 코로나19, 이민자, 낙태, 종교, 심지어 성 및 젠더 같은 여러 중요한 이슈에 대해 현실을 왜곡하고 진실을 곡해하는 진보적 편향을 띠고 있다고 비난한다.[3] 좌파에서는 진보주의자들이 정치인, 종교 지도자, 전문가, 라디오 토크쇼 및 텔레비전 진행자의 보수적 편향이 너무 심해서 사실에 대한 정치적 왜곡과 아전인수식 해석이 이제는 노골적으로 후안무치한 허위로까지 치닫게 되었다고 비난한다.[4] 그 결과 공적 담론에서 누구를 그리고 무엇을 신뢰할 수 있는지에 대한 규범이 바뀌었고, 전문가와 사회과학자는 진실 전달의 쇠퇴와 그로 인한 부패가 우리의 공적 삶과 사적 삶 모두에 대한 신뢰에 어떤 영향을 미쳤는지 추적하고 있다.[5]

앞서 언급했듯이 〈워싱턴 포스트〉는 트럼프가 재임 기간에 행한 허위 또는 오해의 소지가 있는 것으로 입증된 3만 건 이상의 발언을 등록한 바 있다. 그 정도로 엄청난 수준의 발언 때문에 도널드 트럼프 전임 대통령을 이런 사태의 장본인으로 지목하고 싶은 생각이 들기도 한다.[6] 하지만 트럼프만이 아니다. 조 바이든 대통령도 수많은 허위 진술과 과장된 발언에 휘말렸으며 심지어 그는 로스쿨에서의 표절을 인정해 그가 말한 학업 성취도도 꾸며진 것으로 밝혀졌다.[7] 여야 정치인들이 연설에서 진실을 왜곡하는 구시대적 기술을 구사하는 가운데, 이러한 비진실이라는 퇴행에 맞서기 위해 실시간 사실 확인이 새로운 저널리즘의 한 형태로 부상했다. 〈오픈 시크릿〉〈스놉스〉〈팩트 체크〉〈폴리티팩트〉 같은 사실 확인 뉴스 매체는 정치인 및 기타 유명 인사의 오류, 왜곡, 거짓말을 정기적으로 게시하고 있으며 〈폴리티팩트〉는 조롱하듯이 '진실' '대부분 진실' '절반은 진실' '대부분 거짓' '새빨간 거짓'이라는 식으로 발언의 순위를 정하고 있다. CNN과 같은 주류 미디어는 이제 방송에 상시 사실 확인팀을 배치하여 매일 쏟아지는 거짓말의 목록을 정리하고 있다. 좌파(예: MSNBC)와 우파(예: 폭스 뉴스)를 막론하고 전통 매체의 출처 자체도 명백한 오보, 왜곡, 노골적인 사실 조작에 대해 실시간으로 지적을 받고 있으며 이는 일반적으로 뉴스 보도의 첫 번째 초고에서 생길 수 있는 오류를 훨씬 뛰어넘는 수준이다.[8]

신뢰할 수 있는 진실된 출처에 대한 갈망이 커지면서 사실 확인에 대한 시장 수요가 생겼다. 〈폴리티팩트〉의 편집자 앤지 홀란Angie Holan은 "언론인들은 제게 말합니다. 많은 사람이 토론이나 주목할 만한 뉴스 이벤트 이후 사실 확인 기사를 클릭하기 때문에 언론사가 보도에서 사실 확인을 강조하기 시작했다고 말이죠"라고 설명한다.[9] 그러나 진실이 그 어느 때보다 왜곡된 탈진실, 대안적 사실의 시대에 살고 있다고 절망하기 전에, 정치인은 항상 말을 바꾸고 거짓말을 해왔다는 사실을 상기하는 것이 도움이 될 것이다. 다음은 시간을 거슬러 올라가는 몇 가지 예이다.

- 버락 오바마는 미국 시민뿐만 아니라 앙겔라 메르켈 독일 총리 같은 외국 지도자들에 대한 감시를 포함하여 미국의 감시 프로그램이 얼마나 깊고 광범위하게 이루어졌는지에 관해 거짓말을 했다.[10]
- 조지 W. 부시는 이라크 침공 이유에 대해 거짓말을 했고 침공 전후로 사담 후세인이 대량살상무기를 보유하고 있다는 증거가 전혀 없었는데도 증거가 있다고 주장했다.[11]
- 빌 클린턴은 르윈스키와의 관계에 대해 거짓말을 했다가 결국 탄핵소추 당했고 크리스토퍼 히친스Christopher Hitchens가《거짓말할

사람이 없다No One Left Lie To》라는 책을 쓸 정도로 거짓말을 많이 했다.[12]

- 로널드 레이건은 이란-콘트라 및 인질과 비밀 무기 교환에 관해 거짓말을 했고, 나중에 자신의 기억력이 떨어졌다고 주장했다.[13]

- 리처드 닉슨은 워터게이트 침입 사건에 대해 거짓말을 했고 의회에서 탄핵 재판이 시작되기 전에 임기를 마치지 못하고 대통령직에서 사임했다.[14]

- 린든 존슨은 베트남 전쟁을 확대하기 위해 미 해군 함정이 북베트남의 공격을 받았다고 주장한 통킹만 사건에 대해 거짓말을 했다.[15]

- 존 F. 케네디는 그가 실제로 쿠바 미사일 위기를 해결한 방식 — 소련이 쿠바에서 미사일을 철수하면 터키에서 우리 미사일을 철수하겠다고 약속함으로써 — 에 관해 거짓말을 했다.[16]

- 드와이트 D. 아이젠하워는 러시아 상공에서 미 공군 U-2 첩보기 비행에 대해 거짓말을 했고 그중 한 대가 격추되고 조종사가 생포되어 큰 곤란을 겪었다.[17]

- 해리 트루먼은 히로시마가 군사 기지라고 거짓말을 해서 폭탄 한 방으로 도시를 완전히 파괴하는 것을 정당화할 수 있었다.[18]

- 프랭클린 루스벨트는 진주만 공습 전 '미국 우선주의' 운동의 항의를 누그러뜨리려고 히틀러와의 전쟁 준비에 대해 거짓말을 했다.[19]

- 에이브러햄 링컨은 남북전쟁을 더 빨리 끝내기 위해 남부 동맹과의 비밀 평화 협상에 대해 거짓말을 했다.[20]

- 토머스 제퍼슨은 루이스 클라크 탐험의 진정한 동기에 대해 '미국의 대외 무역을 확대하기 위한 목적'이 아니라 순전히 탐험적

이고 과학적인 목적이었다고 거짓말을 했다.[21]

이런 거짓말은 미국 건국과 그 이전까지 거슬러 올라간다.

트럼프는 이보다 훨씬 더 나쁘지만 그가 이런 관행을 창안한 것은 아니다. 2020년 10월 갤럽 여론 조사에 따르면 미국인의 40퍼센트만이 트럼프를 신뢰할 수 있다고 답했지만 바이든은 52퍼센트에 불과해 정직한 에이브러햄 링컨 수준에 미치지 못했다.[22] 그리고 거짓말이 성공하려면 이를 수용하는 청중과 이를 키워주는 문화가 필요하다. 1954년 CBS 기자 에드워드 R. 머로Edward R. Murrow는 조지프 매카시 상원의원에 대해 이렇게 말했다. "그는 이 공포의 상황을 만든 것이 아니라 단지 그것을 악용했을 뿐이며 오히려 성공적으로 이용했다. 카시우스의 말이 옳았다. '친애하는 브루투스여, 잘못은 우리의 별에 있는 것이 아니라 우리 자신에게 있다.'"[23] 60여 년이 지난 지금, 우리는 이 관찰을 트럼프와 그의 거짓 음모론에 적용하여 그가 이 나라에 공포의 상황을 조성한 것이 아니라 이미 미디어 및 전반적인 문화, 특히 온라인 커뮤니티에 퍼져 있던 문화를 악용했다는 점에 주목할 수 있다. 이러한 불신의 분위기는 한동안 지속되어 왔다. 그렇다면 우리는 무엇을 할 수 있을까? 앞서 설명한 이성과 소통의 도구에 이어서 서로 간에 그리고 기관에 대한 신뢰를 회복하는 데 도움이 될 수 있는 몇 가지 방법을 제안한다.

1. **진실 말하기와 정직에 대한 규범을 강화하라** 진실을 말하는 것과 정직한 것은 미덕이며 사람들이 이를 존중할수록 이를 위반할 가능성은 줄어든다. 포기를 모르는 탐사 언론인이자 지칠 줄 모르는 이성의 수호자였던 내 친구이자 동료 고故 크리스토퍼 히친

스는 진실 추구에 대해 〈내셔널 리뷰〉 편집자인 존 오설리번John O'Sullivan의 말을 인용하길 좋아했다. "교황이 신을 믿는다고 말하는 것을 들으면 '교황이 오늘도 제 할 일을 하고 있구나'라고 생각하게 됩니다. 교황이 신의 존재를 정말로 의심하기 시작했다는 말을 들으면 '교황이 무언가를 꾸미고 있군'이라고 생각하기 시작합니다."[24] 이것은 신랄한 관찰이다. 왜냐하면 우리는 사람들이 특정한 방식으로 생각하기를 기대하기 때문인데, 특히 그렇게 하는 것이 그들의 일이라면 더욱 그렇다. 사람들의 마음이 예상과 다른 방향으로 작동할 때 그것은 우리를 놀라게 할 뿐만 아니라 우리의 주의를 끌며 이런 지각 방식을 조금 더 신뢰해야 하는 것은 아닌지 궁금하게 만든다. 이러한 개념을 합리성의 고결한 원칙으로 끌어올린다면 그러한 규범을 강화하는 데 큰 도움이 될 것이다.

2. **적극적으로 열린 마음을 연습하라** 심리학자 고든 페니쿡Gordon Pennycook과 동료들은 사람들이 다음 진술에 동의하는지 동의하지 않는지 표시하는 설문 조사를 통해 열린 마음을 측정했다(괄호 안에 더 열린 마음의 답변을 표시했다).[25]

믿음은 항상 새로운 정보나 증거에 따라 수정되어야 한다. (동의)

사람은 자신의 믿음에 반하는 증거를 항상 고려해야 한다. (동의)

나는 자신의 이상과 원칙에 대한 충성심이 '열린 마음'보다 더 중요하다고 믿는다. (동의하지 않음)

내가 옳다고 생각하는 것에 대해 누구도 나를 설득할 수 없다. (동의하지 않음)

어떤 믿음은 그에 반하는 아무리 좋은 논거가 있어도 포기하기에는 너무 중요하다. (동의하지 않음)

페니쿡과 공동 저자는 또 다른 논문에서 추가 연구를 통해 적극적인 개방적 사고와 음모론(불가사의하고 초자연적인 믿음과 함께)에 대한 회의주의 사이에, 그리고 기후 변화 및 백신 사례처럼 과학 기관과 합의된 과학에 대한 높은 신뢰 사이에 상관관계가 있음을 보고했다.[26] 여기서 원칙은 열린 마음은 증거에 대한 더 객관적인 평가로 이어지며 특히 믿음과 모순될 때 그렇다는 것이다.

3. **이성과 합리성의 규범을 소중히 하라** 정직과 진실 추구를 미덕으로 여겨야 하는 것처럼, 합리성의 규범을 인간이 함양해야 할 덕목 목록에서 정당한 위치로 끌어올려야 한다. 스티븐 핑커는 《합리성》에서 "문신이나 은어처럼 개인 선택에 의존하는 문화적 변화를 우리가 지시할 수 없는 것처럼 우리는 위에서 아래로 가치를 강요할 수는 없다"라고 인정했지만 문화적 변화가 다음과 같은 방식으로 일어날 수 있다고 생각했다.

그러나 소셜 네트워크를 통해 암묵적인 승인과 비승인의 반향이 확산됨에 따라 인종 비하, 쓰레기 투기, 아내에 관한 농담이 감소하는 것처럼 규범은 시간이 지남에 따라 바뀔 수 있다. 따라서 우리는 합리적이거나 비합리적인 관습에 미소를 짓거나 찡그리는 것처럼 각자의 역할을 할 수 있다. 사람들이 자신이 속한 파벌의 교리를 굳건히 지키는 전사가 되는 대신 자기 믿음의 불확실성을 인정하고, 정파의 교리에 의문을 제기하고, 사실이 바뀌면 마음을 바꾸는 식으로 칭찬을 받으면 좋을 것이다. 반대로 어떤 일화를 과도하게 해석하거나 상관관계를 인과관계와 혼동하거나 연좌제나 권위로부터의 논증과 같은 비형식적인 오류를 범하는 것은 수치스러운 실수가 되면 좋을 것이다.[27]

핑커는 적극적으로 열린 마음을 실천하고 증거가 바뀌면 기꺼이 생각을 바꾸는 것 외에도 "성별, 인종, 문화, 유전, 식민주의, 성적 정체성 및 지향에 대한 지배적 도그마에 도전하는 학생과 교수를 처벌하는 억압적인 좌파 단일 문화"를 가진, 특히 학계를 포함한 기관들이 영역 방어가 아닌 진실 추구의 규범을 개발하도록 압력을 가해야 한다고 제안한다.[28] 핑커는 (최근 한 교수가 중국어로 일시 정지를 뜻하는 니거ne ga를 언급했는데, 그것이 일부 학생에게 인종 비하를 연상시킨다는 이유로 정직 처분을 받은 사례처럼) 대학이 상식에 대한 공격으로 어떻게 웃음거리로 전락했는지 지적했다. 또한 미디어는 당파적 정치로 변질되어 〈폭스 뉴스〉와 〈MSNBC〉를 왔다갔다 하며 같은 이야기가 아주 극단적으로 좌와 우로 편향되어 어떻게 그들이 같은 주제에 관해 대화할 수 있는지 의아스러울 수밖에 없을 정도이다.

4. 서로 다른 의견을 가진 사람들과 대화함으로써 집단 양극화와 반향실 효과를 피하라 캐스 선스타인Cass Sunstein과 동료들은 일련의 실험을 통해 같은 생각을 가진 사람이 모인 반향실에서 비합리적인 믿음이 어떻게 강화될 수 있는지를 탐구했다. 그 결과는 《극단으로 치닫기: 같은 생각을 가진 사람들이 어떻게 단결하고 분열하는가Going to Extremes: How Like Minds Unite and Divide》에 요약되어 있으며 선스타인과 아드리안 베르뮐Adrian Vermeule의 "음모론: 원인과 치료법Conspiracy Theories: Causes and Cures"이라는 널리 읽힌 논문에서 집단 양극화로 어떻게 음모론이 부추겨지는지 보여주었다.[29] 실험 참가자는 진보와 보수 두 그룹으로 나뉘어 기후 변화, 소수 집단 우대 조치, 동성 커플을 위한 시민 결합이라는 세 가지 사안을 토론하는 임무를 맡았다. 그들의 의견은 세 단계에 걸쳐 기록되었다. (1) 처

음에는 비공개 익명으로, (2) 중간에는 주제에 대한 그룹 평결에 도달할 때까지 서로 토론한 후, (3) 토론이 끝난 후에는 비공개 익명으로. 그 결과 집단 양극화 가설, 즉 현재 우리가 **반향실 효과**라고 부르는 것이 확인되었다.

세 가지 사안 모두에서 진보주의자와 보수주의자는 공개적인 평결뿐만 아니라 사적인 익명의 의견에서도 서로 이야기한 후 더 단합되고 더 극단적인 입장을 보였다. 그룹 토론을 통해 보수주의자는 기후 변화에 대해 더 회의적이고 적극적 소수 집단 우대 조치와 동성 결합에 대해 더 적대적이 된 반면, 진보주의자는 그 반대의 패턴을 보였다. 토론 전에는 두 그룹 모두 토론 후보다 훨씬 더 다양성을 보였으며 진보적인 그룹의 개인은 보수적인 그룹의 개인과 크게 다르지 않았다. 토론 후 두 그룹은 훨씬 더 분열된 모습을 보였다.[30]

시사점은 분명하다. 자신과 다른 의견을 가진 사람과 쟁점 사안에 관해 이야기해야 하고, 동의하지 않는 저자의 사설을 읽어야 하고, 소셜 미디어에서 자신의 신념과 이념에 완벽하게 일치하지 않는 사람, 그룹, 미디어 소스 및 기관을 접해야 한다.

5. **스카우트 사고방식을 개발하라** 응용 합리성 센터의 공동 설립자인 줄리아 갈레프Julia Galef는 사람들에게 합리성의 도구, 즉 확률, 논리, 특히 인지 편향을 피하는 방법을 가르치는 워크숍을 직접 운영한 경험이 있지만, 이것만으로는 충분하지 않다는 사실을 알게 되었다. 운동에 관한 책을 읽는 것이 체력을 향상하는 데 별 도움이 안 되는 것처럼 인지 편향에 대해 배우는 것이 판단력을 향상하는 데 그다지 도움이 되지 않는다. 그 대신에 그녀는 '군인

사고방식'과 대조되는 '스카우트 사고방식'을 통해 진실을 추구하는 태도를 배양해야 한다고 주장했다.[31] 군인 사고방식은 외부의 위협에서 자신의 믿음을 지키며 자신의 믿음을 뒷받침하는 증거를 추구하고 찾으면서도 반대 증거는 무시하거나 합리화하고 자신이 틀렸다고 인정하는 것은 패배처럼 느껴지기 때문에 거부하게 만든다. 반면에 스카우트 사고방식은 증거를 통해 무엇이 진실인지 발견하고 현실의 더 정확한 지도를 만드는 결론을 향해 나아가는 것, 갈레프의 표현을 빌리면 "자신이 원하는 대로가 아니라 있는 그대로를 보고자 하는 동기"를 추구한다.

이 두 사고방식에 있는 추론 규범의 차이는 현저하다. 믿음과의 싸움에서 승리하기 위해 군인들은 합리화하고, 부정하고, 속이고, 자기 기만하며, 동기 부여된 추론과 희망적인 사고를 한다. "우리는 믿음을 마치 공격에 대항하기 위해 구축한 군사적 진지나 요새인 것처럼 이야기한다"라고 갈레프는 지적한다. "믿음은 **뿌리가 깊고, 근거가 탄탄하며, 사실에 기반하고,** 논증에 의해 **뒷받침될** 수 있다. 믿음은 **견고한 토대 위에 놓여 있다.** 우리는 **확고한** 믿음이나 **강한** 의견을 가지고 있거나, 믿음에 **안정감**을 가지고 있거나, 무언가에 대한 **흔들리지 않는** 믿음을 가지고 있을 수 있다." 이러한 군인의 사고방식은 우리의 논리에 구멍을 뚫거나, 우리의 인식을 무너뜨리거나, 반박 논리로 맞서는 사람에게서 생각을 방어하도록 유도하며 이 모든 것이 우리의 믿음을 훼손하고 약화하고 파괴할 수 있기 때문에 반대 입장에 굴복하기보다는 오히려 그 믿음에 고착된다.

당신이 **옳다면** 이 접근 방식이 효과적일 수 있다. 정말로 사악한 음모가 진행되고 있고 이를 발견했다면 '내면의 군인'을 동원해 이를 파괴하는 것이 강력한 전략처럼 보일 수 있다. 하지만 문제는 우리 중 누구도 전지전능하지 않으며 거의 모든 추론과 의사결정은 불확실성 속에서 이루어지기 때문에 군인의 사고방식은 쉽게 오류로 이어질 수 있다는 것이다. 존재하지 않는 음모론을 공격하는 것은 음모주의자의 평판을 포함하여 많은 사람에게 해를 끼칠 수 있다. 진실, 즉 현실에 대한 정확한 지도를 추구할 때 우리는 '내가 틀렸다'와 '마음이 바뀌었다'를 악덕이 아닌 미덕으로 받아들이는 열린 마음, 객관성, 지적 정직성을 가져야 한다. '마음을 바꾸는 것은 나약함의 표시이다' 또는 '믿음에 반하는 증거가 제시되더라도 신념을 고수하는 것이 중요하다' 같은 발언은 거부해야 한다. 그 대신에 다음과 같은 계율에 동의해야 한다. '사람들은 자신의 믿음에 반하는 증거를 고려해야 한다.' '동의하는 사람에게 주의를 기울이는 것보다 동의하지 않는 사람에게 주의를 기울이는 것이 더 유용하다' 같은 교훈을 받아들여야 한다. 우리는 어떤 것에 대한 새로운 정보를 얻은 후 그 정보가 사실일 확률에 대한 추정을 수정하는 베이지언 추론자가 되어야 한다.

6. **음모주의자를 상대할 때는 주제 반박 전략이 아닌 기술 반박 전략을 사용하라** 사람들이 깊은 도덕적, 정체성의 이유로 가지고 있는 믿음에 대해 마음을 바꾸게 하는 것은 어려우니 고려 중인 특정 음모 주장에 초점을 맞출 수 있는지 살펴보라. 음모론을 하나하나 반박하는 대신에—여러분이 음모론에 대해 음모주의자만큼 많이 알지 못하는 이상, 그것은 극도로 어려워 (나를 포함해서) 우리 대다수가 그럴 수 없기 때문에—음모주의자의 기술에 집중하라. 필립 슈미드Phillip Schmid와 코넬리아 베치Cornelia Betsch는 2019년 '공개 토론에서 과학 거부주의를 반박하기 위한 효과적인 전략'에 관

한 연구에서 미국과 독일의 1773명의 참가자를 대상으로 기후 변화와 백신 부정을 사례로 한 실험을 제시했다.[32] 저자들은 네 가지 다른 전략을 사용했다. 무반응, 주제 반박, 기술 반박, 주제 및 기술 반박이 그것이다. 예를 들어 백신을 신뢰하지 않고 정부 기관이나 백신 접종 기업을 의심하는 음모주의자를 상대하는 경우 이들을 무시하거나(무응답), 이들의 주제 주장을 반박하거나(백신이 안전하고 효과적이라는 연구를 인용), 모든 과학 거부자가 사용하는 다음과 같은 다섯 가지 기술 중 하나 이상을 찾아서 반박하는 방법을 사용할 수 있다. (1) 데이터를 유리하게 선별하기, (2) 주장 뒤에 숨은 음모론을 추론하기, (3) 가짜 전문가 인용하기, (4) 비논리적 추론(사후 추론, 인신 공격, 오해의 소지가 있거나 관련 없는 결론) 사용하기, (5) 과학적 추론에 불가능한 기준 요구하기(100퍼센트 안전하거나 효과적인 치료법은 없다고 주장)가 그것이다. 연구진은 무시하는 것은 거부자가 자신의 믿음을 계속 고수하도록 부추길 뿐이지만 기술 반박과 주제 반박은 고려 중인 주장의 모든 세부 사항에 여러분이 정통한 경우—이것은 음모론에 조예가 깊은 나 같은 사람에게도 거의 불가능하다—에는 똑같이 효과적이라는 사실을 발견했다.

그 실체를 거의 드러내지 않았던 JFK 암살 음모론에 관한 장을 상기해 보라. 반박에 대비하려면 이 주제에 관한 빈센트 부글리오시의 1600페이지 분량의 책을 거의 다 외울 필요가 있을지도 모를 일이다. 과학 철학자 리 매킨타이어Lee McIntyre는《지구가 평평하다고 믿는 사람과 즐겁과 생산적인 대화를 나누는 법How to Talk to a Science Denier》에서 "이것은 과학 거부자와 맞서 싸우고자 하는 사람에게는 굉장한 소식"이지만 만병통치약은 아니라는 것에 동의했다.[33] "사람들이 과학적 허위 정보에 노출되면 그 영향은 오래 지속된다. 최선의 상황은 사람들이 허위 정보에 전혀 노출되지 않는 것이다. 최악의 상황은 허위 정보가 공유되고 어떤 방식으로든 이의가 제기되지 않는 것이다."(올바른 정보를 가지고 있다면) 주제 반박 또는 (그들의 전략을 알고 있다면) 기술 반박을 통해 허위 정보에 대응하는 중간 지점은 고무적이다. 그럼에도 매킨타이어가 결론 내렸듯이 "우리는 과학적 허위 정보가 어디에나 존재하는 세상에 살고 있기 때문에 우리가 해야 할 더 많은 일거리가 남아 있다는 것은 전혀 놀라운 일이 아니다."

7. **지식의 헌법, 현실에 기반한 공동체, 정당한 참된 믿음의 기초를 강화하라** 언론인이자 시민권 운동가인 조너선 라우시는 《지식의 헌법: 왜 우리는 진실을 공유하지 못하는가》에서 사람들이 무엇이 진실인지에 대해 동의할 수 없을 때 신뢰할 수 있는 지식을 얻기 위한 계몽주의적 자유주의의 사회적 규칙이라는 인식론적 운영체계를 개괄하고 옹호했다.[34] 이 현실 기반 공동체에는 다음이 포함된다.

- "증거를 수집하고, 가설을 세우고, 기존 문헌을 조사하고, 비평적 교류에 참여하고, 동료 검토를 수행하고, 연구 결과를 발표하고, 연구 결과를 비교 및 반복하고, 다른 사람의 연구를 신뢰하고 인용하고, 학회에 참석하고, 저널과 책을 편집하고, 방법론을 개발하고, 연구 기준을 설정하고 시행하고, 다른 사람이 이러한 모든 일을 하도록 교육하는" 학자, 과학자, 연구자 들.
- "사실을 수집하고, 취재원을 육성하고, 조사를 조직하고, 문서를 선별하고, 관점을 삼각 측량하고, 기사를 쓰고, 기사를 확인하고,

기사를 편집하고, 기사를 보도할지 보도하지 않을지 결정하고, 다른 곳에서 발표된 기사를 따를지 반박할지 결정하고, 실수를 평가하고 정정 기사를 보도하고, 다른 사람들이 이 모든 일을 하도록 교육하는"언론인들.

- "정보를 수집하고, 연구를 수행하고, 통계를 작성하고, 규정을 개발하는"정부 기관. 여기에는 "전문 분야와 전문 지식을 개발하고, 정보원을 육성하고, 정보를 수집 및 평가하고, 평가에 대한 신뢰도에 가중치를 부여하고, 경쟁적인 평가를 평가하고, 고객을 위해 평가를 공표하고, 오류를 이해하기 위해 사후 검토를 수행하고, 다른 사람이 이 모든 일을 하도록 교육하는"사람으로 구성된 정보 공동체가 포함된다.

- "전문 분야와 전문 지식을 개발하고, 사실을 수집하고, 판례와 선례를 조사하고, 소송과 청구를 하고, 주장을 뒷받침하는 증거를 인용하고, 다른 전문가와 논쟁하고, 판결을 내리고 정당화하고, 판결을 발표하고, 여러 단계의 상고를 통해 자신과 서로에게 책임을 묻고, 축적된 판례의 체계를 구축하고 존중하고, 전문 기준을 설정하고 시행하고, 다른 사람들이 이 모든 일을 하도록 교육하는"법과 법학계를 구성하는 변호사, 판사, 법학자.

물론 불확실성이 있고 사람들이 무엇이 진실인지에 대해 동의하지 않는 경우가 대부분인 상황이지만 정당화된 참인 믿음과 신뢰할 수 있는 지식을 확립한다는 동일한 목표를 지향한다면, 어떤 직업에 종사하는 누구나 이러한 공동체에 참여할 수 있다. 현실 기반 공동체에 헌신하는 사람들이 정당한 참된 믿음과 신뢰할 수 있는 지식을 결정하기 위해 정확히 무엇을 해야 하는지에 대한 세부 사항은 다르지만 라우시는 **지식의 헌법** 또는 의견 불일치를 지식으로 전환하기 위한 사회적 규칙을 확립할 때 공통적으로 적용되는 10가지 특징을 제안했다.[35]

1. **오류 가능주의** "우리 중 누구라도 틀릴 수 있다는 정신"

2. **객관성** 이성과 경험주의를 통해 알 수 있는 실재가 존재한다는 명제에 대한 헌신.

3. **불확신주의** "자신의 주장이 도전을 받을 수 있고 또 받아야 한다는 것을 이해하고, 그러한 도전을 예상하고 대응하며, 자신의 학문을 동료 평가와 재현에, 자신의 기사를 편집과 사실 확인에, 자신의 서면을 적대적인 변호사에, 자신의 정보를 편향 검수팀 검토에 맡기는" 현실에 기반한 개인들.

4. **책임감** 현실에 기반한 공동체 구성원은 "실수는 바람직하지 않지만 피할 수 없는 것"이므로 모든 사람이 자신의 실수에 대해 책임을 져야 한다는 것을 인식한다.

5. **다원주의** 모든 아이디어를 "제안하고, 비판하고, 도전하고, 방어할 수 있는 최대한의 자유"와 함께 관점의 다양성을 수용하고 주장한다.

6. **예의** 현실에 기반한 공동체 구성원으로서 "차분하게 논쟁하고 자신의 수사학을 객관화하도록 장려하는 정교한 프로토콜—준수하는 것이 이익이 되는 프로토콜—을 개발하고 준수한다."

7. **전문성** "획득한 자격증이 중요하다. 실적과 평판을 쌓으려면 수년, 때로는 수십 년 동안 공부하고 연습해야 한다. 따라서 다른 전문가에게 책임을 져야 하며 일을 처리하는 데에는 옳고 그른 방법이 있다는 것을 깊이 인식하는 성실성을 다른 전문가와 공유해야 한다"는 믿음.

8. **헛소리 금지** "진실에 대한 진지한 고려 없이" 행동하는 것을 완전히 거부한다. 거짓말쟁이는 진실을 숨기거나 부정하려고 할 때 진실을 인정하는 반면 헛소리를 하는 사람은 현실이 무엇인지 또는 현실을 어느 정도나 정확하게 표현하는지는 신경 쓰지 않는다.

지식의 헌법에 대한 일반적인 생각은 우리가 알 수 있는 실체는 존재하지만 실체에 이르는 길은 복잡하고 불확실성이 많다는 것이다. 현실로 향하는 여정에서 사람들이 현실이 무엇인지, 어떻게 도달할 것인지에 대해 항상 동의하는 것은 아니기 때문에 불가피하게 의견 충돌이 발생하며 이때 협의할 수 있는 합의된 규칙과 지침이 필요하다. 그런 의미에서 지식의 헌법은 공공 의사 결정과 갈등 조정의 사회적 기술이라는 점에서 미국 헌법과 유사하다.

내가 이 책을 시작하게 된 사건인, 2021년 1월 6일 미국 의사당 습격 사건은 미국 헌법에 대한 직접적인 공격이었다. 그것은 '조작된 선거' 음모론을 통한 지식의 헌법과 그 안의 현실 기반 공동체에 대한 노골적인 공격이기도 했다. 공격에 가담한 폭도의 당 지도자—마이크 펜스 부통령부터 빌 바 법무장관까지—마저도 이 음모론을 끔찍한 거짓말이라고 비난한 것은, 참가한 사람이나 옆에서 그들을 응원하는 사람(또는 트럼프 대통령처럼 근처 시설에서 TV를 통해 이 사건을 지켜보는 사람)에게는 별로 중요하지 않았다. 사실은 내던져지고 진실은 짓밟혔으며 우리는 여전히 그 현실을 거부한 후유증에서 벗어나지 못하고 있다.

9. **과학적 자연주의와 계몽주의적 인본주의에 헌신하라** 수 세기에 걸쳐 펼쳐진 대부분의 도덕적 진보—노예제, 고문, 잔인하고 비정상적인 형벌, 사형, 신체 형벌, 마녀 광풍, 종교 재판, 집단 학살, 폭력 일반의 폐지와 함께 시민권, 여성의 권리, 성소수자의 권리,

아동의 권리, 노동자의 권리, 심지어 동물의 권리에 대한 인정과 법적 토대―는 궁극적으로, 더 많은 곳에서 더 많은 사람의 생존과 번영을 증대하기 위해 인과관계를 이해하고 문제를 해결하는 데 이성과 과학을 적용한 결과이다.[36] **과학적 자연주의**는 세계는 이해될 수 있는 자연 법칙과 힘에 의해 지배되며 모든 현상은 자연의 일부이고 인간의 인지적, 도덕적, 사회적 현상까지도 그런 근본적 원인으로 설명될 수 있다는 원칙이다. 과학혁명 이후 수 세기에 걸쳐 종교적 독단주의, 권위, 초자연주의가 점진적이지만 체계적으로 과학적 자연주의로 대체되면서―특히 인간 세계를 설명하는 데 그것이 적용되면서―**계몽주의적 인본주의**가 널리 채택되기 시작했다. 그것은 과학과 이성에 최고의 가치를 부여하고, 초자연적인 것을 완전히 배제하며, 입자에서 사람에 이르기까지 우주와 그 안의 모든 것을 완전히 이해하기 위해―인간의 근본적인 특성, 우리와 우리 사회를 지배하는 법칙과 힘을 포함한―자연과 자연의 법칙에만 의존하는 범세계적 세계관이다.[37]

과학적 자연주의와 계몽주의적 인본주의가 현대 세계를 만들었다.[38] 이제 우리는 더 이상 교리와 권위의 사슬로 우리의 마음을 묶어두는 사람들의 지적 노예가 될 필요가 없다. 그 대신에 우리는 이성과 과학을 진리와 지식의 중재자로 활용한다. 이하의 신조는 2012년 워싱턴 DC의 내셔널 몰에서 2만 명이 넘는 인문주의자와 과학 애호가가 모인 가운데 열린 이성 집회에서 내가 짧은 연설을 통해 지난 몇 세기를 요약한 내용이다.[39]

- 사람은 고대의 성서나 철학 논문의 권위를 통해 진리를 알아내는 대신 자연의 측면을 스스로 탐구하기 시작했다.

- 학자는 식물도감에서 손으로 그리고 채색한 삽화를 보는 대신 자연으로 나가 실제로 땅에서 자라는 것을 관찰했다.
- 의사는 오래된 의학 서적에 있는, 해부한 시체의 목판화에 의존하는 대신 시체를 직접 열어보고 무엇이 있는지 직접 눈으로 확인했다.
- 자연주의자는 화난 날씨의 신을 달래기 위해 인간을 제물로 바치는 대신 온도, 기압, 바람을 측정하여 기상 과학을 발전시켰다.
- 인간을 열등한 종이라는 이유로 노예로 삼는 대신 진화 과학을 통해 모든 인간을 종의 구성원으로 포함하도록 지식을 확장했다.
- 성서에서 그렇게 하는 것이 남자의 권리라고 말한다고 해서 여성을 열등한 존재로 취급하는 대신, 도덕 과학을 통해 모든 사람이 평등하게 대우받아야 한다는 자연권을 발견했다.
- 사람들은 왕의 신성한 권리에 대한 초자연적인 믿음 대신 민주주의의 법적 권리에 대한 더 현실적인 신뢰를 바탕으로 정치적 진보를 이룰 수 있었다.
- 소수의 엘리트가 시민을 문맹과 계몽되지 않은 상태로 놓아둔 채 대부분의 정치 권력을 쥐고 있는 대신, 과학과 문맹 퇴치, 교육을 통해 사람은 자신을 억압하는 권력과 부패의 실체를 직접 확인할 수 있었고 속박의 사슬을 벗어 던지고 자연권을 요구하기 시작했다.

국가의 헌법은 과학과 이성이 가장 잘 이해할 수 있는 **인류의 헌법에 근거를 두어야 한다.** 이것이 바로 과학적 자연주의와 계몽주의적 인본주의의 심장이자 핵심이다.

10. 언론의 자유와 열린 대화의 규범을 강화하고 동의하지 않는 사람을 침묵시키거나 말살하는 검열적 행동을 약화하라 오늘날 많은 대

학 캠퍼스에서 혐오 발언이 물리적 폭력과 동일시되어 검열이나 폭력으로만 대응할 수 있다는 위험한 규범이 퍼지고 있다. 이는 잘못된 생각이다. 혐오 발언은 표현의 자유로만 대응할 수 있다. 존 스튜어트 밀은 1859년 고전적인 저서 《자유론On Liberty》에서 "한 사람을 빼고 모든 인류가 하나의 의견을 가지고 있고 단 한 사람만이 반대 의견을 가지고 있다면 그 한 사람을 침묵시키는 것은 그 사람이 권력을 가져 모든 인류를 침묵시키는 것과 마찬가지로 정당화될 수 없을 것이다"라고 말했다.[40] 위대한 반체제 인사인 로자 룩셈부르크Rosa Luxemburg는 이를 더욱 간결하게 표현했다. "언론의 자유는 다르게 생각하는 사람의 자유를 의미하지 않는 한 무의미하다."[41] 나는 《악마에게 대가를 치르게 하라Giving the Devil His Due》라는 책에서 언론의 자유 근본주의에 관한 열렬한 주장을 펼치며 검열에 맞서 언론의 자유를 옹호해야 하는 이유와 다른 사람, 특히 동의하지 않는 사람의 의견에 귀를 기울여야 하는 이유에 대해 이렇게 설명한 바 있다.[42]

어떤 발언이 허용되고 어떤 발언이 허용되지 않는지는 누가 결정하는가? 당신인가? 나인가? 다수인가? 언어 경찰인가?

특정 종류의 발언을 검열할 때는 어떤 기준을 사용하는가? 당신이 동의하지 않는 생각? 내 생각과 다른 생각? 다수가 용납할 수 없다고 판단하는 어떤 것?

우리가 완전히 옳을 수도 있지만 다른 사람의 말을 들으면서 새로운 것을 여전히 배울 수도 있다.

우리는 부분적으로 옳고 부분적으로 틀릴 수 있으므로 다른 관점에 귀를 기울임으로써 교정을 받고 우리의 믿음을 다듬고 개선할 수 있다.

우리는 완전히 틀릴 수도 있으므로 비판이나 반론을 들음으로써 우리의 생각을 바꾸고 개선할 기회를 얻을 수 있다. 무오류는 없다. 옳든 그르든 다른 사람의 의견을 경청함으로써 우리는 더 강력한 논증을 개발하고 더 나은 사실을 구축하여 우리의 입장을 뒷받침할 기회를 얻게 된다.

탐구의 자유는 인간의 오류 가능성 때문에 인간의 모든 진보의 기초가 된다. 우리 모두는 때때로(그리고 우리 중 다수는 대부분의 경우) 틀릴 수 있으며 따라서 확실하게 알 수 있는 유일한 방법은 다른 사람과 대화하고 경청하는 것이다.

내가 발언하고 반대할 수 있는 자유는 당신도 마찬가지로 그렇게 할 수 있는 자유와 불가분의 관계에 있다. 내가 당신을 검열한다면 왜 당신도 나를 검열해서는 안 되는가? 당신이 나를 침묵시킨다면 나도 당신을 침묵시키면 안 되는 이유가 있는가?

◆◆◆

이 책을 읽은 후, 만일 당신이 내 주장에 이의를 제기하거나 결론에 동의하지 않거나 내 관점에 반대하는 경우 언론의 자유와 열린 탐구의 규범과 관습에 따라 당신은 그렇게 할 수 있다. 그럼에도 이 책은 적어도 우리가 세상의 진실을 판단하는 데 의존하는 기관에 대한 신뢰를 회복하기 위한 출발점이다. 진실은 음모론자만의 영역이 아니라 진실을 알고자 하는 호기심과 열망을 가진 모든 사람의 것이다. 우리 모두 속해야 할 그것, 그것을 진실에 기반한 공동체라고 부르자.[43]

사람들은 음모론에 관해
무엇을 믿고 왜 믿는가

회의주의자 연구 센터의 설문 조사 결과

사람들이 음모론에 관해 무엇을 믿고 왜 믿는지 이해하기 위해 2021년 봄과 여름에 내가 몸담은 단체인 회의주의자 연구 센터는 사회과학자 아논다 사이드Anondah Saide, 케빈 맥카프리Kevin McCaffree 와 함께 온라인 설문 조사 업체인 퀄트릭스를 통해 무작위로 선정 된 3139명의 미국인을 대상으로 29가지 음모론에 대한 태도와 믿 음에 관한 설문 조사를 실시했다.[1]

설문 조사에 참여한 3139명 중 53.14퍼센트는 여성, 46.86퍼센 트는 남성이었다. 교육 수준(그래프 C.30)은 고등학교 졸업 또는 이 와 동등한 학력(20.58퍼센트), 일부 전문대학 또는 준학사 학위(27.14 퍼센트), 학사 학위(31.32퍼센트), 대학원 또는 전문 학위(20.96퍼센트) 로 다양했다. 이들의 소득 수준(그래프 C.31)은 0~2만 4999달러(17.9 퍼센트), 2만 5000~4만 9999달러(24.56퍼센트), 5만~7만 4999달 러(21.66퍼센트), 7만 5000~9만 9999달러(14.18퍼센트), 10만~14만 9999달러(13.54퍼센트), 15만~19만 9999달러(4.94퍼센트), 20만 달러 이상(3.22퍼센트)으로 전국 평균과 상당히 근접한 분포를 보였다.[2]

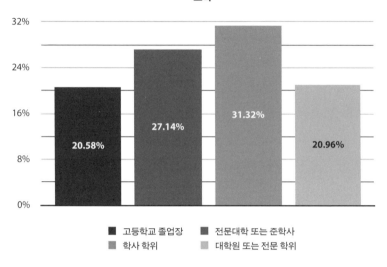

교육

- ■ 고등학교 졸업장
- ■ 학사 학위
- ■ 전문대학 또는 준학사
- ■ 대학원 또는 전문 학위

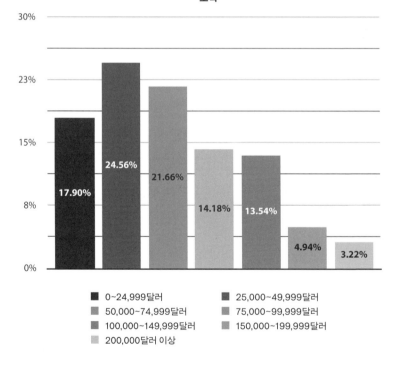

소득

- ■ 0~24,999달러
- ■ 50,000~74,999달러
- ■ 100,000~149,999달러
- ■ 200,000달러 이상
- ■ 25,000~49,999달러
- ■ 75,000~99,999달러
- ■ 150,000~199,999달러

29개의 음모론 각각에 대해 다음과 같이 7점 척도를 제공했다. 약간 동의함, 보통 동의함, 강하게 동의함, 불확실함, 약간 동의하지 않음, 보통 동의하지 않음, 강하게 동의하지 않음. 응답자의 답변에서 선호도나 군집 효과를 피하기 위해 음모론의 순서를 뒤섞었지만 여기에 제시된 결과는 음모 유형에 따라 그룹화되었다(1장 참조). 분석의 편의를 위해 대중적인 음모론에 특정 문장을 태그할 수 있는 짧은 라벨을 추가했지만 설문 조사에는 포함되지 않았다. 각 음모론과 함께 제공되는 막대그래프에서는 세 가지 강도 옵션(약간, 보통, 강하게)을 결합하여 각 음모론에 대한 동의와 동의하지 않음의 백분율을 집계하고 불확실한 응답자의 백분율도 표시했다. 원자료를 보고 싶은 연구자는 이 정보를 요청할 수 있다.[3]

29개의 음모론 각각에 대해 동의하거나 동의하지 않는(또는 불확실한) 사람의 백분율 내에서 음모론에 대해 더 많은 것을 알고자 인구통계학적 데이터, 특히 표본에 포함된 사람의 성별, 인종, 소득, 교육, 정치적 성향 등을 수집하여 이러한 요소가 (내 음모론 라벨에 있는) 다음과 같은 여러 유명 음모론에 대한 믿음 또는 불신에 어떤 영향을 미쳤는지 평가했다. 큐어넌, 딥스테이트, JFK 암살, 9/11 내부자 소행, 오바마 출생의 진실, 이스라엘/유대인, 비밀 단체, 엡스타인 살인, 지구 온난화 사기, UFO, 코로나19 중국 연구소, 코로나19 백신 감시 칩, 코로나19 백신 자기磁氣 반응(내가 꾸며낸 음모론).

음모론에 대해 실시한 요인 분석의 결과, 음모론에 대한 동의 또는 동의하지 않음의 통계적 유사성을 중심으로 구성된 상향식 유형론을 형성할 수 있었다. 이 유형론은 사람들이 음모론을 믿는 이유를 설명하는 세 가지 주요 요인인 대리 음모주의, 부족 음모주의, 건설적 음모주의와 함께 이 책의 제1부에서 제시한 두 가지 주요 유형의 음모론인 편집증적 음모론과 현실적 음모론과 관련된 믿음의 차이를 종합하여 설명한다.

이러한 결과는 두 변수—이 경우 특정 음모론에 대한 동의 또는 동의하지 않음—간의 연관성의 강도를 정량화하고 그 연관성이 성별, 인종, 소득, 교육, 정치적 성향에 따라 어떻게 영향을 받는지를 정량화하는 통계인 오즈비odds ratio로 표시된다. 예를 들어 특정 음모론에 동의하는 사람이 여성 또는 남성, 흑인/히스패닉 또는 백인, 공화당 또는 민주당 지지자, 소득이 낮거나 높은 경우, 학력이 높거나 낮은 경우의 확률을 계산했다. 성별(남성 또는 여성), 인종(흑인/히스패닉 또는 백인), 정치적 성향(공화당 또는 민주당, 무소속은 표본에서 매우 적었으며 특별히 흥미로운 효과를 발견하지 못함) 같은 일부 변수는 이분법적이다. 이때 어떤 사람이 Y인 경우 음모론에 동의하거나 동의하지 않을 확률이 X배 더 높다고 말할 수 있다(예컨대 공화당 지지자는 민주당 지지자보다 딥스테이트 음모론에 동의할 확률이 2.5배 더 높다). 소득 및 교육과 같은 다른 변수는 연속적이었다. 이때 우리는 어떤 사람이 Y의 각 단위에 대해 음모론에 동의하거나 동의하지 않을 가능성이 X배 더 높다고 말할 수 있다(예컨대 고등학교를 졸업한 사람, 전문대학을 졸업한 사람, 학사 학위를 받은 사람, 대학원 학위를 받은 사람 등 학력이 높아질 때마다 큐어넌 음모론에 동의할 가능성이 1.3배 낮아진다). 보고된 모든 효과는 최소 $p < 0.05$의 유의미성의 수준에서, 그리고 $p < 0.01$ 또는 $p < 0.001$ 수준에서 통계적으로 유의미했다.

이를 염두에 두고 아래는 설문 조사에 포함된 29가지 음모론에 대한 동의함, 동의하지 않음, 불확실함 비율과 일부(전부는 아님) 음모론에 대한 참가자의 믿음에 가장 큰 영향을 미친 요인을 나타낸 것이다. 막대그래프 다음에 논의가 없는 경우는 우리가 오즈비를 계산하지 않은 것이다.

정부/정치 음모론

큐어넌

미국의 정부, 언론, 금융계는 전 세계적으로 아동 성매매 조직을 운영하는, 사탄을 숭배하는 소아성애자 집단에 의해 통제되고 있다.

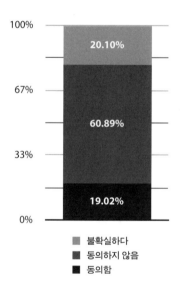

성별이나 소득에 따른 차이는 없었다. 흑인과 히스패닉은 백인보다 1.6배 더 동의할 가능성이 높았다. 교육 수준이 높을수록 이 진술에 동의할 확률은 약 30퍼센트 감소했다. 공화당 지지자가 민주당 지지자보다 1.4배 더 동의할 가능성이 높았다.

딥스테이트

미국 정부의 행동은 선출직 공무원이 아니라 딥스테이트라고 알려진 선출되지 않은 비밀 비즈니스 및 문화 엘리트 집단에 의해 결정된다.

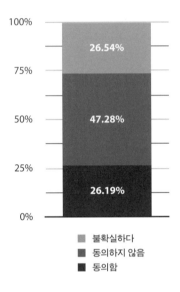

소득에 따른 차이는 없었다. 여성은 남성보다 이 진술에 동의할 확률이 약 35퍼센트 낮았다. 흑인과 히스패닉은 백인보다 1.5배 더 동의할 가능성이 높았다. 교육 수준이 높을수록 이 진술에 동의할 확률은 약 20퍼센트 감소했다. 공화당 지지자가 민주당 지지자보다 2.5배 더 동의할 가능성이 높았다.

2016년 대선 조작

2016년 도널드 트럼프의 대통령 선거는 러시아의 고위 정치인과 컴퓨터 프로그래머에 의해 조작되었기 때문에 부정 선거였다.

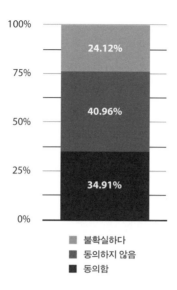

불확실하다
동의하지 않음
동의함

2020년 대선 조작

2020년 조 바이든의 대통령 선거는 고위 정치인, 투표 기계 프로그
래머, 투표소 직원에 의해 조작되었기 때문에 부정 선거였다.

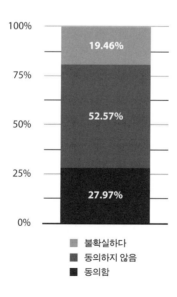

불확실하다
동의하지 않음
동의함

오바마 출생의 진실

미국 정부는 버락 오바마가 미국 땅에서 태어나지 않았고 따라서 불법적인 대통령이라는 증거를 은폐해 왔다.

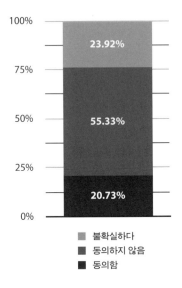

성별이나 소득에 따른 차이는 없었다. 흑인과 히스패닉계는 백인보다 1.1배 더 동의할 가능성이 높았다(그러나 $p < 0.04$로 유의미한 수준은 아니었다). 교육 수준이 높아질수록 이 진술에 동의할 확률은 약 20퍼센트 감소했다. 공화당 지지자가 민주당 지지자보다 동의할 가능성이 6.3배 더 높았다.

9/11 내부자 소행

부시 행정부는 9/11 테러 당시 쌍둥이 빌딩을 무너뜨리는 데 있어 자신들의 역할에 대한 진실을 숨겨왔다.

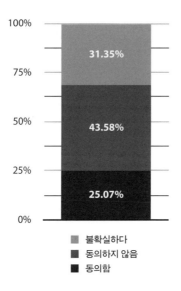

성별이나 소득에 따른 차이는 없었다. 흑인과 히스패닉은 백인보다 1.8배 더 동의할 가능성이 높았다. 교육 수준이 높을수록 이 진술에 동의할 확률은 약 30퍼센트 감소했다. 민주당 지지자가 공화당 지지자보다 1.4배 더 동의할 가능성이 높았다.

연방재난관리청FEMA 강제수용소

FEMA는 미국 내에 시민과 정치범의 유치장으로 사용될 강제수용소를 비밀리에 건설하고 있다.

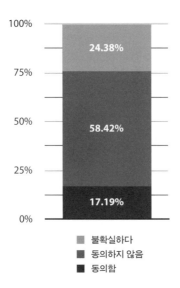

■ 불확실하다
■ 동의하지 않음
■ 동의함

달 착륙 조작

NASA와 미국 정부는 1969년 달 착륙이 조작되었다는 진실을 숨기고 있다.

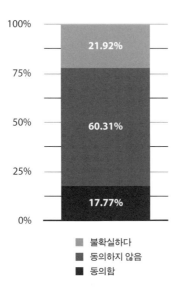

■ 불확실하다
■ 동의하지 않음
■ 동의함

지구 온난화 사기

지구 온난화는 정치적 인기에 호소하려는 자유주의 엘리트와 직업 과학자들이 꾸며낸 사기이다.

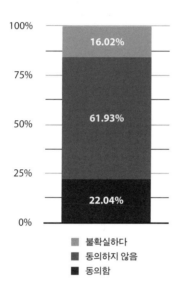

소득에 따른 차이는 없었다. 남성이 여성보다 1.4배 더 동의할 가능성이 높았다. 흑인과 히스패닉은 백인보다 1.2배 더 동의할 가능성이 높았다. 교육 수준이 높아질수록 이 진술에 동의할 확률이 약 10퍼센트 감소했기 때문에 이 요인은 결과에 거의 영향을 미치지 않았다(p 〈0.03〉. 공화당 지지자는 민주당 지지자보다 4.4배 더 동의할 가능성이 높았다.

각성한 인종

미국 건국자들이 닦아 놓은 길은 오늘날에도 백인만이 진정으로 자유롭고 성공할 수 있도록 보장한다.

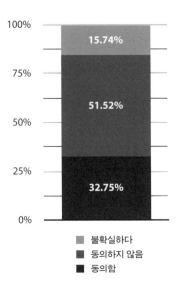

■ 불확실하다
■ 동의하지 않음
■ 동의함

각성한 젠더

미국 건국자들이 닦아 놓은 길은 오늘날에도 남성만이 진정으로 자유롭고 성공할 수 있도록 보장한다.

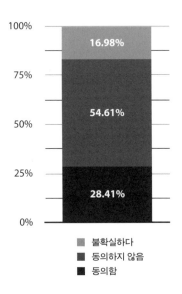

■ 불확실하다
■ 동의하지 않음
■ 동의함

파충류 외계인

파충류 외계인은 미국 정부뿐만 아니라 언론계에서도 상당한 권력과 영향력을 행사하고 있다.

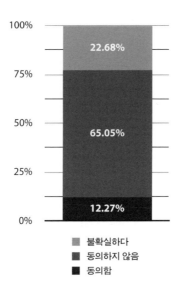

- ■ 불확실하다
- ■ 동의하지 않음
- ■ 동의함

UFO

미국 정부는 외계인의 지구 방문에 대한 진실을 숨기고 있다.

성별에 따른 차이는 없었다. 흑인과 히스패닉은 백인보다 동의할 확률이 1.4배 더 높았다. 소득 수준이 증가할 때마다 이 진술에 동의할 확률은 겨우 10퍼센트 감소하는 데 그쳤다(p<0.02). 교육 수준이 높아질수록 이 진술에 동의할 확률은 약 30퍼센트 감소했다. 공화당 지지자가 민주당 지지자보다 1.4배 더 동의할 가능성이 높았다.

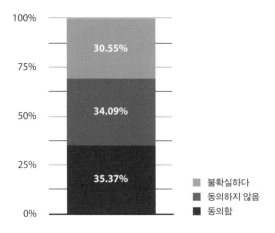

불확실하다 30.55%
동의하지 않음 34.09%
동의함 35.37%

의료/백신/코로나19 음모론

코로나19 중국 연구소

코로나19는 중국 연구소에서 개발되었으며 중국 당국은 이를 은폐했다.

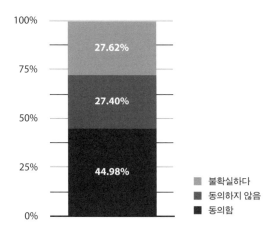

불확실하다 27.62%
동의하지 않음 27.40%
동의함 44.98%

인종이나 소득에 따른 차이는 없었다. 남성이 여성보다 1.3배 더 동의할 가능성이 높았다. 교육 수준이 높을수록 이 진술에 동의할 확률은 약 10퍼센트 감소했기 때문에, 이 요인은 거의 영향을 미치지 않았다(p<0.03). 공화당 지지자가 민주당 지지자보다 동의할 가능성이 7.0배 더 높았다.

코로나19 백신 감시 칩

코로나19 백신에는 작은 컴퓨터 칩이 포함되어 있어 정부가 사람들을 더 쉽게 감시하는 데 도움이 된다.

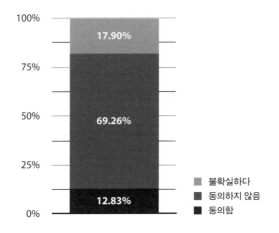

소득에 따른 차이는 없었다. 남성이 여성보다 1.3배 더 동의할 가능성이 높았다. 흑인과 히스패닉은 백인보다 1.5배 더 동의할 가능성이 높았다. 교육 수준이 높을수록 이 진술에 동의할 확률은 약 30퍼센트 감소했다. 공화당 지지자가 민주당 지지자보다 동의할 확률이 1.4배 더 높았다.

코로나19 백신 자기 반응(내가 꾸며낸 음모론)

정치 및 의료계 엘리트는 코로나19 백신이 어떻게 자기 반응을 일으키는지에 대한 진실을 숨기고 있다.

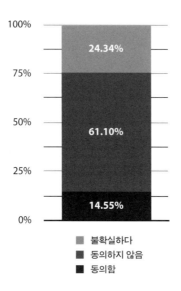

성별이나 소득에 따른 차이는 없었다. 흑인과 히스패닉은 백인보다 1.6배 더 동의할 가능성이 높았다. 교육 수준이 높을수록 이 진술에 동의할 확률은 약 30퍼센트 감소했다. 공화당 지지자가 민주당 지지자보다 1.5배 더 동의할 가능성이 높았다.

백신이 자폐증을 유발한다

정치 및 의료계 엘리트는 백신이 어린이에게 자폐증을 유발하는 해로운 역할에 대한 진실을 숨기고 있다.

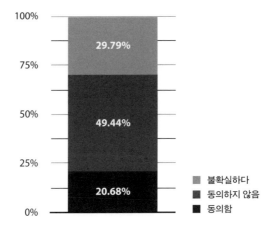

켐트레일

미국 정부와 주요 기업은 상업용 여객기에서 발생하는 켐트레일을 통해 독성 독극물을 방출하는 데 관여해 왔다.

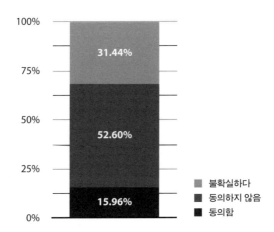

GMO

전 세계 정부는 암과 자폐증 발병률 증가에 유전자변형생물GMO이 어떤 역할을 하는지에 대한 진실을 숨기고 있다.

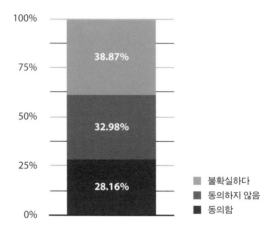

5G 코로나19

5G 기지국은 우리 몸의 면역 기능을 떨어뜨리고 코로나19 감염 위험을 높인다.

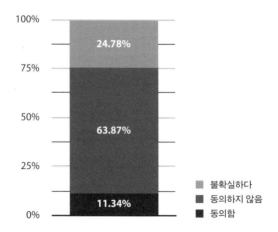

5G 다코타 추락 사고(내가 꾸며낸 음모론)

미 공군의 고위 관리들이 다코타 추락 사고에서 5G 기술의 역할에 관한 중요한 정보를 숨기고 있다.

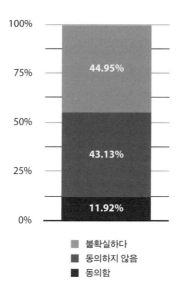

의문사 음모론

JFK 암살

미국 정부 내의 인사들은 존 F. 케네디 암살의 진짜 책임자가 누구인지에 대한 진실을 숨겨왔다.

성별이나 소득에 따른 차이는 없었다. 흑인과 히스패닉은 백인보다 1.6배 더 동의할 가능성이 높았다. 교육 수준이 높을수록 이 진술에 동의할 확률은 약 20퍼센트 감소했다. 공화당 지지자가 민주당 지지자보다 1.3배 더 동의할 가능성이 높았다.

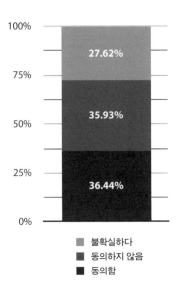

불확실하다
동의하지 않음
동의함

다이애나 왕세자비 살해 사건

권력자들이 다이애나 왕세자비가 살해되었다는 증거를 숨기고 있다.

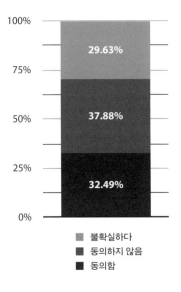

불확실하다
동의하지 않음
동의함

엡스타인 살해 사건

고위 공무원, 유력 정치인, 유명 인사들이 불법적이거나 부도덕한 성행위를 은폐하기 위해 제프리 엡스타인 살인 사건에 대한 정보를 숨기고 있다.

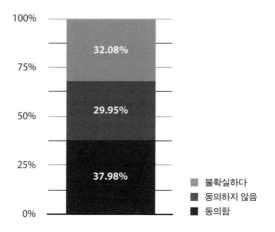

소득에 따른 차이는 없었다. 여성이 남성보다 1.4배 더 동의할 가능성이 높았다. 흑인과 히스패닉은 백인보다 1.3배 더 동의할 가능성이 높았다. 교육 수준이 높아질수록 이 진술에 동의할 확률이 약 10퍼센트 감소했기 때문에 이 요인은 결과에 거의 영향을 미치지 않았다(p=0.05). 공화당 지지자가 민주당 지지자보다 2.8배 더 동의할 가능성이 높았다.

샌디훅 거짓 깃발

샌디훅 학교 총격 사건은 거짓 깃발 작전으로 연출되어 진보적 자유주의자가 총기 규제법을 더 홍보하거나 수정헌법 2조까지 뒤집어엎을 수 있었다.

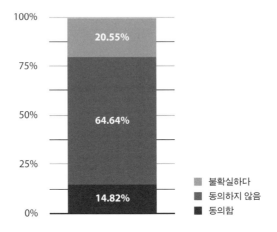

클린턴 살인 사건

보도되지는 않았지만 클린턴 일가는 주요 정치인에 대한 수많은 살인 사건에 직접적으로 책임이 있는 것으로 알려져 있다.

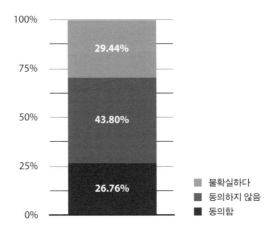

비밀 조직 음모론

비밀 단체

세계 및 국내 정치는 일루미나티, 로스차일드 가문, 록펠러 가문, 영국 왕실 등 신세계 질서를 옹호하는 세계 최고 부유층과 비밀 단체에 의해 통제되고 있다.

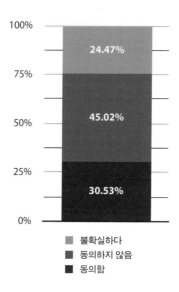

성별에 따른 차이는 없었다. 흑인과 히스패닉은 백인보다 동의할 확률이 1.5배 더 높았다. 소득 수준이 높아질수록 동의할 확률은 겨우 10퍼센트 감소했다(p⟨0.03⟩. 교육 수준이 높을수록 이 진술에 동의할 확률은 약 20퍼센트 감소했다. 공화당 지지자가 민주당 지지자보다 동의할 확률이 1.5배 더 높았다.

이스라엘/유대인

이스라엘/유대인은 정부 및 언론을 포함한 미국의 주요 기관에서 대부분의 의사 결정 과정을 비밀리에 통제하고 있다.

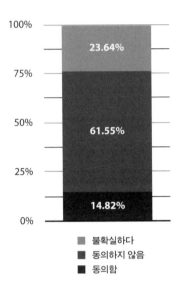

소득에 따른 차이는 없었다. 남성이 여성보다 1.4배 더 동의할 가능성이 높았다. 흑인과 히스패닉은 백인보다 1.7배 더 동의할 가능성이 높았다. 교육 수준이 높을수록 이 진술에 동의할 확률은 약 30퍼센트 감소했다. 민주당 지지자가 공화당 지지자보다 1.3배 더 동의할 가능성이 높았다.

스마트폰 스파이

정계 및 비즈니스 엘리트는 아이폰과 기타 인기 있는 가전제품을 사용하여 우리의 동의 없이 정기적으로 우리를 감시하고 있다.

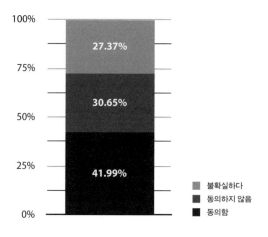

이러한 결과는 깨달음을 주기도 하고 때로는 실망감을 안겨주기도 한다. 설문 조사 참여자의 60퍼센트 이상이 "미국의 정부, 언론, 금융계가 전 세계 아동 성매매를 운영하는, 사탄을 숭배하는 소아성애자들에 의해 통제된다"(큐어넌)는 진술에 동의하지 않았는데, 이는 고무적인 결과이지만 5명 중 1명꼴로 가능하다고 생각한다는 점은 다소 당혹스러운 결과이다. 공화당 지지자가 민주당 지지자보다 이 음모론에 동의할 가능성이 1.4배, 흑인과 히스패닉이 백인보다 1.6배 높았으며, 교육 수준이 높을수록 이 진술에 동의할 가능성이 30퍼센트 감소한다는 사실에서 약간의 통찰을 찾을 수 있다. 이러한 오즈비는 통계적으로 유의미하지만(기준치인 p<0.05 또는 95퍼센트 신뢰 수준보다 높은 수준), 어떤 사람이 이 음모론을 어느 수준으로든 믿는다는 사실을 도저히 믿을 수 없다. 설문 조사에 참여한 사람들은 도대체 어떤 생각을 하고 있을까?

한 가지 가능성은 사람들이 제프리 엡스타인이 10대 소녀를 애호한 것 그리고 저명한 정치인, 공인, 금융가, 유명 인사와 제휴

한 것을 아동 성매매 조직과 동일시하고 있다는 점이다. 그뿐만 아니라 대중매체에서, 워싱턴 DC의 한 피자집 지하에서 아동 성매매가 이뤄진다는 피자게이트 음모론과 엡스타인의 이야기가 혼동되었고 유명 인사의 이름(예컨대, 힐러리 클린턴, 톰 행크스)이 보태져서 신뢰성을 높였기 때문일 수 있다. 그렇지 않으면 내 믿음 모델에서 대리 음모주의라고 부르는 것의 한 예일 가능성이 더 높으며, 특정 큐어넌 음모론이 미국의 정부, 언론, 금융계에 대한 광범위한 불신을 대리한다. 그것이 틀렸다는 것을 밝힌다고—예를 들어, 코멧 핑퐁 피자집에 가서 그런 조직은 존재하지 않는다는 사실을 확인했다고—해서 이 음모를 믿는 사람들이 2016년 대선에서 도널드 트럼프에서 힐러리 클린턴으로 표심을 뒤집는 일은 결코 일어나지 않았을 것이다. 또한 공화당에 대한 부족적 충성심 때문에 힐러리에게 투표할 가능성도 전혀 없었다.

이번 연구의 추가 조사 결과는 대리 음모주의 가설을 뒷받침한다. 예를 들어, 설문 조사에 참여한 응답자의 4분의 1 이상이 미국 정부의 행동을 결정하는 '딥스테이트로 알려진 비즈니스 및 문화 엘리트 비밀 집단'이 있다는 데 어느 정도 동의했다. 또한 공화당 지지자가 민주당 지지자보다 딥스테이트 음모론에 동의할 가능성이 2.5배, 흑인과 히스패닉이 백인보다 1.5배 더 높았다는 점에서 이는 부족 음모주의와 건설적 음모주의를 활용하는 또 다른 형태의 대리 음모주의를 나타낸다. 공화당 지지자가 거대 정부 기관을 의심하는 경향이 있고 역사적으로 흑인과 히스패닉계가 백인보다 정부와 훨씬 더 부정적인 상호 작용을 해왔다는 점을 고려할 때, 힘 있는 엘리트가 비도덕적이거나 불법적인 이득을 얻기 위해 음모를 꾸민다고 믿는 것은 이해할 수 있는 추론의 한 형태라고 할 수 있다. (제1장에서 음모의 정의는 "두 명 이상의 사람 또는 집단이 비도덕적이거나 불법적으로 이득을 얻거나 다른 사람에게 해를 끼치기 위해 비밀리에 모략을 꾸미거나 행동하는 것"이다.)

이러한 음모는 역사적으로 보아 상상만이 아니라 다양한 형태로 현실이 되기도 했다. 따라서 큐어넌과 같은 터무니없는 음모도 대중문화의 벼랑 끝에서 발붙일 수 있다는 사실에 놀라지 말아야 한다. 설문 조사 참여자(또는 2021년 1월 6일 국회의사당 건물을 습격한 사람, 그 밖의 모든 사람)의 마음속을 들여다볼 수 없기 때문에 우리는 확실하게 알 수 없으며 따라서 그러한 추측은 잠정적일 수밖에 없다. 여기서 제안하는 내용은 상식적으로 이해하기 어려운 수준의 터무니없는 것이지만 그럼에도 대리, 부족, 건설적인 음모론적 믿음을 설명으로 사용하는 것은 전적으로 합리적이라고 생각한다. '피자게이트 음모론이 사실인지는 모르겠지만 민주당 당원이나 할 법한 일이지!'라고 생각하는 그런 음모주의자를 나는 상상할 수 있다.

위의 두 가지 음모론—큐어넌과 딥스테이트—은 둘이 결합될 때 선출직 공직자, 대의 민주주의, 모든 종류의 권위에 대한 대중의 신뢰가 부식되고 있음을 보여주는 대리물이기도 하다. 이 가설에 대한 추가적인 증거는 응답자의 3분의 1 이상(35퍼센트)이 2016년 대선이 "러시아의 고위 정치인과 컴퓨터 프로그래머에 의해 조작되었기 때문에" 부정 선거라고 믿고 있으며, 4분의 1 이상(28퍼센트)이 2020년 대선이 "고위 정치인, 투표기 프로그래머, 투표소 직원에 의해 조작되었다"라고 믿는다는 연구 결과에서 찾아볼 수 있다. 관련된 정치적 음모론도 설문 조사 참여자 사이에서 강력한 동의를 얻었다. 4명 중 1명(25퍼센트)은 9/11 테러가 조지 W. 부시 행정부의 내부자 소행이라고 믿었고, 5명 중 1명(21퍼센트)은 벼락 오바마가 미국 땅에서 태어나지 않았다고 여전히 생각하고 있었다. 설문 조사 응답자의 거의 4분의 1(22퍼센트)은 지구 온난화에 대한 과학적 이론 전체가 "정치적 인기에 호소하고자 하는 자유주의 엘리트와 직업 과학자가 꾸며낸 사기"일 가능성이 있다고 생각한다고 답했다.

권위 있는 과학 및 정부 기관에서 실시한 설문 조사에 따르면, 설문 조사 참가자 6명 중 1명 이상(17퍼센트)이 1969년 달 착륙이 조작되었을 가능성이 있다고 생각했으며 "FEMA가 시민은 물론 정치범을 구속할 강제수용소를 비밀리에 건설하고 있다"라고 답할 정도로 진실에 대한 신뢰가 약해졌다. 진심일까? 강제수용소라고? 미국에? 나는 수십 년 동안 이 수용소에 관해 들어왔다(이 음모론은 클린턴 행정부 시절인 1990년대까지 거슬러 올라간다). 이 음모론 신자에게 수용소의 증거를 요구하면, 나는 보통 텍사스나 와이오밍에 있는 농장이나 목장, 북한의 실제 강제노동수용소로 밝혀진 울타리로 둘러싸인 넓은 지역을 찍은 항공 사진이나 망원 사진을 받곤 한다.[4] 설문 조사 참여자의 3분의 1 이상(35퍼센트)이 UFO가 '외계인의 지구 방문'을 의미할 뿐만 아니라 미국 정부도 이에 대해 알고 있지만 비밀로 하고 있다고 믿는다고 답한 것을 감안하면 이러한 믿음에 놀랄 필요는 없을 것이다. 또한 설문 조사 참여자 8명 중 1명(12퍼센트)은 "파충류 외계인이 미국 정부 및 언론에서 상당한 권력과 영향력을 행사하고 있다"라는 진술에 동의한다고 답했다. 내가 알기로는 그 능력을 은유하는 의미에서 정치인이 파충류라고 생각하는 사람도 있지만 이 음모론을 문자 그대로 받아들이는 사람도 있다. 놀라운 일이다.

현재 우리 사회는 미투 운동, BLM 운동(Black Lives Matter, 흑인

의 목숨도 소중하다는 운동-옮긴이), 반인종주의 운동, 비판적 인종 이론 등으로 인해 문화적 변화를 겪고 있으며, 2020년 중반 데릭 쇼빈Derek Chauvin이 조지 플로이드George Floyd를 잔인하게 살해한 사건—휴대폰 동영상에 찍힌 수많은 경찰의 살해 사건 중 하나에 불과한—이후 시위와 폭동으로 그 과정이 절정에 달했다는 점을 고려하면 '각성한 인종'과 '각성한 젠더'라는 제목이 붙은 두 가지 질문의 결과에 놀라지 말아야 한다. 전자의 경우, 설문 조사 참여자의 3분의 1(33퍼센트)이 "미국 건국자들이 닦아 놓은 길은 오늘날에도 백인만이 진정으로 자유롭고 성공할 수 있도록 보장한다"라는 주장에 동의한다고 답했으며, 후자의 경우 4분의 1 이상(28퍼센트)이 "미국 건국자들이 닦아 놓은 길은 오늘날에도 남성만이 진정으로 자유롭고 성공할 수 있도록 보장한다"라는 주장에 동의한다고 답했다. 이러한 억압이 일정 기간 지속되어 왔기 때문에 이를 '음모론'이라고 부르는 것은 모순적으로 들릴 수 있지만, 많은 사람들은 소수자와 여성에 대한 차별의 근본적 문제가 우리 사회에 '체계적'이고 '고착화'되어 있으며 가해자가 인종 차별주의자나 여성 혐오주의자가 아니더라도 일종의 '음모'가 계속되고 있다고 믿는다. 역사적으로 볼 때 이러한 믿음은 인종 차별주의와 〈매드 맨Mad Men〉 TV 시리즈에 묘사된 1960년대 여성 혐오 문화가 만연했던 시민권 이전의 나쁜 시대에도 드물지 않게 존재했다. 따라서 이러한 발견은 내가 말하는 대리, 부족, 건설적이라는 세 가지 음모주의를 모두 확인해 준다.

세 가지 형태의 음모주의는 코로나19와 백신에 관한 질문에서도 찾아볼 수 있다. 설문 조사 참여자의 거의 절반(45퍼센트)이 "중국 연구소에서 바이러스가 개발되었고 중국 관리들이 이를 은폐했다"라고 생각했는데, 이는 (의도적이든 비의도적이든, 의학 연구 또는 생물 무기 기능 향상 연구로서) 어느 정도 사실로 밝혀질 가능성이 높으며 이는 백신에 대한 음모주의를 부추기고 있다. 예를 들어, 설문 조사 참가자 8명 중 1명은 코로나19 백신에 "정부의 국민 감시를 용이하게 하기 위한 작은 컴퓨터 칩"이 포함되어 있을 수 있다는 주장에 동의했으며 "정치 및 의료 엘리트가 코로나19 백신이 어떻게 자기 반응을 일으키는지에 대한 진실을 숨기고 있다"라는 내가 완전히 꾸며낸 진술에 더 많은 응답자(15퍼센트)가 동의했다. 이러한 음모론은 백신이 자폐증을 유발한다는 (철저히 반박된) 오래된 백신 반대론자의 주장에 영향을 받은 것으로 보이며 설문 조사 참여자 5명 중 1명(21퍼센트)이 이에 동의했다. 5G 기지국의 신규 가동과 코로나19의 확산이 시기상 맞물리면서 자연스럽게 음모주의를 부추겼고 응답자 8명 중 1명(11퍼센트)이 "5G 기지국이 면역 기능을 떨어뜨리고 코로나19 감염 위험을 높인다"라는 진술에 동의했다. 더 황당한 사실은 설문 조사 응답자 7명 중 1명(15퍼센트)이 내가 조작한 가짜 자기 반응 음모론에 동의했으며 공화당 지지자가 민주당 지지자보다 1.5배, 흑인과 히스패닉이 백인보다 1.6배 더 동의할 가능성이 높았고 교육 수준이 한 단계 낮아질 때마다 음모론에 동의할 확률이 약 40퍼센트씩 증가했다는 점이다. (나중에 알고 보니, 내가 자기 반응 음모론을 만들어낸 후 코로나19 백신으로 인해 자성을 띠게 되었다고 주장하는 동영상이 온라인에 등장했으며 이로써 '삶은 예술을 모방한다'는 공리를 확인해 주었다.)

음모주의에 대한 나의 세 갈래 모델—대리, 부족, 건설적—은 특정 음모론 간의 상관관계에 의해 더욱 강화된다. 예를 들어, '의문사' 음모론의 경우 특정 이론 사이에 강한 상관관계가 있다.

JFK 암살 음모론은 다이애나 왕세자비 살인설과 중간 정도의 상관관계가 있고 제프리 엡스타인 살인설과 강한 상관관계가 있다. 반대로 다이애나 왕세자비 살인설은 제프리 엡스타인 살인설과 중간 정도의 상관관계만 있지만 JFK 암살설과는 강한 상관관계가 있다. 당연히 제프리 엡스타인 살인설은 다이애나 왕세자비 살인설과 강한 상관관계를 보였지만 JFK 암살설과는 중간 정도의 상관관계만 보였다.

의미심장하게도 클린턴 살인(27퍼센트)과 샌디훅 거짓 깃발(15퍼센트) 음모론에 대한 동의율은 더 낮았지만 JFK 암살(36퍼센트), 다이애나 왕세자비 살해(32퍼센트), 엡스타인 살해(38퍼센트) 음모론에 대한 동의율은 비슷한 것으로 나타났다. 설문 조사 응답자의 36퍼센트가 JFK 암살 음모론에 대해 동의한 것은 지난 반세기 동안 50~60퍼센트대를 유지해 온 미국 평균보다 훨씬 낮은 수치이다(제10장 참조). 이번 설문 조사에서 제프리 엡스타인이 살해당했다고 믿는 사람들의 전체 비율은 눈에 띄지 않지만 공화당 지지자가 민주당 지지자보다 2.8배 더 많이 동의한 것은 주목할 만하며 이는 엡스타인이 저명한 민주당 인사에게 미성년자 성 파트너를 제공했다는 주장에 부합하는 결과이다.

마지막으로 코로나19와 백신 음모론이 서로 밀접한 상관관계가 있다는 사실은 놀랍지 않을 것이다. 백신이 자폐증을 유발한다는 이론은 코로나19 중국 실험실 이론, 코로나19 백신 감시 칩 이론, 심지어 내가 꾸며낸 코로나19 백신 자기 반응 이론과도 중간 정도 또는 유의미한 상관관계가 있는 것으로 나타났다. 결과적으로 코로나19 중국 실험실 이론은 코로나19 백신 감시 칩 이론 및 가짜 코로나19 백신 자기 반응 이론과 중간 정도의 상관관계가 있었다. 당연히 코로나 백신 감시 칩 이론은 코로나 백신 자기 반응 이론과 매우 강한 상관관계를 보였다.

5G 및 백신 감시 칩 음모론과는 거의 관계없이, 우리는 "정계 및 비즈니스 엘리트들이 아이폰과 기타 인기 있는 가전제품을 사용하여 우리의 동의 없이 정기적으로 우리를 감시하고 있다"(42퍼센트)라는 진술에 얼마나 많은 사람이 동의하는지를 측정했다. 이 항목을 추가한 것은 코로나19 백신이 사람을 추적하는 데 사용될 수 있다는 우려를 표명한 많은 사람이 이미 대기업과 소셜 미디어 회사(그리고 간접적으로는 정부)가 우리의 휴대폰을 통해 이러한 추적을 하고 있다는 사실을 모르는 것 같아서였다. 현재 전 세계 인구 79억 명 중 자그마치 52억 7000만 명(67퍼센트)이 모바일 기기를 보유하고 있다. '그들'은 당신이 어디에 있는지, 언제 그곳에 있는지, 무엇을 그리고 누구를 좋아하는지, 어디에서 쇼핑하는지, 무엇을 읽고 듣는지, 당신의 음식, 음료, 포르노 선호도, 앞으로 무엇을(그리고 누구를) 좋아할지 등을 알고 있다. 중국에서 그들은 당신이 언제 자고 있는지, 언제 깨어 있는지 알고 있으며, 그들은 특히 당신이 착한지 나쁜지도 알고 있다.

그러니 음모론은 안 믿는 것보다 믿는 게 나을 수밖에!

◆◆◆

음모론에 대한 설문 조사 참여자의 태도와 믿음에 관한 많은 데이터를 확보한 상태에서, 우리는 우리가 질문한 여러 음모론 사이에 통계적으로 유사한 점이 있는지 알고 싶었다(이를 위해 카이저-마이어-올킨KMO 테스트를 사용했다). 또한 여러 음모론 그룹 간에 유사성의 다른 원인을 찾았다(이를 위해 요인 분석을 수행하여 여러 음모 문항을 가로지르는 공유된, 근본적으로 측정되지 않은 분산의 원인을 찾았다). 이러한 방법에 대해 좀 더 자세히 설명하겠다.

KMO 테스트는 설문 조사 문항 또는 항목 그룹 사이에서 공유되는 분산도의 어떤 근본적인 원인을 찾는 것이 얼마나 적절한지를 평가한다. 이 계산은 집합 내에서 부분적 상관관계(즉, 다른 모든 문항 간의 상관관계를 일정하게 유지하는, 각 음모 문항 간의 상관관계)의 강도를 효과적으로 추정한다. 따라서 KMO 테스트는 문항 또는 항목이 서로 이원bivariate 상관관계를 나타낸다는 것(즉, 설문 참여자가 비슷한 방식으로 응답한다는 것) 뿐만 아니라 부분 상관관계가 작다는 것(즉, 우리 집합의 다른 음모들도 어떤 두 문항 간의 동의함 또는 동의하지 않음의 변동의 상당 부분을 설명한다는 것)을 보장한다. 0.8 이상의 KMO 값은 집합의 각 문항이 다른 문항과 (긍정적으로 또는 부정적으로) 관련되어 있음을 보장하는 일반적인 표준이다. 또한 다른 문항들의 점수를 알면 어떤 한 상관관계의 강도를 예측하는 데 도움이 된다. 달리 말해, KMO 테스트는 각 문항의 답이 다른 모든 문항의 답과 유사하며 다른 모든 문항의 점수를 알면 어떤 두 문항 사이의 유사성이 상당 부분 설명될 수 있다는 것을 알려 준다. 여기서 우리의 목표는 음모론이 서로 밀집되어 있으면서도 그룹으로 묶여 있다는 것을 입증하는 것이었다. KMO 값이 일반적인 표준을 초과한 것은 이 음모들이 실제로 공통점이 있다는 것을 의미한다.

공통점을 파악하기 위해 우리는 요인 분석을 사용했다. 음모들이 어느 정도 가족 유사성을 공유하고 있는 것처럼 보였기 때문에, 우리는 특히 어떤 음모들이 서로 가장 유사한지(동의율 측면에서) 알고 싶었다. 위의 KMO 테스트에 대한 설명을 고려할 때 문항에 대한 응답이 유사하고 이러한 유사성이 다른 문항에 대한 응답을 예측하는 데 도움이 된다면 설문 조사의 문항 또는 항목 집합에 유사성의 '원인' 또는 '요인'이 얼마나 있는지 물어보는 것이 합리적이다. 따라서 KMO 테스트를 통해 각 문항 또는 항목이 어떤 광범위한 일반적 차원(우리는 그것을 **음모론주의**라고 부를 수 있을 것이다)을 활용할 가능성이 있음을 확인한 다음, 이 일반적 차원 내에서 변수 간의 상관관계에 고유한 차이의 원인(또는 요인)이나 새로운 패턴이 있는지 확인하고자 했다.

이러한 기법을 사용하여 앞서 편집증적 음모론과 현실적 음모론을 구별한 것과 일치하는 일반적인 요인과 그것에 더해 인종과 젠더에 관해 질문한 문항과 관련된, 우리가 각성 음모론이라 부르는 것에 해당하는 세 번째 요인을 발견했다. 아래는 각 요인에 따라 이러한 음모론이 어떻게 군집을 이루는지에 대한 예비적인 결과이다.

1. 요인 1(편집증적 음모론)로 구성된 음모 문항

큐어넌

샌디훅 거짓 깃발

FEMA 강제수용소

이스라엘/유대인

파충류 외계인

5G 코로나19

코로나 백신 감시 칩

코로나 백신 자기 반응 (꾸며낸 음모론)

9/11 내부자 소행

달 착륙 조작

딥스테이트

비밀 단체

UFO

다이애나 왕세자비 살해 사건

켐트레일

2. 요인 2(현실적 음모론)로 구성된 음모 문항

스마트폰 스파이

엡스타인 살해 사건

클린턴 살인 사건

지구 온난화 사기

2020년 선거 조작

2016년 선거 조작

오바마 출생의 진실

각성한 인종

각성한 젠더

코로나19 중국 실험실

GMO

백신 및 자폐증

5G 코로나19

3. 요인 3(각성 음모론)으로 구성된 음모 문항

각성한 인종

각성한 젠더

요인 분석에서 요인 1(편집증적 음모론)의 상관관계를 살펴본 결과 우리는 다음과 같은 내용을 알아냈다.

- **나이**는 요인 1과 중간 정도에서 강한 음의 상관관계를 보였다 ($p < 0.05$에서 유의미). 즉 나이가 들수록 이러한 편집증적 음모론에 동의할 가능성이 낮아지는 것으로 나타났다.
- **성별**은 약한 음의 상관관계만 보였다(통계적으로 유의미하지 않음).
- **인종**은 요인 1과 양의 상관관계가 있었다($p < 0.05$에서 유의미). 즉 흑인/히스패닉 인종은 이러한 편집증적 음모론과 양의 상관관계가 있는 것으로 나타났다.
- **소득**은 요인 1과 약한 음의 상관관계가 있었다($p < 0.05$에서 유의미). 즉 사람들이 돈을 많이 벌수록 이러한 편집증적 음모론에 동의할 가능성이 낮았다.
- **교육 수준**은 요인 1과 음의 상관관계가 있었다($p < 0.05$에서 유의미). 즉 교육 수준이 높을수록 이러한 편집증적 음모론에 동의할 가능성이 낮았다.
- **정치적 성향**은 요인 1과 양의 상관관계가 있었다($p < 0.05$에서 유의미). 즉 공화당 지지자들은 이러한 편집증적 음모론에 동의할 가능성이 약간 더 높았다.

요인 분석에서 요인 2(현실적 음모론)의 상관관계를 살펴본 결과 우리는 다음과 같은 내용을 알아냈다.

- **나이**는 요인 2와 상관관계가 없었다.
- **성별**은 요인 2와 약하게 양의 상관관계가 있었다($p < 0.05$에서 통계

적으로 유의미). 즉 여성은 이러한 현실적인 음모론을 믿을 가능성이 약간 더 높았다.

- **인종**은 요인 2와 약한 양의 상관관계가 있었다($p < 0.05$에서 유의미). 즉 흑인/히스패닉 인종은 이러한 현실적인 음모론과 양의 상관관계가 있었다.
- **소득**은 요인 2와 약한 음의 상관관계가 있었다($p < 0.05$에서 유의미). 즉 사람들이 돈을 많이 벌수록 이러한 현실적인 음모론에 동의할 가능성이 낮았다.
- **교육 수준**은 요인 2와 약한 음의 상관관계가 있었다($p < 0.05$에서 유의미). 즉 교육 수준이 높을수록 이러한 현실적인 음모론에 동의할 가능성이 낮았다.
- **정치적 성향**은 요인 2와 양의 상관관계가 있었다($p < 0.05$에서 유의미). 즉 공화당 지지자들은 이러한 현실적인 음모론에 동의할 가능성이 약간 더 높았다.

요인 분석에서 요인 3(각성한 음모론)의 상관관계를 살펴본 결과 우리는 다음과 같은 내용을 알아냈다.

- **나이**는 요인 3과 중간 정도의 음의 상관관계가 있었다($p < 0.05$에서 유의미). 즉 젊은 층일수록 각성한 음모론에 동의할 가능성이 더 높았다.
- **성별**은 요인 3과 양의 상관관계가 있었다($p < 0.05$에서 유의미). 즉 여성은 이러한 각성한 음모론에 동의할 가능성이 더 높았다.
- **인종**은 요인 3과 중간 정도의 양의 상관관계가 있었다($p < 0.05$에서 유의미). 즉 흑인/히스패닉 인종은 이러한 각성한 음모론과 양의

상관관계가 있었다.

- **소득**은 요인 3과 약한 음의 상관관계가 있었다($p < 0.05$에서 유의미). 즉 사람들이 돈을 많이 벌수록 이러한 각성한 음모론에 동의할 가능성이 낮았다.
- **교육 수준**은 요인 3과 음의 상관관계가 있었다($p < 0.05$에서 유의미). 즉 교육 수준이 높을수록 이러한 각성한 음모론에 동의할 가능성이 낮았다.
- **정치적 성향**은 요인 3과 강한 양의 상관관계가 있었다($p < 0.05$에서 유의미). 즉 공화당 지지자들은 이러한 각성한 음모론에 동의할 가능성이 훨씬 낮았다.

이 분석의 요점은 사람들이 음모론에 관해 **무엇을** 믿고 **왜** 믿는지 이해하려면, 우리가 위에서 입증한 편집증적 음모론, 현실적 음모론, 각성 음모론의 세 가지 영역에서 음모론이 어떻게 군집화되는지와 같은 근본적인 공통점을 찾아야 한다는 것이다. 또한 나는 이러한 많은 음모론에서 대리 음모주의, 부족 음모주의, 건설적 음모주의라는 내가 제시한 세 갈래 모델의 요소가, 개별 음모론에서 그리고 세상이 어떻게 작동하고 우리가 누구를 믿어야 하는지에 대한 더 깊은 음모론에서 어떤 방식으로 서로 중첩되고 강화되어 믿음을 더욱 확고히 하는지 살펴보았다.

감사의 말

이 책은 대단히 존경받는 대학 출판사에서 출판되었으며 동료 평가자들의 제안, 의견, 비판 덕분에 책의 품질이 크게 향상했다. 동료 평가자들이 제공한 비판적 피드백에 감사드린다. 저술에 관한 나의 철학은 모든 추측에는 반박이 필요하다는 카를 포퍼의 말처럼 모든 작가에게는 편집이 필요하다는 것이다.[1] 누구도 전지전능하지 않으며 우리는 선입견에 맞게 인식을 왜곡하는 인지적 편향에 이끌리는 동기 부여된 추론의 영향을 받는다. 따라서 어떤—종교적, 정치적, 경제적, 사회적, 음모론적—믿음 체계를 갖추었든 그것은 우리의 감각을 통해 들어오는 정보를 해석하는 방식을 형성하고, 우리가 원하는 정확히 그 방식으로 세계가 존재한다고 추론하도록 동기를 부여한다.[2] 따라서 우리는 오류를 식별하고 수정하며 우리가 진리에 더 가까이 다가갈 수 있게 도와주는 다른 사람에게 의존한다.

그런 만큼 나는 동료 평가자 중 음모론과 사람들이 음모론을 믿는 이유에 대한 선도적인 연구자인 얀-빌렘 반 프로이엔의 통찰에 감사드린다. 그리고 에즈라 로드리게스, 줄리아나 맥카시를 비롯해 이 책에 참여한 존스홉킨스대학출판부, 특히 원고를 꼼꼼하게 읽고 편집하여 작품을 더 높은 수준으로 끌어올린 로라 다불리스와 정확한 교열을 통해 작품을 측정 불가능할 정도로 개선한 캐슬린 캐펠스의 노고에 감사드린다. 원고 자체는 느슨하고 연결되지 않은 아이디어로 이루어진 제안서로 출발했는데 내 에이전트인 크리스토퍼 로저스가 일관된 주장과 서사로 구체화하는 데 도움을 주었다.

우리는 다른 사람의 업적을 바탕으로 무언가를 세우기 때문에 내가 어깨를 딛고 섰던 사람들에게 감사하고 싶다. 스티븐 핑커의 우정, 관대함, 특히 그의 아이디어는 이 책의 발전에 중심이 되었으며, 팟캐스트에 출연하여 몇 시간 동안 믿음과 진실 일반, 특히 음모 믿음에 대한 내 생각의 중심이 되는 많은 아이디어를 기꺼이 이야기해 준 다음과 같은 친구 및 동료에게도 감사를 표한다.[3] 그들의 이름을 알파벳순으로 나열하겠다. 아얀 히르시 알리, 데이비드 바라쉬 피터 보고시안, 하워드 블룸, 폴 블룸, 데이비드 버스, 로버트 치알디니, 니콜라스 크리스타키스, 디팍 초프라, 매튜 콥, 안토니오 다마시오, 리처드 도킨스, 대니얼 데닛, 재러드 다이아몬드, 앤드루 도일, 앤 드루얀, 바비 더피, 케빈 더튼, 크리스 에드워즈, 바트 에르만, 니얼 퍼거슨, 앵거스 플레처, 로버트 프랭크, 벤저민 프리드먼, 줄리아 갈레프, 마이클 고딘, 알렉산더 그린, 브라이언 그린, 조너선 하이트, 제프 호킨스, 조지프 헨릭, 도널드 호프먼, 브루스 후드, 대니얼 카너먼, 스콧 배리 카우프먼, 브라이언 키팅, 크리스토프 코흐, 멜 코너, 마리아 코니코바, 앤서니 크론먼, 그레그 루키아노프, 존 매키, 리 매킨타이어, 존 맥워터, 위고 메르시에, 제프 밀러, 레너드 플로디노프, 마크 모펫, 더글러스 머리, 톰 니콜스, 리처드 니스벳, 앤디 노먼, 나오미 오레스케스, 로버트 페녹, 조던 피터슨, 존 페트로셀리, 헬렌 플럭로스, 도널드 프로테로, 니콜라 라이하니, 조너선 라우시, 매트 리들리, 스튜어트 리치, 마이크 로스차일드, 데이브 루빈, 개드 사드, 앰버 스코라, 낸시 시걸, 마틴 셔윈, 데브라 소, 캐서린 스튜어트, 카스 선스타인, 제임스 트라우브, 닐 드그래스 타이슨, 바리 와이스, 크레이그 위트록, 데이비드 슬로언 윌슨, 필 짐바르도.

나는 또한 회의주의자 협회와 〈스켑틱〉의 책임자로 팻 린스와 30년간 함께 했던 것에 대해 감사를 표하고 싶다. 팻은 내가 책을 마무리하던 중 안타깝게도 세상을 떠났다. 개인적으로나 업무적으로나 팻은 정말 그리울 것이다. 이 책은 팻의 탁월한 창의력과 지성에 대해 많은 빚을 지고 있으며 나는 이 책을 팻에게 바친다. 또한 회의주의자 협회의 사무장인 니콜 맥컬러와 사무원 프리실라 로켈라노, 우리의 웹마스터(그리고 그 이상)인 윌리엄 불, 팟캐스트 프로듀서이자 엔지니어인 알렉산더 피트러스-라즈만, 사람들이 음모론을 믿는 이유를 연구하는 동료인 아논다 사이드와 케빈 맥카프리, 〈주니어 스켑틱〉 잡지의 편집자이자 삽화가(그리고 그 이상)인 대니얼 록스턴에게도 감사를 표하고 싶다.

마지막으로 아내 제니퍼, 아들 빈센트, 딸 데빈의 사랑에 말로는 이루 표현할 수 없을 정도로 감사를 드린다.

미주

변론

1 작가이자 문학 에이전트인 존 브록먼John Brockman은 1995년 제3의 문화 작가들의
  에세이집인《제3의 문화The Third Culture》를 통해 이 용어를 대중화했다.

2 Charles Percy Snow, *The Two Cultures* (Cambridge: Cambridge University Press, reprint edition
  2001; originally published 1969).

3 E. O. Wilson, *Consilience: The Unity of Knowledge* (New York: Knopf, 1998).

4 Jared Diamond, *Guns, Germs, and Steel: The Fate of Human Societies* (New York: W. W.
  Norton, 1997).

5 Richard Dawkins, *The Selfish Gene* (Oxford: Oxford University Press, 1976).

6 Steven Pinker, T*he Better Angels of Our Nature: Why Violence Has Declined* (New York:
  Viking, 2011).

7 Charles Darwin to Henry Fawcett, 18 September 1861, letter no. 133 in Francis Darwin
  (ed.), *More Letters of Charles Darwin*, vol. 1 (New York: D. Appleton, 1903), 194-196.

8 Michael Shermer, "Colorful Pebbles & Darwin's Dictum," *Scientific American* 284, no. 4
  (April 2001), 38.

프롤로그 음모 효과

1 Joe M, "Q-the Plan to Save the World (remastered)," documentary video, 2019, https://
  bit.ly/3oVioLQ/.

2 Mike Rothschild, *The Storm Is Upon Us: How QAnon Became a Movement, Cult, and
  Conspiracy Theory of Everything* (Brooklyn: Melville House, 2021), xiii.

3 Mike Rothschild, personal correspondence, August 13, 2021.

4   Lauren Leatherby, Arielle Ray, Anjali Singhvi, Christiaan Triebert, Derek Watkins, and Haley Willis, "How a Presidential Rally Turned Into a Capitol Rampage." *New York Times*, January 12, 2021, https://nyti.ms/3v19PAP/.

5   Daniel Loxton, "QAnon Is Just a Warmed Over Witch Panic-and It's Also Very Dangerous." *Skeptic* 24, no. 4 (2020), https://bit.ly/32ziIW9/에서 재인용.

6   Tucker Higgins, "Man Who Carried Confederate Flag to Capitol During Jan. 6 Riot Indicted," CNBC, April 8, 2021, https://cnb.cx/2QaEnB5/.

7   Matthias Schwartz, "A Trail of 'Bread Crumbs,' Leading Conspiracy Theorists into the Wilderness," *New York Times Magazine*, September 11, 2018.

8   Mike Rothschild, personal correspondence, August 13, 2021.

9   Kevin Roose, "What Is QAnon, the Viral Pro-Trump Conspiracy Theory?," *New York Times*, March 4, 2021, https://nyti.ms/2RBxrgJ/.

10   Michael E. Miller, "The Pizzagate Gunman Is Out of Prison: Conspiracy Theories Are Out of Control," *Seattle Times*, February 16, 2021, https://bit.ly/3ssMQN8/.

11   Daniel Funke, "What Rep. Marjorie Taylor Greene Has Said About Conspiracy Theories," *Tampa Bay Times*, February 3, 2021, https://bit.ly/3dpb32T/.

12   William Saletan, "Republicans Still Sympathize with the Insurrection: They Identify with the People Who Stormed the Capitol," *Slate*, April 15, 2021, https://bit.ly/3uV8jA3/.

13   Ballotpedia, "Election Results 2020: Control of the U.S. House," February 8, 2021, https://bit.ly/3zYHcHx/.

14   David Gilbert, "How QAnon Is Tearing Families Apart," Vice News, March 31, 2021, https://bit.ly/2QwFkn4/에서 재인용.

15   David Gilbert, "I'm a Parkland Shooting Survivor: QAnon Convinced My Dad It Was All a Hoax," Vice News, July 26, 2021, https://bit.ly/3ze2UWq/.

16   Laura J. Nelson, "California's Yoga, Wellness, and Spirituality Community Has a QAnon Problem," *Los Angeles Times*, June 23, 2021, https://lat.ms/3gTQnS9/.

17   Julie Carrie Wong, 2020. "Facebook Restricts More Than 10,000 QAnon and US Militia Groups," *Guardian* (Manchester), August 19, 2021, https://bit.ly/3cOU60T/.

18   PRRI staff, "Understanding QAnon's Connection to American Politics, Religion, and Media Consumption," Public Religion Research Institute, May 27, 2021, https://bit.ly/2TAQDMH/.

19   Donald J. Trump, "Donald Trump's Statement On Saturday Night Live and Late Night

Losers," *Free Press* (Tampa), June 22, 2021, https://bit.ly/3d8weFz/.

20 Kyle Mantyla, "Mike Lindell Promises 'Donald Trump Will Be in Office by This Fall, for Sure,'" Right-Wing Watch, June 22, 2021, https://bit.ly/3gUHzKC/.

21 Saletan, "Republicans Still Sympathize."

22 Daniel A. Cox, "After the Ballots Are Counted: Conspiracies, Political Violence, and American Exceptionalism: Findings from the January 2021 American Perspectives Survey," American Survey Center, February 11, 2021, https://bit.ly/3e7keE1/.

23 Zeke Miller, Jill Colvin, and Amanda Seitz, "Trump Praises QAnon Conspiracists, Appreciates Support," *AP News*, August 19, 2020, https://bit.ly/3dmpQv5/.

24 Vincent Bugliosi, *Outrage: The Five Reasons Why O.J. Simpson Got Away with Murder* (New York: W. W. Norton, 1996); Jeffrey Toobin, T*he Run of His Life: The People v. O.J. Simpson* (New York: Random House, 1996); Christopher A. Darden, *In Contempt* (New York: Harper Collins, 1996); Marcia Clark, *Without a Doubt* ([Los Angeles]: Graymalkin Media, 2016).

25 이 주제는 2016 ESPN documentary series, *O.J.: Made in America*, directed by Ezra Edelman (https://es.pn/3e7muew/)에서 구체화되었다. 이 다큐멘터리는 1950년대 이후 LA 경찰과 로스앤젤레스 흑인 커뮤니티의 관계에 대해 상세하고 긴 분석을 제공한다. 또한 "The O.J. Verdict," directed by Ofra Bikel, in the PBS Frontline series와, 특히 사건에 대한 검찰의 평가와 심어진 증거 음모론 변호에 대한 검찰의 대응 방식에 대해서는 다음 기사를 참조. "Evaluating the Prosecution's Case," PBS, https://to.pbs.org/3spBuJV/.

26 Sam Smith, "America's Extremist Center," *Progressive Review*, July 1995, https://bit.ly/3nF9ine/.

27 Geoffrey Miller, *Virtue Signaling: Essays on Darwinian Politics and Free Speech* (n.p.: Cambrian Moon, 2019).

28 Drew Harwell, "Lonely, Angry, Eager to Make History: Online Mobs Are Likely to Remain a Dangerous Reality," *Washington Post*, February 17, 2021, https://wapo.st/3uZbQgW/.

29 Russell Hardin, "The Crippled Epistemology of Extremism," in Albert Breton, Gianluigi Galeotti, Pierre Salmon, and Ronald Wintrobe (eds.), *Political Rationality and Extremism* (Cambridge: Cambridge University Press, 2002), 3-22.

30 Michael Shermer, *Why People Believe Weird Things: Pseudoscience, Superstition, and Other Confusions of Our Time* (New York: St. Martin's Griffin, revised and expanded edition, 2002; originally published New York: W. H. Freeman, 1997).

31 채프먼대학교 1학년 기초 과목의 제목은 "회의주의 101: 과학자처럼 생각하는 법 Skepticism 101: How to Think Like a Scientist"이다. 2020년 팬데믹 기간에 녹화된 이 강의의 대부분은 https://www.skeptic.com/skepticism-101/에서 이용할 수 있다.

32 Jeffrey Goldberg, "Why Obama Fears for Our Democracy," *Atlantic*, November 15, 2020, https://bit.ly/3gfzJwv/에서 재인용.

33 Hannah Arendt, *The Origins of Totalitarianism*, new edition (San Diego: Harcourt Brace Jovanovich, 1994; originally published New York: Harcourt, Brace, 1951), 474.

1장 음모와 음모론

1 Michael Shermer, "Conspiracy Contradictions," [alternate title: "Why People Believe Conspiracy Theories"], *Scientific American* 307, no. 3 (September 1, 2012), 91, https://bit.ly/3mWRu4R/에서 상술됨.

2 Andy Blicq, director, "Conspiracy Rising," documentary TV episode, *Doc Zone* series, CBC, 2012, description at https://bit.ly/3easSSh/, trailer at https://bit.ly/3dsAuAA/. 비판적인 논평에 대해서는, Adrian Mack, "CBC: Conspiracy Theorists Are Mentally Ill and Not to Be Trusted," October 20, 2011, Straight, https://bit.ly/3eejHQD/ 참조.

3 예컨대, "Alex Jones and Tim Dillon," The Joe Rogan Experience 1555, video, YouTube, October 27, 2020, https://bit.ly/3dqIB0d/ 참조.

4 예컨대, JFK 암살 음모론에 관한 토론에 대해서는 다음을 참조. Joe Rogan and Michael Shermer, "Who Really Killed Kennedy?," *The Joe Rogan Experience* 1222, video, YouTube, January 10, 2019, https://bit.ly/3stK8qA/.

5 Leanne Naramore, "Sandy Hook Families Are Suing Alex Jones: This Is What He Said About the Shooting," *Media Matters*, April 17, 2018, https://bit.ly/35vNalk/.

6 Tom Dreisbach, "Alex Jones Still Sells Supplements on Amazon Despite Bans from Other Platforms," NPR, March 24, 2021, https://n.pr/3x47J4T/.

7 예컨대, Matthew R. X. Dentith, *The Philosophy of Conspiracy Theories* (London: Palgrave Macmillan, 2014); Michael Butter, *Plots, Designs, and Schemes: American Conspiracy Theories from the Puritans to the Present* (Berlin: Walter de Gruyter, 2014); Cass R. Sunstein, *Conspiracy Theories and Other Dangerous Ideas* (New York: Simon and Schuster, 2014); J. Eric Oliver and Thomas J. Wood, *Enchanted America: How Intuition and Reason Divide Our Politics* (Chicago: University of Chicago Press, 2018).

8   Joseph Uscinski and Joseph Parent, *American Conspiracy Theories* (Oxford: Oxford University Press, 2014), 1-2.

9   Jan-Willem van Prooijen and Mark Van Vugt, "Conspiracy Theories: Evolved Functions and Psychological Mechanisms," *Perspectives on Psychological Science* 13, no. 6 (2018), 770-788.

10 Mike Rothschild, personal correspondence, August 13, 2021.

11 Jesse Walker, *The United States of Paranoia: A Conspiracy Theory* (New York: Harper Perennial, 2013), 16-17.

12 Michael Barkun, *A Culture of Conspiracy: Apocalyptic Visions in Contemporary America*, 2nd edition (Berkeley: University of California Press, 2013), 6-8.

13 Brian Dunning, *Conspiracies Declassified* (New York: Adams Media, 2018), 9-10.

14 뒤의 판본은 Jonathan Vankin and John Whalen, *The 80 Greatest Conspiracies of All Time* (New York: Citadel, 2004)이다.

15 Gary Allen and Larry Abraham, *None Dare Call It Conspiracy* (Seal Beach, CA: Concord Press, 1971).

16 Rob Brotherton, *Suspicious Minds: Why We Believe Conspiracy Theories* (New York: Bloomsbury Sigma, 2016), 80.

17 Richard Hofstadter, *The Paranoid Style in American Politics and Other Essays*, reprint edition (New York: Vintage Books, 2008; originally published 1964), 3-40.

18 Anna Merlan, *Republic of Lies: American Conspiracy Theorists and Their Surprising Rise to Power* (New York: Metropolitan Books, 2019), 14에서 재인용.

19 Uscinski and Parent, *American Conspiracy Theories*, 56-70.

20 Uscinski and Parent, *American Conspiracy Theories*, 56-70.

21 Joseph Uscinski (ed.), *Conspiracy Theories and the People Who Believe Them* (New York: Oxford University Press, 2019), 1-32에 상세하게 요약되어 있다.

22 Uscinski, *Conspiracy Theories*, 337.

23 Christopher Bader, Joseph Baker, Edward Day, and Ann Gordon, *Fear Itself: The Causes and Consequences of Fear in America* (New York: New York University Press, 2020).

24 The Voice of Wilkinson, "What Aren't They Telling Us? Chapman University Survey of American Fears," October 11, 2016, https://bit.ly/3amYnY9/.

25 Abdullah Azzam, *The Defense of the Muslim Lands-the Most Important of Individual Obligations*, trans. by Brothers in Ribatt (Amman, Jordan: al-Risalah al-Hadithah Library, 1987; originally published in Arabic 1979).

26 Jan-Willem van Prooijen, *The Psychology of Conspiracy Theories* (London: Routledge, 2018), 67-68.

27 van Prooijen, *Psychology of Conspiracy Theories*, 75.

28 van Prooijen, *Psychology of Conspiracy Theories*, 105.

29 Craig Whitlock and the Washington Post, *The Afghanistan Papers: A Secret History of the War* (New York: Simon & Schuster, 2021).

30 Kathry nS. Olmsted, Real Enemies: *Conspiracy Theories and American Democracy*, World *War I to 9/11*, 2nd edition (New York: Oxford University Press, 2019), 1-12.

2장 음모론과 음모주의자의 간략한 역사

1 Rhiannon Hoyle, Rachel Pannett, Adrien Taylor, and Rob Taylor, "Terror Attacks at New Zealand Mosques Leave 50 People Dead," *Wall Street Journal*, March 15, 2019, https://on.wsj.com/3almlD5/.

2 Norimitsu Onishi, "The Man Behind a Toxic Slogan Promoting White Supremacy," *New York Times*, September 20, 2019, https://nyti.ms/2Q9WVBu/.

3 Nellie Bowles, "'Replacement Theory': A Racist, Sexist Doctrine Spreads in Far-Right Circles," *New York Times*, May 17, 2019, https://nyti.ms/3mYq6U1/.

4 Brenton Harrison Tarrant, "The Great Replacement: Towards a New Society," 74-page manifesto, https://bit.ly/3sse7iT/.

5 또한 Kathy Gilsinan, "How White-Supremacist Violence Echoes Other Forms of Terrorism," *Atlantic*, March 15, 2019, https://bit.ly/3tFQvsg/ 참조.

6 Ben Kiernan, *Blood and Soil: A World History of Genocide and Extermination from Sparta to Darfur* (New Haven, CT: Yale University Press, 2009).

7 "David Lane," Southern Poverty Law Center, https://bit.ly/3ssUtDh/.

8 George Michael, "David Lane and the Fourteen Words," *Totalitarian Movements and Political Religions* 10, no. 1 (July 9, 2009), 43-61, https://bit.ly/3x6NSlo/.

9 Brian Palmer, "White Supremacists by the Numbers: What's Up with 14 and 88?," *Slate*, October 29, 2008, https://bit.ly/32ox37v/.

10 Barry Balleck, *Modern American Extremism and Domestic Terrorism: An Encyclopedia of Extremists and Extremist Groups* (Santa Barbara, CA: ABC-CLIO, 2018), 4에서 재인용.

11 Richard J. Evans, *The Coming of the Third Reich* (New York: Penguin, 2003), 150.

12 Stephen Eric Bonner, *A Rumor About the Jews: Reflections on Antisemitism and the Protocols of the Learned Elders of Zion* (New York: Oxford University Press, 2000).

13 Henry Ford, *The International Jew: The World's Foremost Problem*, 4 vols., https://bit. ly/3e6Syzc/에서 온라인으로 이용할 수 있다.

14 Jonathan R. Logsdon, "Power, Ignorance, and Anti-Semitism: Henry Ford and His War on Jews." *Independent Studies* (Hanover College History Department), 1999, https://bit. ly/3tuhGXc/

15 Andrew McKenzie-McHarg, "Conspiracy Theory: The Nineteenth-Century Prehistory of a Twentieth-Century Concept," in Joseph Uscinski (ed.), *Conspiracy Theories and the People Who Believe Them* (New York: Oxford University Press, 2019), 62-81.

16 "The Assassin," *Boston Journal*, July 5, 1881, 4에서 재인용.

17 "The Assassin," *Boston Journal*.

18 "'The Conspiracy Theory,'" *St. Louis Globe-Democrat*, November 21, 1881, issue 185.

19 Lance deHaven-Smith, *Conspiracy Theory in America* (Austin: University of Texas Press, 2013), 25-27.

20 Katharina Thalmann, *The Stigmatization of Conspiracy Theory Since the 1950s* (London: Routledge, 2019), 8.

21 Thalmann, *Stigmatization of Conspiracy Theory*, 186.

22 Mick West, *Escaping the Rabbit Hole: How to Debunk Conspiracy Theories Using Facts, Logic, and Respect* (New York: Skyhorse, 2018).

23 West, *Escaping the Rabbit Hole*, 3.

24 West, *Escaping the Rabbit Hole*, 5-7

25 West, *Escaping the Rabbit Hole*, 8-9.

26 Joseph Uscinski and Joseph Parent, *American Conspiracy Theories* (Oxford: Oxford University Press, 2014), 5.

27 나는 두 편의 〈사이언티픽 아메리칸〉 칼럼에서 이 두 가지 관찰을 자세히 설명했다. Michael Shermer, "The Left's War on Science," *Scientific American* 308, no. 2 (February 1, 2013), 88; Michael Shermer, "For the Love of Science," *Scientific American* 318, no. 1 (January 1, 2018), 77 참조.

28 Uscinski and Parent, *American Conspiracy Theories*, 16-18.

29 Uscinski and Parent, *American Conspiracy Theories*, 83.

30 Joshua Hart and Molly Graether, "Something's Going On Here: Psychological Predictors of Belief in Conspiracy Theories," *Journal of Individual Differences* 39, no. 4

(2018), 229–237, https://bit.ly/3v1m4ND/.

31 Arthur Bloch, *Murphy's Law, Book Two: More Reasons Why Things Go Wrong!* (Los Angeles: Price/Stern/Sloan, 1980), 52.

32 Jennifer A. Whitson and Adam D. Galinsky, "Lacking Control Increases Illusory Pattern Perception," *Science* 322, no. 5898 (October 1, 2008), 115–117.

33 Jan-Willem van Prooijen and Karen M. Douglas, "Conspiracy Theories as Part of History: The Role of Societal Crisis Situations," *Memory Studies* 10, no. 3 (2017), 323–333.

34 Robert Thomson, Naoya Ito, Hinako Suda, Fangyu Lin, Yafei Liu, Ryo Hayasaka, Ryuzo Isochi, and Zian Wang, "Trusting Tweets: The Fukushima Disaster and Information Source Credibility on Twitter," in Leon Rothkrantz, Jozef Ristvej, and Zeno Franco (eds.), *ISCRAM 2012 Conference Proceedings Book of Papers: Proceedings of the 9th International Information Systems for Crisis Response and Management Conference* (Vancouver: Simon Fraser University, 2012).

35 Whitson and Galinsky, "Lacking Control."

36 Jennifer Whitson, personal correspondence, December 10, 2009.

37 Whitson and Galinsky, "Lacking Control."

38 Ana Stojanov and Jamin Halberstadt, "Does Lack of Control Lead to Conspiracy Beliefs? A Meta-Analysis," *European Journal of Social Psychology* 50, no. 5 (2020), 955–968.

39 Jan-Willem van Prooijen, personal correspondence, June 22, 2021.

40 Daniel Sullivan, Mark J. Landau, and Zachary K. Rothschild, "An Existential Function of Enemyship: Evidence That People Attribute Influence to Personal and Political Enemies to Compensate for Threats to Control," *Journal of Personality and Social Psychology* 98, no. 3 (2010), 434–449.

41 Mark J. Landau, Aaron C. Kay, and Jennifer A. Whitson, "Compensatory Control and the Appeal of a Structured World," *Psychological Bulletin* 141, no. 3 (2015), 694–722.

42 Jan-Willem van Prooijen, *The Psychology of Conspiracy Theories* (London: Routledge, 2018), 52–53.

43 van Prooijen, *Psychology of Conspiracy Theories*, 54–55.

44 C. L. Park, "Making Sense of the Meaning Literature: An Integrative Review of Meaning Making and Its Effects on Adjustment to Stressful Life Events," Psychological Bulletin 136, no. 2 (2010), 257–301; Marvin Zuckerman, *Behavioral Expressions and Biosocial Bases of Sensation Seeking* (Cambridge: Cambridge University Press, 1994); M. Zuckerman, S. Eysenck, and H. J. Eysenck, "Sensation Seeking in England and America: Cross-

Cultural, Age, and Sex Comparisons," *Journal of Consulting and Clinical Psychology* 46, no. 1 (February 1978), 139-149.

45 Jan-Willem van Prooijen, Joline Ligthart, Sabine Rosema, and Yang Xu, "The Entertainment Value of Conspiracy Theories," *British Journal of Psychology*, July 14, 2021.

46 Campbell Robertson, Christopher Mele, and Sabrina Tavernise, "11 Killed in Synagogue Massacre; Suspect Charged with 29 Counts," *New York Times*, October 27, 2018, https://nyti.ms/3dtTRcc/.

3장 대리 음모주의와 부족 음모주의

1 Glenn Kessler, Salvador Rizzo, and Meg Kelly, "Trump's False or Misleading Claims Total 30,573 Over 4 Years," Fact Checkers, *Washington Post*, January 20, 2021.

2 Michael Shermer, *The Believing Brain: From Ghosts and Gods to Politics and Conspiracies- how We Construct Beliefs and Reinforce Them as Truths* (New York: Henry Holt, 2011, 5-7.

3 나는 이러한 믿음 의존적 실재론의 과정을 스티븐 호킹과 레너드 믈로디노프의 '모델 의존적 실재론'이라는 과학 철학을 본떠서 만들었다. 그들은 실재를 설명하기에 적합한 모델은 하나도 없기 때문에 우리는 세계의 다양한 측면에 대해 다양한 모델들을 자유롭게 사용할 수 있다고 주장했다. 모델 의존적 실재론은 "우리의 뇌가 세계의 모델을 만듦으로써 감각 기관의 입력을 해석한다는 생각에 기초한다. 이러한 모델이 사건을 설명하는 데 성공하면 우리는 그 모델과 모델을 구성하는 요소 및 개념에다 실재의 성질 또는 절대적인 진실을 부여하는 경향이 있다. 그러나 동일한 물리적 상황을 모델로 만드는 방법에는 여러 가지가 있을 수 있으며 각각 다른 기본 요소와 개념을 사용할 수 있다. 만일 그러한 두 가지 물리 이론이나 모델이 동일한 사건을 정확하게 예측한다면, 어느 한 쪽이 다른 쪽보다 더 실재적이라고 말할 수 없고 우리는 가장 편리한 모델을 자유롭게 사용할 수 있다." Stephen Hawking and Leonard Mlodinow, *The Grand Design* (New York: Bantam Books, 2010), 7.

4 Steven Pinker, *Rationality: What It Is, Why It Seems Scarce, Why It Matters* (New York: Viking, 2021).

5 Pinker, *Rationality*, 300.

6 Daniel Loxton, personal correspondence, December 7, 2020.

7 Pinker, *Rationality*.

8 Daniel Loxton, "The Fringe Is Mainstream: Why Weird Beliefs Are a Normal, Central,

Almost Universal Aspect of Human Affairs," *Skeptic* 26, no. 2 (2021), 37-43.

9   Leon Festinger, Henry W. Riecken, and Stanley Schachter, *When Prophecy Fails: A Social and Psychological Study* (New York: Harper Collins, 1964), 174.

10 Festinger, Riecken, and Schachter, *When Prophecy Fails*, 3.

11 세상의 종말 예언과 신자들이 그것에 어떻게 반응하는지에 대한 논의는 Michael Shermer, *How We Believe: The Search for God in an Age of Science* (New York: Henry Holt, 2000), 191-213 참조.

12 레온 페스팅거의 제자 중 두 명은 사람들이 부조화를 줄이기 위해 선입견에 맞게 사실을 왜곡하는 방법을 보여주는 수천 건의 실험을 기록했다. Carol Tavris and Elliott Aronson, *Mistakes Were Made (but Not by Me)* (New York: Mariner Books, 2007) 참조.

13 Julian Nundy and David Graves, "Diana Crash Caused by Chauffeur, Says Report," *Daily Telegraph* (London), September 4, 1999, https://bit.ly/2TKyuw0/. 또한 Gordon Rayner, "Diana Jury Blames Paparazzi and Henri Paul for Her 'Unlawful Killing,'" *Daily Telegraph* (London), April 7, 2008, https://www.telegraph.co.uk/news/uknews/1584160/Diana-jury-blames-paparazzi-and-Henri-Paul-for-her-unlawful-killing.html 참조.

14 2019년 음주 운전과 관련된 자동차 사고 사망자의 수는 미국에서만 1만 142명이었다. National Highway Traffic Safety Administration, "Drunk Driving," NHTSA, https://bit.ly/3A9N9l2/ 참조.

15 다이애나 왕세자비의 죽음과 관련된 음모 위주의 책이 많이 있다. 몇 가지 사례는 다음과 같다. Dylan Howard and Colin McLaren, *Diana: Case Solved; The Definitive Account the Proves What Really Happened* (London: Skyhorse, 2019); Noel Botham, *The Murder of Princess Diana: The Truth Behind the Assassination of the People's Princess* (London: John Blake, 2018); John Morgan, *How They Murdered Princess Diana: The Shocking Truth* ([United States]: John Morgan, 2014); Jon King and John Beveridge, *Princess Diana: The Hidden Evidence; How MI6 and the CIA Were Involved in the Death of Princess Diana* (New York: S.P.I. Books, 2009).

16 Michael J. Wood, Karen M. Douglas, and Robbie M. Sutton, "Dead and Alive: Beliefs in Contradictory Conspiracy Theories," *Social Psychological and Personality Science* 3, no. 6 (January 25, 2012), 767-773, https://bit.ly/32qMBYw/. 이 논문의 PDF 전문은 https://bit.ly/3x2oP34/에서 이용할 수 있다.

17 Robbie M. Sutton and Karen M. Douglas, "Examining the Monological Nature of Conspiracy Theories," in Jan Willem van Prooijen and Paul A. J. van Lange (eds.), *Power, Politics, and Paranoia: Why People Are Suspicious of Their Leaders* (Cambridge:

Cambridge University Press, 2014), 254-272.

18 Karen M. Douglas, Robbie M. Sutton, and Aleksandra Cichocka, "The Psychology of Conspiracy Theories," *Current Directions in Psychological Science* 26, no. 6 (December 7, 2017), 538-542, https://bit.ly/3v5qoeV/. PDF 텍스트 전문은 https://bit.ly/3glRjz4/에 서 이용할 수 있다.

19 Pascal Wagner-Egger, Sylvain Delouvée, Nicolas Gauvrit, and Sebastian Dieguez, "Creationism and Conspiracism Share a Common Teleological Bias," *Current Biology* 28, no. 16 (August 20, 2018), R867-R868, https://bit.ly/2QyvGRd/.

20 Stephan Lewandowsky, Klaus Oberauer, and Gilles Gignac, "NASA Fakes the Moon Landing-therefore (Climate) Science Is a Hoax: An Anatomy of the Motivated Rejection of Science," *Psychological Science* 24, no. 5 (2013), 622-633.

21 Bonnie Sherman and Ziva Kunda, "Motivated Evaluation of Scientific Evidence," paper presented at the annual meeting of the American Psychological Society, Arlington, VA, 1989.

22 Deanna Kuhn, "Children and Adults as Intuitive Scientists," *Psychological Review* 96, no. 4 (1989), 674-689.

23 Deanna Kuhn, Michael Weinstock, and Robin Flaton, "How Well Do Jurors Reason? Competence Dimensions of Individual Variation in a Juror Reasoning Task," *Psychological Science* 5, no. 5 (1994), 289-296.

24 Arthur Goldwag, *Cults, Conspiracies, and Secret Societies* (New York: Vintage, 2009), xxxi.

25 Baruch Fischhoff, "For Those Condemned to Study the Past: Heuristics and Biases in Hindsight," in Daniel Kahneman, Paul Slovic, and Amos Tversky, *Judgment Under Uncertainty: Heuristics and Biases* (Cambridge: Cambridge University Press, 1982), 335-351.

26 Presidential Commission on the Space Shuttle Challenger Accident, "Report to the President," June 6, 1986, https://go.nasa.gov/3xqvvrc/.

27 "Report of the Columbia Accident Investigation Board, Volume 1," August 26, 2003, https://go.nasa.gov/2TOwxhY/.

28 John C. Zimmerman, "Pearl Harbor Revisionism: Robert Stinnett's Day of Deceit," *Intelligence and National Security* 17, no. 2 (2002), 127-146.

29 Michael Powell, "The Disbelievers," *Washington Post*, September 8, 2006.

30 Roberta Wohlstetter, *Pearl Harbor: Warning and Decision* (Stanford, CA: Stanford University Press, 1962), 3. 또한 Roland H. Worth Jr., *Pearl Harbor: Selected Testimonies, Fully Indexed, from the Congressional Hearings (1945-1946) and Prior Investigations of the Events Leading Up to the Attack* (Jefferson, NC: McFarland, 2013) 참조.

31 빈 라덴 메모는 위키피디아 항목에도 있다. "Bin Laden Determined to Strike in US," at https://bit.ly/3cQefni/.

32 Paul Thompson, *The Terror Timeline* (New York: Harper Collins, 2004), 100.

33 *The 9/11 Commission Report: Final Report of the National Commission on Terrorist Attacks Upon the United States* (Washington, DC: US Government Printing Office, 2004).

34 Grant N. Marshall, Camille B. Wortman, Ross R. Vickers, Jeffrey W. Kusulas, and Linda K. Hervig, "The Five-Factor Model of Personality as a Framework for Personality-Health Research," *Journal of Personality and Social Psychology* 67, no. 2 (1994), 278-286; Jerome Tobacyk and Gary Milford, "Belief in Paranormal Phenomena: Assessment Instrument Development and Implications for Personality Functioning," *Journal of Personality and Social Psychology* 44, no. 5 (1983), 1029-1037.

35 Tobacyk and Milford, "Belief in Paranormal Phenomena." 36 Dez Vylenz, director, *The Mindscape of Alan Moore*, documentary film, Shadowsnake Films, 2003에서 재인용.

37 Wood, Douglas, and Sutton, "Dead and Alive."

38 Adam Enders and Steven M. Smallpage, "Who Are Conspiracy Theorists? A Comprehensive Approach to Explaining Conspiracy Beliefs," *Social Science Quarterly* 100, no. 6 (2019), 2017-2032.

39 Wood, Douglas, and Sutton, "Dead and Alive."

40 Errol Morris, director, *Wormwood*, docudrama TV miniseries, Netflix, 2017, https://bit.ly/3q9vK7F/.

41 Rob Brotherton, *Suspicious Minds: Why We Believe Conspiracy Theories* (New York: Bloomsbury Sigma, 2016), 80.

42 Lisa D. Butler, Cheryl Koopman, and Philip G. Zimbardo, "The Psychological Impact of Viewing the Film 'JFK': Emotions, Beliefs, and Political Behavioral Intentions," *Political Psychology* 16, no. 2 (1995), 237-257.

43 Brotherton, *Suspicious Minds*, 57.

44 Brotherton, *Suspicious Minds*, 58.

45 Keith E. Stanovich, *The Bias that Divides Us: The Science and Politics of Myside Thinking* (Cambridge, MA: MIT Press 2021).

46 Stanovich, *Bias that Divides Us*, 1.

47 Michael Shermer, *Why People Believe Weird Things: Pseudoscience, Superstition, and Other Confusions of Our Time* (New York: St. Martin's Griffin, revised and expanded edition, 2002;

originally published New York: W. H. Freeman, 1997)

48   Stanovich, *Bias that Divides Us*, 3-4.

4장 건설적 음모주의

1   Robert S. Mueller III, *Report on the Investigation into Russian Interference in the 2016 Presidential Election* (Washington, DC: US Department of Justice, March 2019), https://bit.ly/3x8GOVJ/.

2   Joseph Uscinski, "The 5 Most Dangerous Conspiracy Theories of 2016," Politico, August 22, 2016, https://politi.co/3e6BJEo/.

3   Adriana Cohen, "James Comey Should Be Worried About His Own Conspiracy Theory Track Record," *Boston Herald*, June 2, 2019, https://bit.ly/3gDYHW9/.

4   James Ridgeway, "After Bush-Gore: Lawsuits, Conspiracy Theories, and an Isolated Left," *Village Voice*, November 7, 2000, https://bit.ly/2RAHCSL/.

5   Jake Tapper and Avery Miller, "Conspiracy Theories Abound After Bush Victory," ABC News, November 9, 2004, https://abcn.ws/3mZFmjI/.

6   Asawin Suebsaeng and Dave Gilson, "Chart: Almost Every Obama Conspiracy Theory Ever," *Mother Jones*, November 2, 2012, https://bit.ly/3x4y2If/.

7   Avery Anapol, "Obama: If I Watched Fox News 'I Wouldn't Vote for Me,'" *The Hill*, December 1, 2017, https://bit.ly/3ebPPo8/.

8   Jan-Willem van Prooijen, personal correspondence, May 17, 2021.

9   Jared Diamond, "That Daily Shower Can Be a Killer," *New York Times*, January 28, 2013, https://nyti.ms/3duLAVv/.

10   Steven Pinker, *Rationality: What It Is, Why It Seems Scarce, Why It Matters* (New York: Viking, 2021), 307-308.

11   Napoleon Chagnon, *Yanomamö*, 5th edition (Fort Worth, TX: Harcourt, Brace, 1997), 194.

12   Interview with Kenneth Good, December 5, 2000, in Michael Shermer, "Spin-Doctoring Science: Science as a Candle in the Darkness of the Anthropology Wars," *Science Friction: Where the Known Meets the Unknown* (New York: Henry Holt, 2004), 69-90.

13   Pinker, *Rationality*, 307-308.

14   Lawrence Kelly, *Warless Societies and the Origins of War* (Ann Arbor: University of Michigan Press, 2000), 4.

15 Jan-Willem van Prooijen and Mark Van Vugt. "Conspiracy Theories: Evolved Functions and Psychological Mechanisms," *Perspectives on Psychological Science* 13, no. 6 (2018), 770-788.

16 Roy F. Baumeister, Ellen Bratslavsky, Catrin Finkenauer, and Kathleen D. Vohs, "Bad Is Stronger Than Good," *Review of General Psychology* 5, no. 4 (2001), 323-370.

17 Thomas Gilovich and Gary Belsky, *Why Smart People Make Big Money Mistakes and How to Correct Them: Lessons from the New Science of Behavioral Economics* (New York: Fireside, 2000).

18 Curry Kirkpatrick, "Cool Warmup for Jimbo," *Sports Illustrated*, April 28, 1975.

19 Opening scene of *The Armstrong Lie*, directed by Alex Gibney, documentary film, Sony Pictures Classics, 2013.

20 Roy F. Baumeister and Kenneth J. Cairns, "Repression and Self-Presentation: When Audiences Interfere with Self-Deceptive Strategies," *Journal of Personality and Social Psychology* 62, no. 5 (1992), 851-862.

21 John M. Atthowe, "Types of Conflict and Their Resolution: A Reinterpretation," *Journal of Experimental Psychology* 59, no. 1 (1960), 1-9; Sharon L. Manne, Kathryn L. Taylor, James Dougherty, and Nancy Kemeny, "Supportive and Negative Responses in the Partner Relationship: Their Association with Psychological Adjustment Among Individuals with Cancer," *Journal of Behavioral Medicine* 20, no. 2 (1997), 101-125.

22 Myron Rothbart and Bernadette Park, "On the Confirmability and Disconfirmability of Trait Concepts," *Journal of Personality and Social Psychology* 50, no. 1 (1986), 131-142.

23 James P. David, Peter J. Green, René Martin, and Jerry Suls, "Differential Roles of Neuroticism, Extraversion, and Event Desirability for Mood in Daily Life: An Integrative Model of Top-Down and Bottom-Up Influences," *Journal of Personality and Social Psychology* 73, no. 1 (1997), 149-159.

24 Kennon M. Sheldon, Richard Ryan, and Harry T. Reis, "What Makes for a Good Day? Competence and Autonomy in the Day and in the Person," *Personality and Social Psychology Bulletin* 22, no. 12 (1996), 1270-1279.

25 C. Cahill, S. P. Llewelyn, and C. Pearson, "Long-Term Effects of Sexual Abuse Which Occurred in Childhood: A Review," *British Journal of Clinical Psychology* 30, no. 2 (1991), 117-130.

26 Dwight R. Riskey and Michael H. Birnbaum, "Compensatory Effects in Moral Judgment: Two Rights Don't Make Up for a Wrong," *Journal of Experimental Psychology*

103, no. 1 (1974), 171-173.

27 J. Czapinski, "Negativity Bias in Psychology: An Analysis of Polish Publications," *Polish Psychological Bulletin* 16 (1985), 27-44.

28 Baumeister, Bratslavsky, Finkenauer, and Vohs, "Bad Is Stronger."

29 Paul Rozin and Edward B. Royzman, "Negativity Bias, Negativity Dominance, and Contagion," *Personality and Social Psychology Review* 5, no. 4 (2001), 296-320.

30 Paul Rozin, Leslie Gruss, and Geoffrey Berk, "The Reversal of Innate Aversions: Attempts to Induce a Preference for Chili Peppers in Rats," *Journal of Comparative and Physiological Psychology* 93, no. 6 (1979), 1001-1014.

31 Paul Rozin, L. Berman, and Edward B. Royzman, "Positivity and Negativity Bias in Language: Evidence from 17 Languages," unpublished manuscript, 2001.

32 Nico H. Frijda, The Emotions (Cambridge: Cambridge University Press, 1986).

33 안나 카레니나 원칙은 다이아몬드의 책《총, 균, 쇠》를 통해 유명해졌다.

34 H. N. C. Stevenson, "Status Evaluation in the Hindu Caste System," *Journal of the Royal Anthropological Institute of Great Britain and Ireland* 84, no. 1-2 (1954), 45-65.

35 Paul Rozin and James W. Kalat, "Specific Hungers and Poison Avoidance as Adaptive Specializations of Learning," *Psychological Review* 78, no. 6 (1971), 459-486.

36 Steven Pinker, *Enlightenment Now: The Case for Reason, Science, Humanism, and Progress* (New York: Penguin, 2018) 16-19. 또한 Steven Pinker, "The Psychology of Pessimism," *Cato's Letter* 15, no. 1 (Winter 2015), 1-6, http://bit.ly/2eQEnhJ/; Steven Pinker, "The Second Law of Thermodynamics," in the annual question, "2017: What Scientific Term or Concept Ought to Be More Widely Known?," Edge, http://bit.ly/2hr7P2J/ 참조.

37 Michael Shermer, *Giving the Devil His Due: Reflections of a Scientific Humanist* (Cambridge: Cambridge University Press, 2020), 103-109.

38 Michael Shermer, *The Believing Brain: From Ghosts and Gods to Politics and Conspiracies- how We Construct Beliefs and Reinforce Them as Truths* (New York: Henry Holt, 2011, 59-86.

39 van Prooijen and Van Vugt, "Conspiracy Theories."

40 Martie G. Haselton and David M. Buss, "Error Management Theory: A New Perspective on Biases in Cross-Sex Mind Reading," *Journal of Personality and Social Psychology* 78, no. 1 (2000), 81-91. 또한 Steven L. Neuberg, Douglas T. Kenrick, and Mark Schaller, "Human Threat Management Systems: Self-Protection and Disease Avoidance," *Neuroscience and Biobehavioral Reviews* 35, no. 4 (2011), 1042-1051 참조.

41 van Prooijen and Van Vugt, "Conspiracy Theories." 또한 John Tooby and Leda

Cosmides, "Groups in Mind: The Coalitional Roots of War and Morality," in Henrik Høgh-Olesen (ed.), *Human Morality and Sociality: Evolutionary and Comparative Perspectives* (New York: Palgrave MacMillan, 2010), 191-234 참조.

42 David P. Schmitt and June J. Pilcher, "Evaluating Evidence of Psychological Adaptation: How Do We Know One When We See One?," *Psychological Science*, 15, no. 10 (2004), 643-649.

43 van Prooijen and Van Vugt, "Conspiracy Theories."

44 Bruce M. Hood, *Supersense: Why We Believe in the Unbelievable* (New York: Harper Collins, 2009), 213.

45 Hood, *Supersense*, 183.

46 Peter Brugger and Christine Mohr, "Out of the Body, but Not Out of the Mind," *Cortex* 45, no. 2 (2009), 137-140.

47 Peter Brugger and Christine Mohr, "The Paranormal Mind: How the Study of Anomalous Experiences and Beliefs May Inform Cognitive Neuroscience," *Cortex* 44, no. 10 (2008), 1291-1298.

48 Joshua Hart and Molly Graether, "Something's Going On Here: Psychological Predictors of Belief in Conspiracy Theories," *Journal of Individual Differences* 39, no. 4 (2018), 229-237, https://bit.ly/3v1m4ND/.

49 Roland Imhoff and Pia Lamberty, "How Paranoid Are Conspiracy Believers? Toward a More Fine-Grained Understanding of the Connect and Disconnect Between Paranoias and Belief in Conspiracy Theories," *European Journal of Social Psychology* 48, no. 7 (2018), 909-926.

50 Abraham Rabinovich, *The Yom Kippur War: The Epic Encounter That Transformed the Middle East* (New York: Schocken Books, 2004).

51 David Stahel, *Operation Barbarossa and Germany's Defeat in the East*, Cambridge Military Histories Series (Cambridge: Cambridge University Press, 2011).

52 Robert B. Stinnett, *Day of Deceit: The Truth About FDR and Pearl Harbor* (New York: Free Press, 1999).

53 James M. Naughton, "Nixon Says a President Can Order Illegal Actions Against Dissidents," *New York Times*, May 19, 1977, https://nyti.ms/32klbXn/.

54 George Orwell, "In Front of Your Nose," *Tribune* (London), March 22, 1946.

5장 음모주의의 사례 연구

1   Isabella Grullón Paz and Michael Levenson, "11 Arrested in Armed Roadside Standoff in Massachusetts," *New York Times*, July 3, 2021, https://nyti.ms/2UXSnAe/.

2   Rise of the Moors, http://www.riseofthemoors.org/.

3   *United States of America v. Miles J. Julison*, case no. 3:11-cr-00378-SI, 2015, July 29, 2013, https://casetext.com/case/united-states-v-julison/.

4   FBI's Counterterrorism Analysis Section, "Domestic Terrorism: Sovereign Citizens a Growing Domestic Threat to Law Enforcement," Federal Bureau of Investigation, September 1, 2011, https://bit.ly/3n0yClr/.

5   "Sovereign Citizens Movement," Southern Poverty Law Center, https://bit.ly/3ajt3K4/.

6   *United States v. Julison*.

7   Peter Knight (ed.), *Conspiracy Theories in American History: An Encyclopedia*, vol. 1 (Santa Barbara, CA: ABC-CLIO, 2003).

8   Gary Felicetti and John Luce, "The Posse Comitatus Act: Setting the Record Straight on 124 Years of Mischief and Misunderstanding Before Any More Damage Is Done," *Military Law Review* 175 (2003), 86-184.

9   Thomas Milan Konda, *Conspiracies of Conspiracies: How Delusions Have Overrun America* (Chicago: University of Chicago Press, 2019)에서 재인용.

10 Dan Harris, "Deadly Arkansas Shooting by 'Sovereigns' Jerry and Joe Kane Who Shun U.S. Law," ABC News, July 1, 2010, https://abcn.ws/2P0nA3b/.

11 마일스 줄리슨의 변호사가 제공한 문서로, 현재 저자의 아카이브에 보관되어 있다.

12 이 모든 요소는 다음 책에서 논의되고 기록된다. Michael Shermer, *The Believing Brain: From Ghosts and Gods to Politics and Conspiracies—How We Construct Beliefs and Reinforce Them as Truths* (New York: Henry Holt, 2011).

13 나는 믿음 엔진 구성을 다음 책에서 최초로 제시했다. Michael Shermer, *How We Believe: The Search for God in an Age of Science* (New York: W. H. Freeman, 2000).

14 Robert B. Cialdini, *Influence: The Psychology of Persuasion*, new and expanded edition (New York: Harper Business, 2021).

15 Stanley Milgram, *Obedience to Authority: An Experimental View* (New York: Harper & Row, 1969).

16 2010년에 방영된 2부작 〈데이트라인 NBC〉 스페셜 〈무엇을 생각하고 있었나요?What Were You Thinking?〉에서 내가 밀그램의 실험을 재현한 내용은 다음 책에 자세히 설

명되어 있다. Michael Shermer, *The Moral Arc: How Science and Reason Lead Humanity Toward Truth, Justice, and Freedom* (New York: Henry Holt, 2015). 동영상은 https://bit.ly/3xqfGAO/에서 온라인으로 이용할 수 있다.

17 Robert B. Cialdini, "Harnessing the Science of Persuasion," *Harvard Business Review* 79, no. 9 (2001), 72-79; Robert B. Cialdini, Wilhelmina Wosinska, Daniel W. Baret, Jonathan Butner, and Malgorzata Gornik-Durose, "Compliance with a Request in Two Cultures: The Differential Influence of Social Proof and Commitment/Consistency on Collectivists and Individualists," *Personality and Social Psychology Bulletin* 25, no. 10 (1999): 1242-1253.

18 Brian Collisson and Jennifer Lee Howell, "The Liking-Similarity Effect: Perceptions of Similarity as a Function of Liking," *Journal of Social Psychology* 154, no. 5 (2014), 384-400.

19 Mark A. Adams, "Reinforcement Theory and Behavior Analysis," *Behavioral Development Bulletin* 9, no. 1 (2000), 3-6. 또한 Douglas J. Navarick, *Principles of Learning: From Laboratory to Field* (New York: Addison-Wesley, 1979) 참조.

20 Raymond Nickerson, "Confirmation Bias: A Ubiquitous Phenomenon in Many Guises," *Review of General Psychology* 2, no. 2 (1998), 175-220.

21 Mark Snyder, "Seek and Ye Shall Find: Testing Hypotheses About Other People," in Edward Tory Higgins, C. Peter Herman, and Mark P. Zanna (eds.), *Social Cognition: The Ontario Symposium on Personality and Social Psychology* (Hillsdale, NJ: Erlbaum, 1981), 277-303.

22 Daniel Kahneman, *Thinking: Fast and Slow* (New York: Farrar, Straus & Giroux, 2011), 113.

23 Kahneman, *Thinking*, 255.

24 Michael Shermer, *Why People Believe Weird Things: Pseudo-science, Superstition, and Other Confusions of Our Time* (New York: St. Martin's Griffin, revised and expanded edition, 2002; originally published New York: W. H. Freeman, 1997), 279.

25 Philip Tetlock, *Expert Political Judgment: How Good Is It? How Can We Know?* (Princeton, NJ: Princeton University Press, 2005).

26 Koen A. Dijkstra and Ying-yi Hong, "The Feeling of Throwing Good Money After Bad: The Role of Affective Reaction in the Sunk-Cost Fallacy," *PLoS One* 14, no. 1 (January 8, 2019), e0209900; Hal R. Arkes and Catherine Blumer, "The Psychology of Sunk Cost," *Organizational Behavior and Human Decision Processes* 35, no. 1 (1985), 124-140.

27 Daniel Kahneman, Jack Knetsch, and Richard Thaler, "Experimental Tests of the

Endowment Effect and the Coase Theorem," *Journal of Political Economy* 98, no. 6 (December 1990), 1325–1348.

6장 음모 탐지 키트

1   Mick West, *Escaping the Rabbit Hole: How to Debunk Conspiracy Theories Using Facts, Logic, and Respect* (New York: Skyhorse, 2018).

2   Gerald Posner, *Pharma: Greed, Lies, and the Poisoning of America* (New York: Simon & Schuster, 2020). 또한 Patrick Radden Keefe, *Empire of Pain: The Secret History of the Sackler Dynasty* (New York: Doubleday, 2021) 참조.

3   Tapio Schneider, "How We Know Global Warming Is Real: The Science Behind Human-Induced Climate Change," *Skeptic* 14, no. 1 (2008), 31–37, https://bit.ly/3x8khsz/. 또한 Donald Prothero, "How We Know Global Warming Is Real and Human Caused," Skeptics Society Forum, February 8, 2021, https://bit.ly/3qWmc2m/ 참조.

4   Paul Sabin, *The Bet: Paul Ehrlich, Sulian Simon, and Our Gamble Over Earth's Future* (New Haven, CT: Yale University Press, 2013).

5   Daniel Loxton, "Understanding Flat Earthers," *Skeptic* 24, no. 4 (2019), 10–23.

6   Milton Rokeach, *The Three Christs of Ypsilanti* (New York: New York Review Books, 2011; originally published New York: Knopf, 1964).

7   Jon Henley, "US Invented Air Attack on Pentagon, Claims French Book," Guardian (Manchester), April 1, 2002.

8   West, *Escaping the Rabbit Hole*.

9   Karl Popper, *The Logic of Scientific Discovery* (London: Hutchinson, 1959; originally published New York: Basic Books, 1954).

10 Popper, *Logic of Scientific Discovery*, 18.

11 Carl Sagan, *The Demon-Haunted World: Science as a Candle in the Dark* (New York: Random House, 1996), 201–218.

12 Brian S. Everitt, *The Cambridge Dictionary of Statistics* (Cambridge: Cambridge University Press, 1998).

13 David Hume, *An Enquiry Concerning Human Understanding* (New York: Oxford University Press, 1999; originally published London: printed for A. Miller, 1748).

14 Carl Sagan, "Encyclopaedia Galactica," episode 12, *Cosmos*, documentary series, PBS, 1980.

15 Thomas Bayes, "An Essay Toward Solving a Problem in the Doctrine of Chances," *Philosophical Transactions of the Royal Society of London* 53 (1764), 370–418. 또한 *Stanford Encyclopedia of Philosophy* online, under "Bayes' Theorem," https://stanford.io/2S0lqlO/ 참조.

16 예컨대, Joseph E. Uscinski (ed.), *Conspiracy Theories and the People Who Believe Them* (Oxford: Oxford University Press, 2019), 347–394 참조.

17 Leonard Mlodinow, *The Drunkard's Walk: How Randomness Rules Our Lives* (New York: Pantheon, 2007).

18 Gary Smith, *Standard Deviations: Flawed Assumptions, Tortured Data, and Other Ways to Lie* with Statistics (New York: Abrams, 2014).

19 Ben Cohen, "Spotify Made Its Shuffle Feature Less Random So That It Would Actually Feel More Random to Listeners-here's Why." *Business Insider*, March 16, 2020, https://bit.ly/3xjxSvS/.

20 Mlodinow, *The Drunkard's Walk*.

21 Epigram in Jesse Walker, *The United States of Paranoia: A Conspiracy Theory* (New York: Harper Perennial, 2013), vii.

22 David Aaronovitch, *Voodoo Histories: The Role of the Conspiracy Theory in Shaping Modern History* (New York: Riverhead, 2010), 356.

7장 트루서와 버서

1 나는 이 일화를 다음 논문에서 상술했다. Michael Shermer, "Paranoia Strikes Deep," Scientific American 301, no. 3 (September 1, 2009), 30-31, https://bit.ly/3tywEv5/.

2 9/11 트루서와 그 외 많은 사람의 이러한 주장은 〈포퓰러 메카닉스〉에 실린, 지금까지 이 주제에 대한 최고의 분석 기사를 통해 요약되고 반박되었으며, 책으로 확장되었다. David Dunbar, Brad Reagan, and James B. Meigs, *Debunking 9/11 Myths: Why Conspiracy Theories Can't Stand Up to the Facts* (New York: Hearst Books, 2011) 참조.

3 Thierry Meyssan, *L'Effroyable imposture* (Chatou, France: Carnot, 2002).

4 Jim Marrs, *Inside Job: Unmasking the 9/11 Conspiracies* (San Rafael, CA: Origin Press, 2004); David Ray Griffin, *The New Pearl Harbor: Disturbing Questions about the*

Bush Administration and 9/11 (n.p.: Interlink, 2004); David Ray Griffin and Elizabeth Woodworth, *9/11 Unmasked: An International Review Panel Investigation* (Northampton, MA: Olive Branch Press/Interlink, 2018); George Humphrey, *9/11: The Great Illusion; End Game of the Illuminati; Our Choice: Fear or Love?* (n.p.: Common Sense, 2002).

5   Thierry Meyssan, *Before Our Very Eyes, Fake Wars, and Big Lies: From 9/11 to Donald Trump* (n.p.: Progressive Press, 2019).

6   검색창에 '9/11 진실 단체(9/11 truth organizations)'라는 텍스트 문자열을 입력하면 해당 단체와 그 외의 단체들로 연결된다.

7   Mark Fenster, *Conspiracy Theories: Secrecy and Power in American Culture* (Minneapolis: University of Minnesota Press, 2008), 242.

8   9-11 Research, "An Attempt to Uncover the Truth About September 11th, 2001," https://911research.wtc7.net. 이 단체는 다음과 같은 면책 조항을 명시하고 있다. "9-11 리서치는 이 커뮤니티의 훨씬 더 변두리적인 요소들과 거리를 두기 위해 무례함, 정크 과학 또는 '제트 여객기 없음' 주장을 조장하지 않습니다."

9   Thomas W. Eagar and Christopher Musso, "Why Did the World Trade Center Collapse? Science, Engineering and Speculation," *Journal of the Minerals, Metals & Materials Society* 53, no. 12 (2001), 8-11.

10   Phil Molé, "9/11 Conspiracy Theories: The 9/11 Truth Movement in Perspective," *Skeptic* 12, no. 4 (2011), https://bit.ly/3gpfg6R/.

11   브렌트 블랜차드의 전체 분석은 그의 웹사이트 www.implosionworld.com에서 확인할 수 있다.

12   "통제된 철거의 특징을 모두 갖춘 7번 건물의 붕괴는 현재 진행 중인 '리멤버 빌딩 7(Remember Building 7)'이라는 캠페인의 초점이다." WTC7 website, https://wtc7.net.

13   Chris Mohr, "9/11 and the Science of Controlled Demolitions," eSkeptic, September 7, 2011, https://www.skeptic.com/eskeptic/11-09-07/.

14   Dylan Avery, director, *Loose Change 9/11: An American Coup*, documentary film, Microcinema International, 2009, https://loosechange911.com.

15   이러한 유형의 논증은 사이비 과학과 변두리 과학에서 매우 흔하게 볼 수 있다. 예를 들어, 진화론으로 설명되지 않는 것이 남아 있다면 창조론이 참임에 틀림없다는 식의 논증이다. 또는 피라미드가 어떻게 지어졌는지 내가 알 수 없다면 고대 이집트인들이 지었을 수 없다는 논증도 마찬가지다.

16   Popular Mechanics Editors, "Myths About the 9/11 Pentagon Attack: Debunked," *Popular Mechanics*, September 7, 2021, https://bit.ly/3wlUAU0/에서 재인용.

17 Brian Keith Dalton, director, "You Can't Handle the Truther," video, YouTube, 2013, https://bit.ly/2TP5WRZ/.

18 "Remarks by the President on Teaching American History and Civic Education," White House archives, September 17, 2002, https://bit.ly/3jwJfgv/.

19 *Popular Mechanics* Editors, "Debunking the 9/11 Myths: The Airplanes," September 10, 2021, https://bit.ly/3oPIpfy/.

20 Neal J. Roese and Kathleen D. Vohs, "Hindsight Bias," *Perspectives on Psychological Science* 7, no. 5 (2012), 411–426.

21 Roese and Vohs, "Hindsight Bias."

22 David Mikkelson, "Were Stocks of Airlines Shorted Just Before 9/11?," Snopes, October 3, 2001, https://bit.ly/3tJFJkM/에서 재인용.

23 Beata Safrany, "9/11 Conspiracy Theories," *Hungarian Journal of English and American Studies* 19, no. 2 (2013), 11–30에서 재인용.

24 Amos Tversky and Daniel Kahneman, "Extensional versus Intuitive Reasoning: The Conjunction Fallacy in Probability Judgment," *Psychological Review* 90, no. 4 (1983), 293–315.

25 Vincent Bugliosi, *Reclaiming History: The Assassination of President John F. Kennedy* (New York: W. W. Norton, 2007), xliii.

26 Jonathan Kay, *Among the Truthers: A Journey Through America's Growing Conspiracist Underground* (New York: Harper Collins, 2011), 312.

27 오바마의 8년 재임 기간에 다양한 음모주의자가 대통령에 대해 정확히 이런 비난을 했다.

28 Josh Clinton and Carrie Roush, "Poll: Persistent Partisan Divide Over 'Birther' Question," NBC News, August 10, 2016, https://nbcnews.to/3czLlrB/.

29 Kyle Dropp and Brendan Nyhan, "It Lives: Birtherism Is Diminished but Far from Dead," *New York Times*, September 23, 2016, https://nyti.ms/2TjXEBq/. 또한 Kaleigh Rogers, "The Birther Myth Stuck Around for Years: The Election Fraud Myth Might Too," *FiveThirtyEight*, November 23, 2020, https://53eig.ht/3vfGWR1/; "Half of 'Birthers' Call It 'Suspicion': A Third Approve of Obama Anyway," ABC News/*Washington Post* Poll: Birthers, May 7, 2010, https://abcn.ws/3cy5HS4/ 참조.

30 B. J. Reyes, "Certified," (Honolulu) *Star-Bulletin* [now Star-Advertiser], October 31, 2008, https://bit.ly/30NdnNt/에서 재인용.

31 Lisa Marie Segarra, "Watch John McCain Strongly Defend Barack Obama During the

2008 Campaign," *Time*, originally published July 20, 2017, updated August 25, 2018. A video of the exchange is available at https://bit.ly/3jZW2qi/.

32 Robert Farley, "Obama's Birth Certificate: Final Chapter; This Time We Mean It!," *PolitiFact*, July 1, 2009, https://bit.ly/3wjcd6O/에서 재인용.

33 결국 〈폴리티팩트〉는 버서 주장에 대한 세 가지 반박문을 게재했다. Amy Hollyfield, "Obama's Birth Certificate: Final Chapter," *PolitiFact*, originally published June 27, 2008, then updated March 2011, https://bit.ly/3grHJsF/; Farley, "Obama's Birth Certificate" 참조.

34 버서 운동의 전개와 관련된 사건들을 연대기적으로 요약한 자료에 대해서는, Martha M. Hamilton, *PolitiFact*, April 27, 2011, https://bit.ly/3CCJXP4/ 참조.

35 *Economist*/YouGov Poll, conducted December 3–5, 2017, https://bit.ly/32vbt18/.

36 Ashley Jardina and Michael Traugott, "The Genesis of the Birther Rumor: Partisanship, Racial Attitudes, and Political Knowledge," *Journal of Race, Ethnicity, and Politics* 4, no. 1 (2018), 60–80, https://bit.ly/3strbV7/.

8장 날아가 버린 JFK

1 The Warren Commission Report: *The Official Report on the Assassination of President John F. Kennedy*, PDF, September 27, 1964, GPO: US Government Bookstore, https://bit.ly/3gocb8w/.

2 US House of Representatives, *Report of the Select Committee on Assassinations*, March 1979, JFK Assassination Records, National Archives, https://bit.ly/3mZFi3r/; Gerald Posner, *Case Closed: Lee Harvey Oswald and the Assassination of JFK* (New York: Random House, 1993); Vincent Bugliosi, *Reclaiming History: The Assassination of President John F. Kennedy* (New York: W. W. Norton, 2007). JFK 음모론에 대한 새롭고 결정적인 폭로에 대해서는 Michel Jacques Gagné, *Thinking Critically About the Kennedy Assassination: Debunking the Myths and Conspiracy Theories* (New York: Routledge, 2022) 참조.

3 Michel Gagné, personal correspondence, September 23, 2021.

4 Playboy interview with Jim Garrison, October 1967, John F. Kennedy assassination media collection, UMass Dartmouth ArchivesSpace, https://bit.ly/3oL0QlC/에서 재인용. 게시된 자료는 직접 방문해야만 접근할 수 있다는 점에 유의하라.

5 "Papers of Jim Garrison," JFK Assassination Records, National Archives, https://bit.

ly/2P1e6Vo/.

6   US House of Representatives, *Select Committee on Assassinations.*

7   Markus Schmidt, "Sabato: Audio Analysis Debunks Theory of Fourth Shot at JFK," *Richmond Times-Dispatch*, October 16, 2013, https://bit.ly/3dx7R5m/.

8   Bugliosi, *Reclaiming History*, xxiv.

9   Rushmore DeNooyer, director, "Cold Case JFK," documentary, *Nova* series, PBS, November 13, 2013.

10   Todd Kwait and Rob Stegman, directors, *Truth Is the Only Client: The Official Investigation of the Murder of John F. Kennedy*, documentary film, BlueStar Media, Ezzie Films, 2019.

11   Dana Blanton, "Poll: Most Believe 'Cover-Up' of JFK Assassination Facts," Fox News Poll, originally published June 18, 2004, updated November 23, 2015, https://fxn.ws/3sxEmEo/.

12   CBS News.com Staff, "CBS Poll: JFK Conspiracy Lives," CBS News, November 20, 1998, https://cbsn.ws/3dx9Kis/.

13   Gary Langer, "Poll: Lingering Suspicion Over JFK Assassination." ABC News, November 16, 2003, https://abcn.ws/3goWtds/.

14   Art Swift, "Majority in U.S. Still Believe JFK Killed in a Conspiracy: Mafia, Federal Government Top List of Potential Conspirators," Gallup News, November 15, 2013, https://bit.ly/3eiSnki/.

15   The Voice of Wilkinson, "What Aren't They Telling Us? Chapman University Survey of American Fears," October 11, 2016, https://bit.ly/3amYnY9/.

16   불가사의하고 초자연적인 것에 대한 믿음과 함께 음모론 믿음에 대한 회의주의 연구 센터의 전체 연구 결과는 향후 몇 년 내에 전문 학술지에 게재될 예정이며 예비 보고서는 곧 〈스켑틱〉에 게재될 예정이다. 자세한 내용은 Skeptic Research Center, https://www.skeptic.com/research-center/ 참조.

17   Bugliosi, *Reclaiming History*, xxv.

18   Oliver Stone, director, JFK, film, Warner Bros., 1991, https://imdb.to/2QGTtOD/. 영화 대본은 https://sfy.ru/?script=jfk/에서 이용할 수 있다.

19   이 장면은 너무 유명해서 NBC 코미디 시리즈인 〈사인필드Seinfeld〉의 한 에피소드에서 재연되기도 했는데, 양키스 경기에서 크레이머가 프로야구 선수 키스 에르난데스의 가래침에 머리를 맞아 크레이머의 머리가 '뒤로 왼쪽으로' 꺾이는 복잡한 설정이 등장했다. 이 장면에는 올리버 스톤의 영화 〈JFK〉에도 출연했던 웨인 나이트가 연기

한, 제리 사인필드의 숙적 뉴먼이 등장한다.

20 David Reitzes, "JFK Conspiracy Theories at 50: How the Skeptics Got It Wrong and Why It Matters," *Skeptic* 18, no. 3 (2013), 36-51, https://bit.ly/3apHqfL/.

21 William Cran and Ben Loeterman, producers, "Who Was Lee Harvey Oswald?," episode 4, *Frontline* series, PBS, November 19, 2013, https://to.pbs.org/32seYWb/.

22 여기에 제시된 모든 사실은 Posner, *Case Closed*, 그리고 Cran and Loeterman, "Who Was Lee Harvey Oswald?"에서 가져온 것이다.

23 Delroy L. Paulhus and Kevin M. Williams, "The Dark Triad of Personality: Narcissism, Machiavellianism, and Psychopathy," *Journal of Research in Personality* 36, no. 6 (2002), 556-563.

24 Bugliosi, *Reclaiming History*, 1116.

25 Elizabeth Loftus and John C. Palmer, "Reconstruction of Automobile Destruction: An Example of the Interaction Between Language and Memory," *Journal of Verbal Learning and Verbal Behavior* 13, no. 5 (1974), 585-589.

26 Maryanne Garry, Charles G. Manning, Elizabeth F. Loftus, and Steven J. Sherman, "Imagination Inflation: Imagining a Childhood Event Inflates Confidence That It Occurred," *Psychonomic Bulletin and Review* 3, no. 2 (1996), 208-214.

27 Bugliosi, *Reclaiming History*, 90.

28 Reitzes, "JFK Conspiracy Theories."

29 Errol Morris, "The Umbrella Man," *New York Times*, November 21, 2011, https://nyti.ms/3y5CupA/. 또한 "Umbrella Man," The JFK 100, https://bit.ly/2REA4hS/ 참조.

30 Nicholas R. Nailli, "Gunshot-Wound Dynamics Model for John F. Kennedy Assassination," *Heliyon* 4, no. 4 (April 30, 2018), https://bit.ly/3gaA3vM/.

31 Dale K. Myers, "Summary of Conclusions, 2: The Relative Positions of JFK and JBC at Zapruder Frame 223-224," Secrets of a Homicide: JFK Assassination, 2008, https://bit.ly/3tsVj4i/.

32 Dale K. Myers's animation in a clip from "The Kennedy Assassination: Beyond Conspiracy," ABC News documentary, November 20, 2004, https://bit.ly/3dzIYpD/ 참조.

33 총알의 사진은 다음 논문에 나왔다. Reitzes, "JFK Conspiracy Theories."

34 온라인에는 헤드샷을 선명하게 볼 수 있도록 속도가 느려진 향상된 버전의 자프루더 필름이 많이 있다. 예를 들어 "John F. Kennedy Assassination-Zapruder Film (Improved Quality)," video, YouTube, 2013, https://bit.ly/3xiaCPR/ 참조.

35 Michael Shermer, *The Believing Brain: From Ghosts and Gods to Politics and Conspiracies-*

how We Construct Beliefs and Reinforce Them as Truths (New York: Henry Holt, 2011), 59-86.

36 John McAdams, *JFK Assassination Logic: How to Think About Claims of Conspiracy* (Washington, DC: Potomac Books, 2011), ix.

37 Bugliosi, *Reclaiming History*, xxv.

38 James Swanson, "Inventing Camelot: How Jackie Kennedy Shaped Her Husband's Legacy," *New York Post*, November 10, 2013, https://bit.ly/3qQsyAa/.

39 Scott Bomboy, "What If JFK Had Survived His Assassination?," *Constitution Daily*, November 22, 2015, https://rb.gy/zfnrlp/에서 재인용.

9장 진짜 음모

1 Kathryn S. Olmsted, *Real Enemies: Conspiracy Theories and American Democracy, World War I to 9/11*, 2nd edition (New York: Oxford University Press, 2019), epigram에서 재인용.

2 Manuel Eisner, "Killing Kings: Patterns of Regicide in Europe, 600-1800," *British Journal of Criminology* 51, no. 3 (2011) 556-577.

3 Peter Gill, Pavel L. Ivanov, Colin Kimpton, Romelle Piercy, Nicola Benson, Gillian Tully Ian Evett, Erika Hagelberg, and Kevin Sullivan, "Identification of the Remains of the Romanov Family by DNA Analysis," *Nature Genetics* 6, no. 2 (February 1994), 130-135, https://bit.ly/3cyPpbh/. 또한 Michael D. Coble, "The Identification of the Romanovs: Can We (Finally) Put the Controversies to Rest?," *Investigative Genetics* 2, no. 20 (September 26, 2011), https://bit.ly/3iDFRQi/ 참조.

4 Michael D. Coble, Odile M. Loreille, Mark J. Wadhams, Suni M. Edson, Kerry Maynard, Carna E. Meyer; Harald Niederstätter, et al., "Mystery Solved: The Identification of the Two Missing Romanov Children Using DNA Analysis," *PLoS One* 4, no. 3 (March 11, 2009), e4838, https://bit.ly/3iPeFOP/.

5 Edward Steers, *The Lincoln Assassination Encyclopedia* (New York: Harper Perennial, 2010).

6 Candice Millard, *Destiny of the Republic: A Tale of Madness, Medicine and the Murder of a President* (New York: Doubleday, 2011).

7 Scott Miller, *The President and the Assassin: McKinley, Terror, and Empire at the Dawn of the American Century* (New York: Random House, 2011).

8 Willard M. Oliver and Nancy E. Marion, *Killing the President: Assassinations, Attempts, and Rumored Attempts on U.S. CommandersinChief* (Santa Barbara, CA: Praeger)(ABC-

CLIO published the eBook, not the print book⟩, 2010).

9   Theodore Roosevelt, speech, delivered at Milwaukee, Wisconsin, October 14, 1912, Theodore Roosevelt Association, https://bit.ly/3l2LpnY/.

10   Ewen MacAskill, "The CIA Has a Long History of Helping to Kill Leaders Around the World," *Guardian* (Manchester), May 5, 2017, https://bit.ly/2RRQvrM/에서 재인용.

11   Chairman, Joint Chiefs of Staff, 1962 "Justification for US Military Intervention in Cuba," National Security Archive, March 13, 1962, https://bit.ly/3x7tErZ/.

12   US House of Representatives, *Report of the Select Committee on Assassinations*, March 1979, JFK Assassination Records, National Archives, https://bit.ly/3mZFi3r/

13   James Bamford, *Body of Secrets: Anatomy of the Ultra-Secret National Security Agency* (New York: Doubleday, 2001), 89에서 재인용.

14   Boyd M. Johnson III, "Executive Order 12,333: The Permissibility of an American Assassination of a Foreign Leader," *Cornell International Law Journal* 23, no. 2, article 6 (Spring 1992), 401-435, https://bit.ly/3xgB5w3/.

15   Frank Church, Chairman, US Senate, *Senate Select Committee to Study Governmental Operations with Respect to Intelligence Activities* (The Church Committee), April 29, 1976, https://bit.ly/3dwPpcU/.

16   Gerald R. Ford, "United States Foreign Intelligence Activities," Executive Order No. 11,905, *Weekly Compilation of Presidential Documents* 12, no. 8 (February 23, 1976), https://bit.ly/3pMhl0U/; Executive Order No. 12,333, 3 C.F.R. 200 (1981).

17   Gerald R. Ford, "The President's News Conference," South Bend, Indiana, March 17, 1975, Papers, 361, 363, in "Documents," The American Presidency Project, https://bit.ly/3FxP3hb/.

18   Eric L. Chase, "Should We Kill Saddam?," *Newsweek*, February 18. 1991에서 재인용.

19   "War in the Gulf: The President; Transcript of the Comments by Bush on the Air Strikes Against the Iraqis," *New York Times*, January 17, 1991, A14.

20   Church, *Senate Select Committee*.

21   *Schenck v. United States*, 249 U.S. 47, March 3, 1919에서 홈즈 판사의 의견 전문은 https://bit.ly/1NSOD88/에서 이용할 수 있다.

22   Wikipedia, at https://bit.ly/2BbQWBv/에서 두 장의 전단 원본을 읽어볼 수 있다.

23   US Espionage Act, June 15, 1917, firstworldwar.com, https://bit.ly/2G1y2Bi/.

24   Reuters staff, "U.S. Spy Agency Tapped German Chancellery for Decades: WikiLeaks," Reuters, July 9, 2015, https://reut.rs/3x8UiRm/.

25 *Pentagon Papers*, National Archives, https://bit.ly/3xb0rNk/. 또한 Elizabeth Becker, "Public Lies and Secret Truths," New York Times, June 9, 2021, F2-F3, https://nyti.ms/2SxDALT/ 참조.

26 Errol Morris, director, *The Fog of War: Eleven Lessons from the Life of Robert S. McNamara*, documentary, Sony Pictures, 2003. 〈전쟁의 안개〉 대본은 https://bit.ly/2W33w3e/에서 이용할 수 있다.

27 Errol Morris, director, *The Unknown Known*, documentary, Participant Media, 2013.

28 "Julian Assange: A Timeline of Wikileaks Founder's Case," BBC News, November 19, 2019, https://bbc.in/2RMr7mS/.

29 Philip Zimbardo, *The Lucifer Effect: Understanding How Good People Turn Evil* (New York: Random House, 2007) 참조.

30 "List of Material Published by WikiLeaks," Wikipedia, https://bit.ly/3txnTS1/.

10장 역사상 가장 치명적인 음모

1 Christopher Clark, *The Sleepwalkers: How Europe Went to War in 1914* (New York: Allen Lane, 2012).

2 Tim Butcher, *The Trigger: Hunting the Assassin Who Brought the World to War* (New York: Grove Press, 2014).

3 Butcher, *The Trigger*.

4 Clark, *The Sleepwalkers*.

5 Butcher, *The Trigger*.

6 Andreas Prochaska, director, *Sarajevo*, TV movie, Netflix, 2014, https://bit.ly/3pMVmH3/.

7 Clark, *The Sleepwalkers*.

8 Clark, *The Sleepwalkers*, 453.

9 Oona A. Hathaway and Scott J. Shapiro, *The Internationalists: How a Radical Plan to Outlaw War Remade the World* (New York: Simon & Schuster, 2017).

10 Hathaway and Shapiro, *The Internationalists*, 43-44.

11 Hathaway and Shapiro, *The Internationalists*, 108.

12 Hathaway and Shapiro, *The Internationalists*, 375.

13 "In Memory of the Vietnam War: 'Waist Deep in the Big Muddy,'" CTD: Country

Thang Daily, https://bit.ly/32rXBoo/.

14 Bruce Russett and John Oneal, *Triangulating Peace: Democracy, Interdependence, and International Organizations* (New York: W. W. Norton, 2001).

15 Hathaway and Shapiro, *The Internationalists*, 312-318.

16 Hathaway and Shapiro, *The Internationalists*, 314.

17 "Power and Authority," Lord Acton Quote Archive, Acton Institute, https://bit.ly/3nak57b/.

11장 현실의 적과 상상의 적

1   Kathryn S. Olmsted, *Real Enemies: Conspiracy Theories and American Democracy, World War I to 9/11*, 2nd edition (New York: Oxford University Press, 2019).

2   Olmsted, *Real Enemies*, 4.

3   Olmsted, *Real Enemies*, 152-155.

4   Frank Church, Chairman, US Senate, *Senate Select Committee to Study Governmental Operations with Respect to Intelligence Activities* (The Church Committee), April 29, 1976, https://bit.ly/3dwPpcU/. 또한 Stephen Kinzer, *Poisoner in Chief: Sidney Gottlieb and the CIA Search for Mind Control* (New York: Henry Holt, 2019) 참조.

5   Errol Morris, director, *Wormwood*, docudrama TV miniseries, Netflix, 2011, https://bit.ly/3q9vK7F/

6   Kathleen Taylor, *Brainwashing: The Science of Thought Control* (Oxford: Oxford University Press, 2004).

7   Olmsted, *Real Enemies*, 178-183.

8   Olmsted, *Real Enemies*, 182.

9   Michael Shermer, "Understanding the Unidentified," *Quillette*, June 3, 2021, https://bit.ly/2SsBf4I/.

10 Office of the Director of National Intelligence, "Preliminary Assessment: Unidentified Aerial Phenomena," June 25, 2021, https://bit.ly/3haOHTk/.

11 이 절에 나오는 사실과 인용문은 다음 문헌에 나온다. B. D. "Duke" Gildenberg, "A Roswell Requiem," *Skeptic*, 10, no. 1 (2003), 60-73; Donald Prothero and Tim Callahan, UFOs, *Chemtrails, and Aliens: What Science Says* (Bloomington: Indiana University Press, 2017); Karl T. Pflock, *Roswell: Inconvenient Facts and the Will to Believe* (Buffalo,

NY: Prometheus Books, 2001).

12 Charles Berlitz and William T. Moore, *The Roswell Incident* (New York: Grosset & Dunlap, 1980); Kevin D. Randle and Donald R. Schmitt, *UFO Crash at Roswell* (New York: Avon Books, 1991); Don Berliner and Stanton T. Friedman, *Crash at Corona: The U.S. Military Retrieval and CoverUp of a UFO* (New York: Paraview, 2004; originally published New York: Marlowe, 1992)

13 Gildenberg, "A Roswell Requiem."

14 51구역에 대한 훌륭한 회의주의적 분석은 Donald Prothero, "Area 51: What Is Really Going On There? UFOs and U-2s, Aliens, and Q-12s," *Skeptic* 22, no. 2 (2017) 참조. 덜 회의주의적이지만 군사 기지에 대한 탁월한 역사에 대해서는 Annie Jacobsen, *Area 51: An Uncensored History of America's Top Secret Military Base* (New York: Little, Brown, 2011) 참조.

15 Leslie Kean, *UFOs: Generals, Pilots, and Government Officials Go On the Record* (New York: Harmony Books, 2010), 12.

16 이 시기에 관한 훌륭한 전문적인 역사에 대해서는, Thomas C. Leonard, *Illiberal Reformers: Race, Eugenics, and American Economics in the Progressive Era* (Princeton, NJ: Princeton University Press, 2016); Edwin Black, *War Against the Weak: Eugenics and America's Campaign to Create a Master Race* (New York: Four Walls Eight Windows, 2003); Dan Kevles, *In the Name of Eugenics: Genetics and the Uses of Human Heredity* (New York: Knopf, 1985) 참조. 또한 Michael Shermer and Alex Grobman, *Denying History: Who Says the Holocaust Never Happened and Why Do They Say It?* (Berkeley: University of California Press, 2000) 참조.

17 Black, *War Against the Weak.*

18 James H. Jones, *Bad Blood: The Tuskegee Syphilis Experiment*, new and expanded edition (New York: Free Press, 1993; originally published 1981).

19 Naomi Oreskes and Erik M. Conway, *Merchants of Doubt: How a Handful of Scientists Obscured the Truth on Issues from Tobacco Smoke to Climate Change* (New York: Bloomsbury, 2010).

20 Lisa A. Bero, "Tobacco Industry Manipulation of Research," *Public Health Reports* 120, no. 2 (March-April 2005), 200.

21 Oreskes and Conway, *Merchants of Doubt*에서 재인용.

22 Oreskes and Conway, *Merchants of Doubt*에서 재인용.

23 Robert Kenner, director, *Food, Inc.*, documentary film, Magnolia Pictures, 2008.

24 Robert Kenner, director, *Merchants of Doubt*, documentary film, Sony Picture Classics, 2014, https://imdb.to/3x91f4y/. 또한 Oreskes and Conway, Merchants of Doubt 참조.

25 Nancy L. Rosenblum and Russell Muirhead, *A Lot of People Are Saying: The New Conspiracism and the Assault on Democracy* (Princeton, NJ: Princeton University Press, 2019).

26 Rosenblum and Muirhead, *A Lot of People*, 3.

27 Deborah A. Prentice and Dale T. Miller, "Pluralistic Ignorance and Alcohol Use on Campus: Some Consequences of Misperceiving the Social Norm," *Journal of Personality and Social Psychology* 64, no. 2 (February 1993), 243–256, https://bit.ly/3txlN4E/.

28 Tracy A. Lambert, Arnold S. Kahn, and Kevin J. Apple, "Pluralistic Ignorance and Hooking Up," *Journal of Sex Research* 40, no. 2 (May 2003), 129–133.

29 Michael W. Macy, Robb Willer, and Ko Kuwabara, "The False Enforcement of Unpopular Norms," *American Journal of Sociology* 115, no. 2 (September 2009), 451–490.

30 Hugo Mercier, *Not Born Yesterday: The Science of Who We Trust and What We Believe* (Princeton, NJ: Princeton University Press, 2020), chapter 10.

31 Steven Pinker, *Rationality: What It Is, Why It Seems Scarce, Why It Matters* (New York: Viking, 2021).

32 Jemima McEvoy, "3 in 10 Republicans Believe Wacky Conspiracy Theory Trump Will Be 'Reinstated' as President This Year, Poll Shows," *Forbes*, June 9, 2021, https://bit.ly/2SugW78/.

33 Macy, Willer, and Kuwabara, "False Enforcement."

12장 음모론자와 대화하는 방법

1 Michael Shermer, "Fahrenheit 2777," *Scientific American* 292, no. 6 (June 1, 2005), 38, https://bit.ly/3trCRsJ/.

2 나의 채프먼대학교 1학년 기초 과정의 제목은 "회의주의 101: 과학자처럼 생각하는 방법"이다.

3 John Stuart Mill, *On Liberty* (New York: Dover, 2002; originally published London: John W. Parker & Son, 1859), 텍스트는 https://bit.ly/2xKHu5u/에서 이용할 수 있다.

4 Peter G. Boghossian and James A. Lindsay, *How to Have Impossible Conversations: A Very Practical Guide* (New York: Life-Long Books, 2019), 43–46.

5 Boghossian and Lindsay, *Impossible Conversations*, 72–77.

6   Boghossian and Lindsay, *Impossible Conversations*, 79.

7   the Quote Investigator website, https://bit.ly/2QtkKnM/ 참조.

8   Francis Collins, *The Language of God: A Scientist Presents Evidence for Belief* (New York: Free Press, 2006).

9   Thomas Jefferson, letter to William Hamilton, April 22, 1800, cited in Boghossian and Lindsay, *Impossible Conversations*, 72.

13장 어떻게 진실에 대한 신뢰를 회복할 것인가

1   Pew Poll, "Americans' Views of Government: Low Trust, but Some Positive Performance Ratings," Pew Research Center, September 14, 2020, https://pewrsr.ch/3hgcukG/.

2   Kashmira Gander, "Lying Has Become More Acceptable in American Politics: Poll," *Newsweek*, October 21, 2020, https://bit.ly/3y2ZANS/.

3   Matt Grossmann and David A. Hopkins, "How Information Became Ideological," *Inside Higher Education*, October 11, 2016, https://bit.ly/3w3fXZ6/.

4   James Clayton, "Social Media: Is It Really Biased Against US Republicans?," BBC News, October 27, 2020, https://bbc.in/3hge0TU/.

5   Lee Rainie, Scott Keeter, and Andrew Perrin, "Trust and Distrust in America," Pew Research Center, July 22, 2019, https://pewrsr.ch/3humya7/.

6   Glenn Kessler, Salvador Rizzo, and Meg Kelly, "Trump's False or Misleading Claims Total 30,573 Over 4 Years," Fact Checker, *Washington Post*, January 24, 2021.

7   Glenn Kessler, Adrian Blanco, and Tyler Remmel, "The False and Misleading Claims President Biden Made During His First 100 Days in Office," Fact Checker, *Washington Post*, originally published April 26, 2021, updated April 30, 2021, https://wapo.st/2UD9pDC/; E. J. Dionne Jr., "Biden Admits Plagiarism in School but Says It Was Not 'Malevolent,'" *New York Times*, September 18, 1987, https://nyti.ms/3A7hgd6/.

8   Andrew Sullivan, "When All the Media Narratives Collapse," The Weekly Dish, November 12, 2021, https://bit.ly/3FzUMmW/.

9   Angie D. Holan, "All Politicians Lie: Some Lie More Than Others," *New York Times*, December 11, 2015.

10   Jason M. Breslow, "Obama on Mass Government Surveillance, Then and Now,"

Frontline series, PBS, May 13, 2014, https://to.pbs.org/3pPhMaB/.

11 Jonathan Stein and Tim Dickinson, "Lie by Lie: A Timeline of How We Got into Iraq," *Mother Jones*, September/October 2006.

12 Christopher Hitchens, *No One Left to Lie To: The Triangulations of William Jefferson Clinton* (New York: Verso, 1999).

13 Malcolm Byrne, *Iran-Contra: Reagan's Scandal and the Unchecked Abuse of Presidential Power* (Lawrence: University Press of Kansas, 2014); Andrew Glass, "Reagan Explains Secret Sale of Arms to Iran, Nov. 13, 1986," *Politico*, November 13, 2013, https://politi.co/3iCYyDS/.

14 Michael Dobbs, *King Richard: Nixon and Watergate-an American Tragedy* (New York: Knopf, 2021).

15 Edwin E. Moise, *Tonkin Gulf and the Escalation of the Vietnam War* (Chapel Hill: University of North Carolina Press, 1996).

16 Martin J. Sherwin, *Gambling with Armageddon: Nuclear Roulette from Hiroshima to the Cuban Missile Crisis* (New York: Knopf, 2020).

17 E. Bruce Geelhoed, "Dwight D. Eisenhower, the Spy Plane, and the Summit: A Quarter-Century Retrospective," *Presidential Studies Quarterly* 17, no. 1 (1987), 95–106; "U-2 Spy Plane Incident," Dwight D. Eisenhower Presidential Library, https://bit.ly/35gZ6qQ/.

18 Alex Wellerstein, "A 'Purely Military' Target? Truman's Changing Language About Hiroshima," Restricted Data: The Nuclear Secrecy Blog, January 19, 2018, https://bit.ly/2TqsKas/.

19 Mallary A. Silva, "Conspiracy: Did FDR Deceive the American People in a Push for War?," *Inquiries* 2, no. 1 (2010), https://bit.ly/35cRoOL/.

20 James B. Conroy, *Our One Common Country: Abraham Lincoln and the Hampton Roads Peace Conference of 1865* (Guilford, CT: Lyons, 2014).

21 "Jefferson's Secret Message Regarding the Lewis & Clark Expedition: Primary Documents in American History," Library of Congress, https://bit.ly/3iBMpih/.

22 Lydia Saad, "Gallup Election 2020 Coverage," Gallup Blog, October 29, 2020, https://bit.ly/3vsBB9f/.

23 Edward R. Murrow, "Editorial on Joseph McCarthy," *See it Now*, CBS, March 1954, https://bit.ly/3gFtaSl/.

24 Christopher Hitchens, "On Free Speech," speech, 2006, private video on YouTube at

https://bit.ly/1drw1G6/, transcription at https://bit.ly/2vPp4AI/.

25 Gordon Pennycook, James Allan Cheyne, Derek J. Koehler, and Jonathan A. Fugelsang, "On the Belief That Beliefs Should Change According to Evidence: Implications for Conspiratorial, Moral, Paranormal, Political, Religious, and Science Beliefs," *Judgment and Decision Making* 15, no. 4 (July 2020), 476–498.

26 Gordon Pennycook and David G. Rand, "Who Falls for Fake News? The Roles of Bullshit Receptivity, Overclaiming, Familiarity, and Analytic Thinking," *Journal of Personality*, originally published online, March 31, 2019, https://bit.ly/3e64QYC/.

27 Steven Pinker, *Rationality: What It Is, Why It Seems Scarce*, Why It Matters (New York: Viking, 2021).

28 Pinker, *Rationality*. 또한 다음에 의해 기록된 많은 사례들을 참조. the Heterodox Academy (https://heterodoxacademy.org), the Foundation for Individual Rights in Education (https://www.thefire.org), and Quillette magazine (https://quillette.com).

29 Cass R. Sunstein, *Going to Extremes: How Like Minds Unite and Divide* (New York: Oxford University Press, 2009); Cass R. Sunstein and Adrian Vermeule, "Conspiracy Theories: Causes and Cures," *Journal of Political Philosophy* 17, no. 2 (June 2009), 202–227, reprinted in Cass R. Sunstein, *Conspiracy Theories and Other Dangerous Ideas* (New York: Simon & Schuster, 2014).

30 Sunstein, *Conspiracy Theories*, 20.

31 Julia Galef, *The Scout Mindset: Why Some People See Things Clearly and Others Don't* (New York: Portfolio, 2021).

32 Phillip Schmid and Cornelia Betsch, "Effective Strategies for Rebutting Science Denialism in Public Discussions," *Nature Human Behaviour* 3 (June 24, 2019), 931–939.

33 Lee McIntyre, *How to Talk to a Science Denier: Conversations with Flat Earthers, Climate Deniers, and Others Who Defy Reason* (Cambridge, MA: MIT Press, 2021), 69–70.

34 Jonathan Rauch, *The Constitution of Knowledge: A Defense of Truth* (Washington, DC: Brookings Institution Press, 2021), 100–102.

35 Rauch, Constitution of Knowledge, 103–107.

36 Michael Shermer, *The Moral Arc: How Science and Reason Lead Humanity Toward Truth, Justice, and Freedom* (New York: Henry Holt, 2015).

37 나는 이 입장을 옹호한다. Michael Shermer, *Giving the Devil His Due: Reflections of a Scientific Humanist* (Cambridge: Cambridge University Press, 2020).

38 Steven Pinker, *Enlightenment Now: The Case for Reason, Science, Humanism, and Progress*

(New York: Viking, 2018).

39 Michael Shermer, "The Moral Arc of Reason," speech, delivered at the Reason Rally, Washington, DC, March 24, 2012. 전체 본문은 http://bit.ly/2qQ12RY/에서 볼 수 있다. 그 집회와 내 경험에 관한 내 논문은 Michael Shermer, "Reason Rally Rocks," March 27, 2012, at http://bit.ly/2qetArg/ 참조.

40 John Stuart Mill, *On Liberty* (New York: Dover, 2002; originally published London: John W. Parker & Son, 1859), 텍스트는 https://bit.ly/2xKHu5u/에서 이용할 수 있다.

41 Hitchens, "On Free Speech"에서 재인용.

42 Shermer, *Giving the Devil*, 7-8.

43 여러분은 말 그대로 내가 책임자로 있는 진실 기반 공동체인 회의주의자 협회에 가입하고 내가 편집자로 있는 잡지 〈스켑틱〉을 구독할 수 있다. www.skeptic.com을 방문하시라.

종결부 사람들은 음모론에 관해 무엇을 믿고 왜 믿는가

1 Skeptic Research Center, https://www.skeptic.com/research-center/; "Meet the Researchers," Skeptic Research Center, https://www.skeptic.com/research-center/meet-the-researchers/; Qualtrics, https://www.qualtrics.com/lp/survey-platform-2/ 참조. 또한 불가사의한 현상에 대한 설문 조사 참가자들의 태도와 믿음에 대한 설문 조사도 실시했으며, 그 결과는 다른 곳에서 발표할 예정이다.

2 성비는 여성 50.9퍼센트, 남성 49.1퍼센트로 전국 평균과 비교했을 때 허용 가능한 범위 내에 있는 표본이다. 학력별로는 고등학교 또는 이와 동등한 학력을 가진 응답자와 전문대학/준학사 학위를 가진 응답자 모두 전국적으로 허용 가능한 범위 내에 있는 반면, 학사 학위를 가진 응답자 비율(31퍼센트)은 전국 평균인 35퍼센트보다 약간 낮았고, 대학원 학위를 가진 응답자 비율(20퍼센트)은 전국 평균인 13퍼센트보다 높았다. 소득의 경우, 표본의 17.9퍼센트가 최하위 수준(0~2만 4999달러)으로 전국 평균 28.22퍼센트보다 낮았고, 24.56퍼센트가 2만 5000~4만 9999달러로 전국 평균 23.25퍼센트와 비슷했으며, 21.66퍼센트가 5만~7만 4999달러(전국 평균 18.27퍼센트), 7만 5000~9만 9999달러 범위에서는 14.8퍼센트로 전국 평균 10.93퍼센트보다 높았고, 10만~14만 9999달러 범위에서는 13.54퍼센트로 전국 평균 9.89퍼센트보다 높았으며, 15만~19만 9999달러 범위에서는 4.94퍼센트(전국 평균 3.17퍼센트), 20만 달러 이상에서는 우리 표본의 3.22퍼센트(전국 평균 2.67퍼센트)인 것으로 조사되었다. 전국 평

균에 대한 데이터는 미국 인구조사국의 2020년 데이터 세트(https://www.census.gov/data.html)에서 가져온 것이다.

3   회의주의자 연구 센터의 설문 조사 원자료를 얻으려면 이메일(research@skeptic.com)로 요청하면 된다.

4   Popular Mechanics Editors, "The Evidence: Debunking FEMA Camps Myths," *Popular Mechanics*, December 26, 2014, https://bit.ly/3y3v9GJ/.

감사의 말

1   Karl R. Popper, *Conjectures and Refutations* (London: Routledge & Kegan Paul, 1963).

2   내가 믿음 의존적 실재론이라고 부르는 이 문제에 대한 자세한 분석은 Michael Shermer, *The Believing Brain: From Ghosts and Gods to Politics and Conspiracies—How We Construct Beliefs and Reinforce Them as Truths* (New York: Henry Holt, 2011) 참조.

3   The Michael Shermer Show, https://www.skeptic.com/michael-shermer-show/.

찾아보기

옮긴이 **이병철**

고려대학교 철학과 및 동 대학원을 졸업하고 철학박사 학위를 받았다. 저서로는 《로티의
철학과 아이러니》(공저), 역서로는 《객관주의와 상대주의를 넘어서》(공역), 《응용윤리》(공
역), 《메타윤리》(공역), 《셰익스피어라면 어떻게 했을까?》, 《장벽의 시대》 등이 있고, 논문
으로는 "하이데거의 존재 사유와 기술에 대한 물음" 등이 있다.

음모론이란 무엇인가

초판 1쇄 발행 2024년 4월 5일

지은이 마이클 셔머
옮긴이 이병철
책임편집 권오현
디자인 이상재

펴낸곳 (주)바다출판사
주소 서울시 마포구 성지1길 30 3층
전화 02 - 322 - 3885(편집) 02 - 322 - 3575(마케팅)
팩스 02 - 322 - 3858
이메일 badabooks@daum.net
홈페이지 www.badabooks.co.kr

ISBN 979-11-6689-229-5 03400